教育部 财政部职业院校教师素质提高计划职教师资培养资源开发项目
"电子信息工程"专业职教师资培养资源开发(VTNE022)
教育部 财政部职业院校教师素质提高计划成果系列丛书

# 嵌入式系统

## ——基于项目的分析和设计

宋春林 董观利 编

同济大学 出版社
TONGJI UNIVERSITY PRESS

# 内 容 提 要

本书以实际工程项目为背景,基于 EasyARM2200 教学实验平台,以 ADS 集成开发环境、μC/OS - 2 操作系统为软件平台,设计和开发了 6 个教学案例,分别为:简易音乐盒、ARM 与 PC 的串口通信、路口交通灯、数字电压表、摆球碰撞实验、液晶电子灯。每个案例均包括任务描述、任务分析、任务基础和任务实施四部分;遵循软件工程思想展开分析、设计和开发;都有相应的电路设计图、软件流程和相应的代码,代码可以实际运行。

本书可作为职教师资电子信息类"嵌入式系统"课程的教材,也可作为高等院校电子信息、自动化、机电一体化及计算机相关专业学生学习"嵌入式系统"的参考资料,也可作为相关工程技术人员的培训教材。

**图书在版编目(CIP)数据**

嵌入式系统:基于项目的分析和设计 / 宋春林,董观利编. —上海:同济大学出版社,2017.3
ISBN 978 - 7 - 5608 - 6728 - 1

Ⅰ. ①嵌… Ⅱ. ①宋… ②董… Ⅲ. ①微型计算机-系统设计 Ⅳ. ①TP360.21

中国版本图书馆 CIP 数据核字(2017)第 009913 号

**嵌入式系统——基于项目的分析和设计**

宋春林 董观利 编

| 出品人 华春荣 | 责任编辑 胡晗欣 | 责任校对 徐春莲 | 封面设计 陈益平 |
|---|---|---|---|

| | |
|---|---|
| 出版发行 | 同济大学出版社 www.tongjipress.com.cn |
| | (地址:上海市四平路 1239 号 邮编:200092 电话:021 - 65985622) |
| 经　销 | 全国各地新华书店、建筑书店、网络书店 |
| 排版制作 | 南京展望文化发展有限公司 |
| 印　刷 | 同济大学印刷厂 |
| 开　本 | 787 mm×1 092 mm　　1/16 |
| 印　张 | 19.25 |
| 字　数 | 481 000 |
| 版　次 | 2017 年 3 月第 1 版　　2017 年 3 月第 1 次印刷 |
| 书　号 | ISBN 978 - 7 - 5608 - 6728 - 1 |

| | |
|---|---|
| 定　价 | 60.00 元 |

# 编委会

# 出　版　说　明

　　《国家中长期教育改革和发展规划纲要（2010—2020 年）》颁布实施以来,我国职业教育进入到加快构建现代职业教育体系、全面提高技能型人才培养质量的新阶段。加快发展现代职业教育,实现职业教育改革发展新跨越,对职业学校"双师型"教师队伍建设提出了更高的要求。为此,教育部明确提出,要以推动教师专业化为引领,以加强"双师型"教师队伍建设为重点,以创新制度和机制为动力,以完善培养培训体系为保障,以实施素质提高计划为抓手,统筹规划,突出重点,改革创新,狠抓落实,切实提升职业院校教师队伍整体素质和建设水平,加快建成一支师德高尚、素质优良、技艺精湛、结构合理、专兼结合的高素质专业化的"双师型"教师队伍,为建设具有中国特色、世界水平的现代职业教育体系提供强有力的师资保障。

　　目前,我国共有 60 余所高校正在开展职教师资培养,但由于教师培养标准的缺失和培养课程资源的匮乏,制约了"双师型"教师培养质量的提高。为完善教师培养标准和课程体系,教育部、财政部在"职业院校教师素质提高计划"框架内专门设置了职教师资培养资源开发项目,中央财政划拨 1.5 亿元,用于系统开发本科专业职教师资培养标准、培养方案、核心课程和特色教材等系列资源。其中,包括 88 个专业项目、12 个资格考试制度开发等公共项目。该项目由 42 家开设职业技术师范专业的高等学校牵头,组织近千家科研院所、职业学校、行业企业共同研发,一大批专家学者、优秀校长、一线教师、企业工程技术人员参与其中。

　　经过 3 年的努力,培养资源开发项目取得了丰硕成果。一是开发了中等职业学校 88 个专业(类)职教师资本科培养资源项目,内容包括专业教师标准、专业教师培养标准、评价方案,以及一系列专业课程大纲、主干课程教材及数字化资源;二是取得了 6 项公共基础研究成果,内容包括职教师资培养模式、国际职教师资培养、教育理论课程、质量保障体系、教学资源中心建设和学习平台开发等;三是完成了 18 个专业大类职教师资资格标准及认证考试标准开发。上述成果,共计 800 多本正式出版物。总体来说,培养资源开发项目实现了高效益:形成了一大批资源,填补了相关标准和资源的空白;凝聚了一支研发队伍,强化了教师培养的"校—企—校"协同;引领了一批高校的教学改革,带动了"双师型"教师的专业化培养。职教师资培养资源开发项目是支撑专业化培养的一项系统化、基础性工程,是加强职教教师培养培训一体化建设的关键环节,也是对职教师资培养培训基地教师专业化培养实践、教师教育研究能力的系统检阅。

自 2013 年项目立项开题以来,各项目承担单位、项目负责人及全体开发人员做了大量深入细致的工作,结合职教教师培养实践,研发出很多填补空白、体现科学性和前瞻性的成果,有力推进了"双师型"教师专门化培养向更深层次发展。同时,专家指导委员会的各位专家以及项目管理办公室的各位同志,克服了许多困难,按照两部对项目开发工作的总体要求,为实施项目管理、研发、检查等投入了大量时间和心血,也为各个项目提供了专业的咨询和指导,有力地保障了项目实施和成果质量。在此,我们一并表示衷心的感谢。

编写委员会

2016 年 3 月

# 前　言

　　目前,随着网络、通信、多媒体、信息家电和工业信息化创新时代的到来,无疑为 32 位嵌入式系统的广泛应用提供了空前巨大的空间。32 位机目前的市场需求来自两方面:一方面是高端新兴领域(网络、通信、多媒体、信息家电)的拓展;另一方面是低端控制领域应用对数据处理能力的提升要求。

　　后 PC 时代的到来以及 32 位嵌入式系统的高端应用吸引了大量电子信息类专业人才的加入,目前,嵌入式系统软/硬件技术的发展,也导致了嵌入式系统应用模式的巨大变化,一个主要的特点是嵌入式应用进入到一个软硬兼顾、偏重设计和应用的平台化时代。目前,在嵌入式系统领域掀起了学习嵌入式系统理论、应用和开发的热潮,相关的人才供不应求,相应的培训教材和培训班大量涌现。不管是现在的业界人士还是渴望进入嵌入式技术领域的新人,都迫切渴望掌握嵌入式系统的理论知识和开发方法。职教师资担负着培养大量合格技术工人的重大历史使命,我国工业化技术转型的一个主要的标志就是嵌入式系统的广泛应用和大量合格人才的培养。

　　目前,在众多的嵌入式系统处理器中,基于 ARM 系列的处理器的应用技术在众多领域取得了突破进展和广泛应用。本书所有项目都是基于 EasyARM2200 教学实验平台,它是一款功能强大的 32 位 ARM 开发板,采用了 PHILIPS 公司的 ARM7TDMI－S 核,具有丰富的外设资源,极大地方便了实验和开发。

　　与此同时,由于"嵌入式技术"较高的技术含量及良好的发展潜力,与嵌入式系统相关的教材和书籍也层出不穷。纵观目前的"嵌入式系统"的教材市场,主要表现在两个方面:一是侧重理论,缺乏实践:主要讲授嵌入式系统的体系结构、指令系统和硬件结构,与实际应用开发脱节;二是开发类图书,主要讲授硬件接口和编程技术,但是"缺理论、轻设计"。所以在调研现有

1

教材的基础上,本教材的编写制定了"理论与实践兼顾,偏重应用""坚持分析—设计—开发的思路""坚持问题导向,坚持项目教学"等编写思路。具体表现为:

（1）理论与实践兼顾,偏重实践应用。

"嵌入式系统"完整的教学体系包括"嵌入式系统的体系结构""嵌入式操作系统"和"嵌入式应用开发"三方面。嵌入式系统教学的最终目标是培养合格的高素质的嵌入式系统的分析、设计和开发人才,所以嵌入式系统是一门实践性非常强的课程,为了培养合格的嵌入式系统人才,必须加大和加强实践教学。但是,高素质的嵌入式系统人才除了具备较强的动手能力之外,也要具备较好的理论素养,熟悉嵌入式系统的体系结构、操作系统的原理等。所以,本教材编写思路之一就是"理论与实践兼顾,偏重实践应用"。

（2）坚持"分析—设计—开发"的编写思路。

目前,随着嵌入式应用的越来越广泛、深入,嵌入式系统的开发规模、开发难度越来越高。为了提高嵌入式系统的开发成功率,降低维护代价,嵌入式系统的开发必须以软件工程为指导,坚持"分析—设计—开发"的思路。与此相对应,相应的教材开发以项目为基础,编写的思路之一就是坚持"分析—设计—开发"的编写思路。

（3）坚持问题导向、坚持项目教学。

如前所述,教材要体现"理论与实践兼顾、偏重实践应用""坚持'分析—设计—开发'"的思路,一个非常好的捷径就是"坚持问题导向、坚持项目教学",在一个个实践项目中,针对问题需求,展开"分析—设计—开发"。所以本教材编写的另一个思路就是"坚持问题导向、坚持项目教学"。

本书的主要特点是实践性强,偏向工程应用和开发,是为职教师资电子信息专业编写的教材,也可作为通信工程、自动化、汽车电子等领域的参考用书。

本书由同济大学电子与信息工程学院宋春林编写,研究生董观利参与编写,并且调试了本书所有项目的代码。

由于水平有限,书中难免存在不足之处,恳请读者提出宝贵意见,以便进一步改进完善。

编　者

**2017 年 1 月**

# 目　录

# 项目1 简易音乐盒

## 1.1 任务描述

蜂鸣器是一种一体化结构的电子讯响器,采用直流电压供电,广泛应用于计算机、打印机、复印机、报警器、电子玩具、汽车电子设备、电话机、定时器等电子产品中作发声器件,在生活中,可以用作提示、报警和音乐播放。蜂鸣器主要分为压电式蜂鸣器和电磁式蜂鸣器两种类型。蜂鸣器在电路中用字母"H"或"HA"(旧标准用"FM""LB""JD"等)表示。常见的蜂鸣器如图1-1和图1-2所示。

图1-1　各类蜂鸣器实物应用图

图1-2　压电式蜂鸣器

本项目是设计一个简易音乐盒,具体要求如下:
① 能够自动完成音乐的播放。
② 音乐播放循环次数可控,多首曲目可以不断循环。
③ 音乐播放的快慢节奏可控。

## 1.2 任务分析

本设计主要是运用基于ARM7的LPC2210处理器来设计简易音乐盒。按照设计要求,完成任务需要解决以下几个问题:① 处理器与蜂鸣器接口电路的构建;② 蜂鸣器音乐播放的原理;③ 音乐播放程序的设计。

本项目基于EasyARM2200开发板,控制核心为ARM7内核的LPC2210处理器。相信在深入

ARM 的学习之前,或多或少一定接触过 51 系列的单片机,有了单片机的架构基础和实践经验,对嵌入式系统的学习就会很有帮助。简易音乐盒采用压电式蜂鸣器,压电式蜂鸣器主要由多谐振荡器、压电蜂鸣片、阻抗匹配器及共鸣箱、外壳等组成。有的压电式蜂鸣器外壳上还装有发光二极管。

本项目的主要目的是实现简易音乐盒的音乐播放功能,那么硬件方面首先需要设计蜂鸣器发声电路的原理图,由蜂鸣器的发声原理可知,电路图很简单,需要的就是一个在输入信号给蜂鸣器之前接入一个三极管放大器,比如 PNP 型三极管。三极管再与处理器的 GPIO 相连。所以本任务的难点在于软件上的设计。首先需要了解的是蜂鸣器播放音乐的原理,我们知道是否能发出音乐声,有两点很关键,即音调和节拍。蜂鸣器要实现的就是音调和节拍的软件设计。

本项目作为嵌入式系统的第一个项目设计,首先要了解嵌入式应用系统设计的基本原则和设计方法,同时还要了解 ARM 实验平台必须满足的基本的硬件条件,对 ARM 实验平台的相关知识可参见本项目的附录资料。本项目虽然简单,但这是进行复杂设计的基础,有关 C 语言基础可以自行参阅相关书籍。

为了解决初学的入门难的问题,特将本设计按由浅入深的方式分解:定时器的定时操作;快速 PWM 波的实现;音乐盒的实现。下面从任务的相关基础开始逐步展开简易音乐盒的设计。

# 1.3　任务基础

## 1.3.1　音乐基础知识

### 1. 音乐基础

音作为一种物理现象,是由于物体振动而产生的,振动产生的声波作用于人耳,听觉系统将神经冲动传达给大脑,进而产生听觉。人耳能听到的声音频率一般在 11 ~ 20 000 Hz,而音乐使用的频率一般在 27 ~ 4 100 Hz。乐音体系中各音级的名称叫做音名,被广泛采用的是 C D E F G A B(Do Re Mi Fa So La Si 则多用于歌唱,称为唱名)。乐音体系中音高关系的最小计量单位叫做半音,两个半音构成一个全音。乐音中有几十个高低不同的音,但是最基本只有这七个音,其他高、低音名都是在这个基础上变化出来的。乐谱表上用来表示正在进行的音的长短的符号,叫做音符。不同的音符代表不同的长度。音符有以下几种:全音符、二分音符、四分音符、八分音符、十六分音符、三十二分音符、六十四分音符。此外,还有附点音符,它是指带附点的音符。所谓附点就是记在音符右边的小圆点,表示增加前面音符时值的一半。音持续的长短即时值,一般用拍数表示,休止符表示暂停发音。一首音乐就是由许多不同的音符组成的,而每一个音符对应着不同的频率,这样就可以利用不同的频率的组合,加以拍数对应的延时来构成不同的音乐。

### 2. 音频脉冲的产生

音乐的产生需要不同频率的音频脉冲,对于 LPC2210 而言,可以利用它的脉宽调制器(PWM)产生这样的方波频率信号。表 1 - 1 是各音符的频率表,软件设计中的 PWM 波输出频率就是以此为依据的。

表 1-1　　　　　　　　　　　　　音 符 频 率 表

| 音　　符 | 频率/Hz | 音　　符 | 频率/Hz | 音　　符 | 频率/Hz |
|---|---|---|---|---|---|
| 低音 Do | 262 | 中音 Do | 523 | 高音 Do | 1 047 |
| 低音 Re | 294 | 中音 Re | 587 | 高音 Re | 1 175 |
| 低音 Mi | 330 | 中音 Mi | 659 | 高音 Mi | 1 319 |
| 低音 Fa | 349 | 中音 Fa | 698 | 高音 Fa | 1 397 |
| 低音 So | 392 | 中音 So | 784 | 高音 So | 1 568 |
| 低音 La | 440 | 中音 La | 880 | 高音 La | 1 760 |
| 低音 Si | 494 | 中音 Si | 988 | 高音 Si | 1 976 |

**3. 音乐节拍的实现**

节拍是指音乐持续的长短,是除音符之外音乐的另一关键组成部分,在嵌入式系统中可以通过定时器延时或者软件延时来实现。以 4 分音符为 1 拍,如果 1/4 拍的延时设为 0.2 s,则 1 拍的时间为 0.8 s,依次类推,可以求出其余节拍的值。节拍的延时时间与音乐的曲调值有相对应的关系,表 1-2 所示为不同音符对应的延时时间。

表 1-2　　　　　　　　　　　　　音 符 延 时 表

| 音　符　类　别 | 延时/s | 音　符　类　别 | 延时/s |
|---|---|---|---|
| 全音符 | 3.2 | 附点全音符 | 4.8 |
| 2 分音符 | 1.6 | 附点 2 分音符 | 2.4 |
| 4 分音符 | 0.8 | 附点 4 分音符 | 1.2 |
| 8 分音符 | 0.4 | 附点 8 分音符 | 0.6 |
| 16 分音符 | 0.2 | 附点 16 分音符 | 0.3 |

注:附点音符延时就是在对应音符延时时间的基础上再增加其一半的时间,在乐谱中的情况是数字的后面紧接着一个点。

## 1.3.2　定时器

**1. 概述**

LPC2210 含有两个 32 位的定时器:定时器 0 和定时器 1。这两个定时器除了外设地址不一样外,其他都相同。

定时器对外设时钟(PCLK)周期进行计数,根据 4 个匹配寄存器的设定,可设置为匹配(即定时器的当前计数值到达匹配寄存器设定的定时值)时产生中断或执行其他动作。它还包括 4 个捕获输入,用于在输入信号发生跳变时捕获定时器当前值,并可选择产生中断。

定时器的特性如下：

（1）两个 32 位定时器/计数器各含有一个可编程 32 位预分频器。

（2）具有多达 4 路捕获通道。当输入信号跳变时可取的定时器的瞬间值，也可选择使捕获事件产生中断。

（3）4 个 32 位匹配寄存器，匹配时的动作有 3 种：匹配时定时器继续工作，可选择产生中断；匹配时停止定时器，可选择产生中断；匹配时复位定时器，可选择产生中断。

（4）4 个对应于匹配寄存器的外部输出，匹配时的输出有 4 种：匹配时设置为低电平；匹配时设置为高电平；匹配时翻转；匹配时无动作。

引脚描述表所列为每个定时器的相关引脚的简要描述。CAP0.x、MAT0.x 为定时器 0 的相关引脚，CAP1.x、MAT1.x 为定时器 1 的相关引脚。

如表 1-3 所示，同一路捕获的输入引脚可能有几个，当选择多个引脚用作捕获功能时，只有序号最低的那一个引脚是有效的。例如，如果 P0.2 与 P0.22 均设置为 CAP0.0，那么只有 P0.2 是有效的，而 P0.22 的捕获功能是无效的。

表 1-3　　　　　　　　　　　　定时器引脚描述

| 引　脚　名　称 | 引脚方向 | 引　脚　描　述 |
|---|---|---|
| CAP0.3 ~ CAP0.0<br>CAP1.3 ~ CAP1.0 | 输入 | **捕获信号**：捕获引脚的跳变可配置为将定时器值装入一个捕获寄存器，并可选择产生一个中断。可选择多个引脚用作捕获功能，而且，假设如果有 2 个引脚被选择并行提供 CAP0.2 功能，只有序号最低的引脚是有效的。<br>3 个引脚可同时选择用作 CAP0.0 的功能——P0.2，P0.22，P0.30；<br>2 个引脚可同时选择用作 CAP0.1 的功能——P0.4，P0.27；<br>3 个引脚可同时选择用作 CAP0.2 的功能——P0.6，P0.16，P0.28；<br>1 个引脚可选择用作 CAP0.3 的功能——P0.29；<br>1 个引脚可选择用作 CAP1.0 的功能——P0.10；<br>1 个引脚可选择用作 CAP1.1 的功能——P0.11；<br>2 个引脚可选择用作 CAP1.2 的功能——P0.17，P0.19；<br>2 个引脚可选择用作 CAP1.3 的功能——P0.18，P0.21 |
| MAT0.3 ~ MAT0.0<br>MAT1.3 ~ MAT1.0 | 输出 | **外部匹配输出**：当定时器计数器（TC）等于匹配寄存器 0/1（MR3：0）时，对应输出引脚可执行翻转、变为低电平、变为高电平或保持不变。外部匹配寄存器（EMR）控制引脚输出的模式。可选择多个引脚并行用作匹配输出功能。例如，同时选择 2 个引脚并行提供 MAT1.3 功能。<br>2 个引脚可同时选择用作 MAT0.0 的功能——P0.3，P0.22；<br>2 个引脚可同时选择用作 MAT0.1 的功能——P0.5，P0.27；<br>2 个引脚可同时选择用作 MAT0.2 的功能——P0.16，P0.28；<br>1 个引脚可选择用作 MAT0.3 的功能——P0.29；<br>1 个引脚可选择用作 MAT1.0 的功能——P0.12；<br>1 个引脚可选择用作 MAT1.1 的功能——P0.13；<br>2 个引脚可选择用作 MAT1.2 的功能——P0.17，P0.19；<br>2 个引脚可选择用作 MAT1.3 的功能——P0.18，P0.20 |

注：捕获引脚是高阻模式。

由 LPC2210 的用户手册可以知道,定时器的方框图如图 1 - 3 所示。

定时器的时钟源是 PCLK,定时器的工作流程如下:

(1)定时器内部的预分频器对定时器时钟源进行分频。

(2)分频后,输出的时钟才是定时器内部的计数器时钟源。

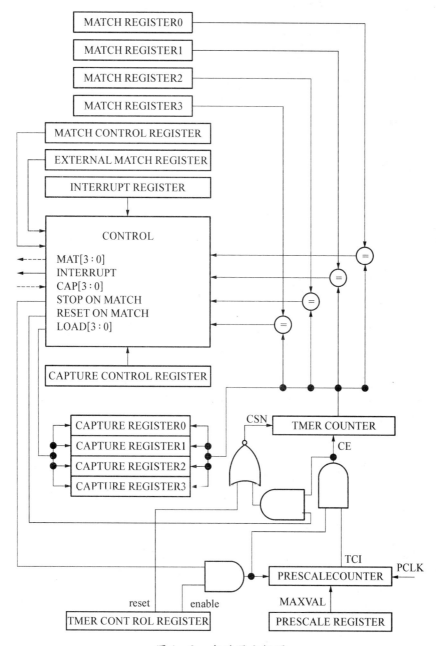

图 1 - 3 定时器方框图

（3）计数值与匹配寄存器中的匹配值不断地比较,当两者相等时,发生匹配事件,然后执行相应的操作——产生中断、匹配输出引脚(MAT)输出指定信号等。

（4）当捕获引脚出现有效边沿时,定时器会将当前的计数值保存到捕获寄存器中,同时也可以产生中断。

由定时器方框图可知,LPC2210 的定时器主要由三部分组成:

（1）计数器部分:定时器的时钟源是 PCLK,对 PCLK 进行分频后,输入计数器,对其进行计数。

（2）匹配功能部分:匹配寄存器 0~3 中保存匹配值,当某一个匹配值与当前的计数值匹配时,根据匹配控制寄存器(MCR)的设置,控制定时器的工作,也可以产生中断信号。当发生匹配时,寄存器 EMR 还会控制对应的匹配引脚 MATn 输出特定的信号。

（3）捕获功能部分:当捕获引脚 CAPn 上出现有效信号时,会将计数器的当前值保存到捕获寄存器 CRn 中,并且可以产生中断。

**2. 寄存器概述**

寄存器汇总,每个定时器所包含的寄存器如表 1-4 所示。

表 1-4　　　　　　　　　　定时器 0 和定时器 1 寄存器映射

| 分组 | 名称 | 描　　述 | 访问 | 复位值 | 定时器 0 地址 & 名称 | 定时器 1 地址 & 名称 |
|---|---|---|---|---|---|---|
| 基本寄存器 | IR | 中断寄存器:可以写 IR 来清除中断。可读取 IR 来识别哪个中断源被挂起 | R/W | 0 | 0xE0004000 T0IR | 0xE0008000 T1IR |
| | TCR | 定时器控制寄存器:TCR 用于控制定时器计数器功能。定时器计数器可通过 TCR 禁止或复位 | R/W | 0 | 0xE0004004 T0TCR | 0xE0008004 T1TCR |
| | TC | 定时器计数器:32 位 TC 每经过 PR+1 个 PCLK 周期加 1。TC 通过 TCR 进行控制 | R/W | 0 | 0xE0004008 T0TC | 0xE0008008 T1TC |
| | PR | 预分频寄存器:32 位 TC 每经过 PR+1 个 PCLK 周期加 1 | R/W | 0 | 0xE000400C T0PR | 0xE000800C T1PR |
| | PC | 预分频计数器:每当 32 位 PC 的值增加到等于 PR 中保存的值时,TC 加 1 | R/W | 0 | 0xE0004010 T0PC | 0xE0008010 T1PC |
| 匹配功能寄存器 | MCR | 匹配控制寄存器:MCR 用于控制在匹配时是否产生中断或复位 TC | R/W | 0 | 0xE0004014 T0MCR | 0xE0008014 T1MCR |
| | MR0 | 匹配寄存器:0 MR0 可通过 MCR 设定为在匹配时复位 TC,停止 TC 和 PC 和/或产生中断 | R/W | 0 | 0xE0004018 T0MR0 | 0xE0008018 T1MR0 |
| | MR1 | 匹配寄存器:1 MR1 可通过 MCR 设定为在匹配时复位 TC,停止 TC 和 PC 和/或产生中断 | R/W | 0 | 0xE000401C T0MR1 | 0xE000801C T1MR1 |

续表

| 分组 | 名称 | 描 述 | 访问 | 复位值 | 定时器0<br>地址 & 名称 | 定时器1<br>地址 & 名称 |
|---|---|---|---|---|---|---|
| 匹配功能寄存器 | MR2 | 匹配寄存器：2 MR2 可通过 MCR 设定为在匹配时复位 TC，停止 TC 和 PC 和/或产生中断 | R/W | 0 | 0xE0004020<br>T0MR2 | 0xE0008020<br>T1MR2 |
| | MR3 | 匹配寄存器：3 MR3 可通过 MCR 设定为在匹配时复位 TC，停止 TC 和 PC 和/或产生中断 | R/W | 0 | 0xE0004024<br>T0MR3 | 0xE0008024<br>T1MR3 |
| | EMR | 外部匹配寄存器：EMR 控制外部匹配引脚 MAT0.0 ~ MAT0.3（MAT1.0 ~ MAT1.3） | R/W | 0 | 0xE000403C<br>T0EMR | 0xE000803C<br>T1EMR |
| 捕获功能寄存器 | CCR | 捕获控制寄存器：CCR 控制用于装载捕获寄存器的捕获输入边沿以及在发生捕获时是否产生中断 | R/W | 0 | 0xE0004028<br>T0CCR | 0xE0008028<br>T1CCR |
| | CR0 | 捕获寄存器0：当在 CAP0.0（CAP1.0）上产生捕获事件时，CR0 装载 TC 的值 | RO | 0 | 0xE000402C<br>T0CR0 | 0xE000802C<br>T1CR0 |
| | CR1 | 捕获寄存器1：当在 CAP0.1（CAP1.1）上产生捕获事件时，CR1 装载 TC 的值 | RO | 0 | 0xE0004030<br>T0CR1 | 0xE0008030<br>T1CR1 |
| | CR2 | 捕获寄存器2：当在 CAP0.2（CAP1.2）上产生捕获事件时，CR2 装载 TC 的值 | RO | 0 | 0xE0004034<br>T0CR2 | 0xE0008034<br>T1CR2 |
| | CR3 | 捕获寄存器3：当在 CAP0.3（CAP1.3）上产生捕获事件时，CR3 装载 TC 的值 | RO | 0 | 0xE0004038<br>T0CR3 | 0xE0008038<br>T1CR3 |

1）基本寄存器组

基本寄存器组主要针对基本计数功能，包括中断标志寄存器、定时器控制寄存器、定时器计数器、预分频寄存器和预分频计数器。

（1）中断寄存器（IR，定时器0：T0IR；定时器1：T1IR）

中断寄存器包含 4 个位用于匹配中断，4 个位用于捕获中断。如果有中断产生，IR 中的对应位会置位，否则为 0。向对应的 IR 位写入 1 会复位中断。写入 0 无效。IR 寄存器描述见表 1-5。

表 1-5　　　　　　　　　　　　　　中 断 寄 存 器

| IR | 功　能 | 描　　　述 | 复位值 |
|---|---|---|---|
| 0 | MR0 中断 | 匹配通道 0 的中断标志 | 0 |
| 1 | MR1 中断 | 匹配通道 1 的中断标志 | 0 |
| 2 | MR2 中断 | 匹配通道 2 的中断标志 | 0 |

| IR | 功　能 | 描　　　述 | 复 位 值 |
|---|---|---|---|
| 3 | MR3 中断 | 匹配通道 3 的中断标志 | 0 |
| 4 | CR0 中断 | 捕获通道 0 事件的中断标志 | 0 |
| 5 | CR1 中断 | 捕获通道 1 事件的中断标志 | 0 |
| 6 | CR2 中断 | 捕获通道 2 事件的中断标志 | 0 |
| 7 | CR3 中断 | 捕获通道 3 事件的中断标志 | 0 |

操作示例：

T0IR = 0xFF；　　　　　　//清除定时器 0 的全部中断标志

（2）定时器控制寄存器（TCR,定时器 0：T0TCR;定时器 1：T1TCR）

定时器控制寄存器 TCR 用于控制定时器计数器的操作。TCR 寄存器描述见表 1－6。

**表 1－6**　　　　　　　　　　　**TCR 定时器控制寄存器**

| TCR | 功　能 | 描　　　述 | 复位值 |
|---|---|---|---|
| 0 | 计数器使能 | 为 1 时,定时器计数器和预分频计数器使能计数；为 0 时,计数器被禁止 | 0 |
| 1 | 计数器复位 | 为 1 时,定时器计数器和预分频计数器在 PCLK 的下一个上升沿同步复位。计数器在 TCR 的 bit1 恢复为 0 之前保持复位状态 | 0 |

（3）定时器计数器（TC,定时器 0：T0TC;定时器 1：T1TC）

当预分频计数器到达计数的上限时,32 位定时器计数器 TC 加 1。如果 TC 在到达计数上限之前没有被复位,它将一直计数到 0xFFFFFFFF 然后翻转到 0x00000000,该事件不会产生中断。如果需要,可用匹配寄存器检测溢出。

（4）预分频寄存器（PR,定时器 0：T0PR;定时器 1：T1PR）

32 位预分频寄存器指定了预分频计数器的最大值。

（5）预分频计数器寄存器（PC,定时器 0：T0PC;定时器 1：T1PC）

预分频计数器使用某个常量来控制 PCLK 的分频,这样可实现控制定时器分辨率和定时器溢出时间之间的关系。预分频计数器每个 PCLK 周期加 1。当其到达预分频寄存器中保存的值时,定时器计数器加 1,预分频计数器在下个 PCLK 周期复位。这样,当 PR = 0 时,定时器/计数器每个 PCLK 周期加 1；当 PR = 1 时,定时器计数器每 2 个 PCLK 周期加 1。

2）匹配寄存器组

（1）匹配寄存器（MR0 ~ MR3）

匹配寄存器值连续与定时器计数值相比较,当两个值相等时自动触发相应动作。这些动作包括产生中断,复位定时器计数器或停止定时器。所执行的动作由 MCR 寄存器控制。

（2）匹配控制寄存器（MCR,定时器 0：T0MCR;定时器 1：T1MCR）

匹配控制寄存器用于控制在发生匹配时所执行的操作,每个位的功能见表 1-7。

表 1-7  匹配控制寄存器

| MCR | 功　能 | 描　　　　　述 | 复位值 |
|---|---|---|---|
| 0 | 中断（MR0） | 为 1 时,MR0 与 TC 值的匹配将产生中断。为 0 时,中断被禁止 | 0 |
| 1 | 复位（MR0） | 为 1 时,MR0 与 TC 值的匹配将使 TC 复位。为 0 时,该特性被禁止 | 0 |
| 2 | 停止（MR0） | 为 1 时,MR0 与 TC 值的匹配将使 TC 和 PC 停止,TCR 的 bit0 清零;为 0 时,该特性禁止 | 0 |
| 3 | 中断（MR1） | 为 1 时,MR1 与 TC 值的匹配将产生中断。为 0 时,中断被禁止 | 0 |
| 4 | 复位（MR1） | 为 1 时,MR1 与 TC 值的匹配将使 TC 复位。为 0 时,该特性被禁止 | 0 |
| 5 | 停止（MR1） | 为 1 时,MR1 与 TC 值的匹配将使 TC 和 PC 停止,TCR 的 bit0 清零;为 0 时,该特性禁止 | 0 |
| 6 | 中断（MR2） | 为 1 时,MR2 与 TC 值的匹配将产生中断。为 0 时,中断被禁止 | 0 |
| 7 | 复位（MR2） | 为 1 时,MR2 与 TC 值的匹配将使 TC 复位。为 0 时,该特性被禁止 | 0 |
| 8 | 停止（MR2） | 为 1 时,MR2 与 TC 值的匹配将使 TC 和 PC 停止,TCR 的 bit0 清零;为 0 时,该特性禁止 | 0 |
| 9 | 中断（MR3） | 为 1 时,MR3 与 TC 值的匹配将产生中断。为 0 时,中断被禁止 | 0 |
| 10 | 复位（MR3） | 为 1 时,MR3 与 TC 值的匹配将使 TC 复位。为 0 时,该特性被禁止 | 0 |
| 11 | 停止（MR3） | 为 1 时,MR3 与 TC 值的匹配将使 TC 和 PC 停止,TCR 的 bit0 清零;为 0 时,该特性禁止 | 0 |

（3）外部匹配寄存器（EMR,定时器 0：T0EMR;定时器 1：T1EMR）

外部匹配寄存器提供外部匹配管脚 MATn.0 ~ MATn.3( n 为 0 或 1)的控制和状态。EMR 外部匹配寄存器描述见表 1-8,EMR 外部匹配控制寄存器描述见表 1-9。

表 1-8  外部匹配寄存器

| EMR | 功　能 | 描　　　　　述 | 复位值 |
|---|---|---|---|
| 0 | 外部匹配 0 | 不管 MAT0.0/MAT1.0 是否连接到管脚,该位都会反映 MAT0.0/MAT1.0 的状态。当 MR0 发生匹配时,该输出可翻转、变为低电平、变为高电平或不执行任何动作。位 EMR[4:5]控制该输出的功能 | 0 |
| 1 | 外部匹配 1 | 不管 MAT0.1/MAT1.1 是否连接到管脚,该位都会反映 MAT0.1/MAT1.1 的状态。当 MR1 发生匹配时,该输出可翻转、变为低电平、变为高电平或不执行任何动作。位 EMR[6:7]控制该输出的功能 | 0 |

续表

| EMR | 功　能 | 描　述 | 复位值 |
|---|---|---|---|
| 2 | 外部匹配2 | 不管 MAT0.2/MAT1.2 是否连接到管脚,该位都会反映 MAT0.2/MAT1.2 的状态。当 MR2 发生匹配时,该输出可翻转、变为低电平、变为高电平或不执行任何动作。位 EMR[8:9]控制该输出的功能 | 0 |
| 3 | 外部匹配3 | 不管 MAT0.3/MAT1.3 是否连接到管脚,该位都会反映 MAT0.3/MAT1.3 的状态。当 MR3 发生匹配时,该输出可翻转、变为低电平、变为高电平或不执行任何动作。位 EMR[10:11]控制该输出的功能 | 0 |
| 5:4 | 外部匹配控制0 | 决定外部匹配0的功能。表1-9所示为这两个位的编码 | 0 |
| 7:6 | 外部匹配控制1 | 决定外部匹配1的功能。表1-9所示为这两个位的编码 | 0 |
| 9:8 | 外部匹配控制2 | 决定外部匹配2的功能。表1-9所示为这两个位的编码 | 0 |
| 11:10 | 外部匹配控制3 | 决定外部匹配3的功能。表1-9所示为这两个位的编码 | 0 |

表1-9　　　　　　　　　　　　　外部匹配控制

| EMR[11:10]、EMR[9:8]、EMR[7:6]或 EMR[5:4] | 功　能 |
|---|---|
| 00 | 不执行任何动作 |
| 01 | 将对应的外部匹配输出设置为0(如果连接到管脚,则输出低电平) |
| 10 | 将对应的外部匹配输出设置为1(如果连接到管脚,则输出高电平) |
| 11 | 使对应的外部匹配输出翻转 |

3）捕获功能寄存器组

捕获功能寄存器组针对定时器的捕获功能,包括捕获寄存器和捕获控制寄存器。其中,捕获控制寄存器用来设置捕获信号,发生捕获事件时,定时器的计数值保存到捕获寄存器中。

（1）捕获寄存器(CR0～CR3)

每个捕获寄存器都与一个或几个器件引脚相关联。当引脚发生特定的事件时,可将定时器计数值装入该寄存器。捕获控制寄存器的设定决定捕获功能是否使能以及捕获事件在引脚的上升沿、下降沿或是双边沿发生。

（2）捕获控制寄存器(CCR,定时器0：T0CCR;定时器1：T1CCR)

当发生捕获事件时,捕获控制寄存器用于控制将定时器计数值是否装入4个捕获寄存器中的一个以及是否产生中断;同时设置上升沿和下降沿位也是有效的配置,这样会在双边沿触发捕获事件。

CCR 寄存器描述见表 1－10。在下面的描述中，"$n$"代表定时器的编号 0 或 1。

表 1－10 捕获控制寄存器

| CCR | 功　能 | 描　　　　述 | 复位值 |
| --- | --- | --- | --- |
| 0 | CAP$n$.0<br>上升沿捕获 | 为 1 时,CAP$n$.0 上 0～1 的跳变将导致 TC 的内容装入 CR0;<br>为 0 时,该特性被禁止 | 0 |
| 1 | CAP$n$.0<br>下降沿捕获 | 为 1 时,CAP$n$.0 上 1～0 的跳变将导致 TC 的内容装入 CR0;<br>为 0 时,该特性被禁止 | 0 |
| 2 | CAP$n$.0<br>事件中断 | 为 1 时,CAP$n$.0 的捕获事件所导致的 CR0 装载将产生一个中断;<br>为 0 时,该特性被禁止 | 0 |
| 3 | CAP$n$.1<br>上升沿捕获 | 为 1 时,CAP$n$.1 上 0～1 的跳变将导致 TC 的内容装入 CR1;<br>为 0 时,该特性被禁止 | 0 |
| 4 | CAP$n$.1<br>下降沿捕获 | 为 1 时,CAP$n$.1 上 1～0 的跳变将导致 TC 的内容装入 CR1;<br>为 0 时,该特性被禁止 | 0 |
| 5 | CAP$n$.1<br>事件中断 | 为 1 时,CAP$n$.1 的捕获事件所导致的 CR1 装载将产生一个中断;<br>为 0 时,该特性被禁止 | 0 |
| 6 | CAP$n$.2<br>上升沿捕获 | 为 1 时,CAP$n$.2 上 0～1 的跳变将导致 TC 的内容装入 CR2;<br>为 0 时,该特性被禁止 | 0 |
| 7 | CAP$n$.2<br>下降沿捕获 | 为 1 时,CAP$n$.2 上 1～0 的跳变将导致 TC 的内容装入 CR2;<br>为 0 时,该特性被禁止 | 0 |
| 8 | CAP$n$.2<br>事件中断 | 为 1 时,CAP$n$.2 的捕获事件所导致的 CR2 装载将产生一个中断;<br>为 0 时,该特性被禁止 | 0 |
| 9 | CAP$n$.3<br>上升沿捕获 | 为 1 时,CAP$n$.3 上 0～1 的跳变将导致 TC 的内容装入 CR3;<br>为 0 时,该特性被禁止 | 0 |
| 10 | CAP$n$.3<br>下降沿捕获 | 为 1 时,CAP$n$.3 上 1～0 的跳变将导致 TC 的内容装入 CR3;<br>为 0 时,该特性被禁止 | 0 |
| 11 | CAP$n$.3<br>事件中断 | 为 1 时,CAP$n$.3 的捕获事件所导致的 CR3 装载将产生一个中断;<br>为 0 时,该特性被禁止 | 0 |

操作示例:

T0CCR = 0x05;　　　//当 CAP0.0 引脚出现上升沿时,发生捕获事件,并产生中断。

### 3. 定时器中断

1）匹配中断

LPC2200 系列 ARM 定时器计数溢出时不会产生中断,但是匹配时可以产生中断。每个定时器都具有 4 个匹配寄存器(MR0～MR3),可以用来存放匹配值,当定时器的当前计数值 TC

等于匹配值 MR 时,就可以产生中断。

寄存器 TnMCR 控制匹配中断的使能。以定时器 0 为例,定时器匹配控制寄存器 TnMCR 用来使能定时器的匹配中断。

当 T0TC = T0MR0 时,发生匹配事件 0,若 T0MCR[0] = 1,则 T0IR[0] 置位。

当 T0TC = T0MR1 时,发生匹配事件 1,若 T0MCR[3] = 1,则 T0IR[1] 置位。

当 T0TC = T0MR2 时,发生匹配事件 2,若 T0MCR[6] = 1,则 T0IR[2] 置位。

当 T0TC = T0MR3 时,发生匹配事件 3,若 T0MCR[7] = 1,则 T0IR[3] 置位。

2)捕获中断

当定时器的捕获引脚 CAP 上出现特定的捕获信号时,可以产生中断。以 CAP0.0 为例:

当 T0CCR[0] = 1,捕获引脚 CAP0.0 上出现"上升沿"信号时,发生捕获事件;

当 T0CCR[1] = 1,捕获引脚 CAP0.0 上出现"下降沿"信号时,发生捕获事件;

发生捕获事件时,若 T0CCR[2] = 1,则捕获中断使能。

**4. 使用示例**

参考 LPC2210 用户手册的例子,图 1-4 是当定时器设定为匹配时产生中断,并且复位计数器的时序图。此时预分频计数器设置为 2,匹配寄存器设置为 6,在定时周期结束匹配发生时,定时器计数复位。匹配中断在到达匹配值的下一个时钟产生。

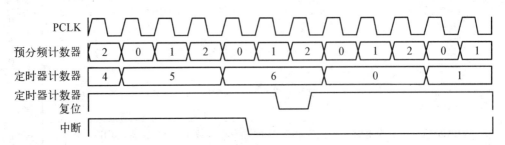

图 1-4  定时器设置为匹配时使能中断并复位的时序

参考 LPC2210 用户手册的例子,图 1-5 是当定时器设定为匹配时停止,并且复位计数器的时序图。此时预分频计数器设置为 2,匹配寄存器设置为 6,在定时计数器到达匹配值的下一个时钟定时器的使能位清零,并产生中断。

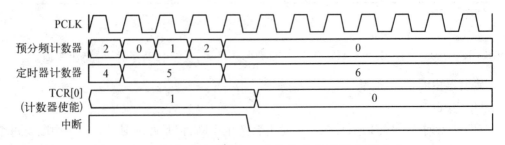

图 1-5  定时器设置为匹配时使能中断并停止的时序

LPC2210 的两个 32 位定时器,分别具有 4 路捕获、4 路比较匹配并输出电路。定时器是增量计数的,上溢时不会产生中断标识,只能通过比较匹配或捕获输入产生中断标识。2 个定时器具有同样的寄存器,只是地址不同而已。

定时器基本操作方法:

(1) 计算定时器的时钟频率,设置 PR 寄存器进行分频操作。

(2) 设置比较匹配通道的初值及其工作模式,若是使用捕获功能,则设置捕获方式。

(3) 若使用定时器的相关中断,则设置 VIC,使能中断。

(4) 设置 TCR,启动定时器。

定时器计数时钟频率计算如下:

$$计数器的时钟频率 = \frac{F_{PCLK}}{PR + 1}$$

定时器定时事件的计算如下:

$$定时时间 = \frac{MR \times (PR + 1)}{F_{PCLK}}$$

定时器的控制实例一:采用软件查询方式使用定时器 0 实现 1 s 定时,并控制蜂鸣器的蜂鸣。

参考程序见程序清单 1.1。

### 程序清单 1.1　定时器控制实例一

```
#include     "config. h"
#define       BEEPCON    0x00000080        / * P0.7 引脚控制 B1,低电平蜂鸣 * /
/ ****************************************************************
* 名       称:Time0Init( )
* 功       能:初始化定时器 0,定时时间为 1 s。
* 入口参数:无
* 出口参数:无
****************************************************************/
void     Time0Init( void)
{
    / * Fcclk = Fosc * 4  = 11.0592MHz * 4 = 44.2368MHz
        Fpclk = Fcclk/4 = 44.2368MHz/4 = 11.0592MHz
    * /
    T0PR = 99;              //设置定时器 0 分频为 100 分频,得 110 592 Hz
```

13

```
        T0MCR = 0x03;                       //匹配通道 0 匹配中断并复位 T0TC
        T0MR0 = 110592;                     //比较值(1 s 定时值)
        T0TCR = 0x03;                       //启动并复位 T0TC
        T0TCR = 0x01;
    }

/ ***********************************************************************
 *  名      称：main( )
 *  功      能：初始化 I/O 及定时器,然后不断地查询定时器中断标志。当定时时间到时,取
               反 BEEPCON 控制口。
 ***********************************************************************/
    int   main( void)
    {
        PINSEL0 = 0x00000000;               //设置管脚连接 GPIO
        IO0DIR = BEEPCON;                   //设置 I/O 为输出
        Time0Init( );                       //初始化定时器 0
        while(1)
        {
            while((T0IR&0x01) = =0);        //等待定时时间到
            T0IR = 0x01;                    //清除中断标志
            if((IO0SET&BEEPCON) = =0)
                IO0SET = BEEPCON;
        else
                IO0CLR = BEEPCON;
        }
        return(0);
    }
```

**小结：**实例使用 ARM Executable Image for lpc22xx 工程模板建立工程。实现的关键点是在初始化蜂鸣器的引脚设置和定时器设置后,在主函数中就是等待定时时间到,循环检测定时器 0 的中断标志位,并控制蜂鸣器的发生与停止。这里要掌握的是定时器定时时间的初始化设置。

定时器的控制实例二：使用定时器 0 和定时器 1 中断控制蜂鸣器,实现响 0.5 s 然后停 0.5 s,但是两个定时器均为 1 s 定时,其中定时器 0 中断时控制蜂鸣器蜂鸣,定时器 1 中断时控制蜂鸣器停止。

参考程序见程序清单 1.2、程序清单 1.3。

## 程序清单 1.2　定时器控制实例二（方法一）

```
/ ***********************************************************
* 文 件 名 : main. c
* 功　　　能 : 使用定时器 0 实现 1 s 定时,控制蜂鸣器蜂鸣。(查询方式)
* 说　　　明 : JP22 跳线短接,JP20 跳线断开。
***********************************************************/
#include    "config. h"
#define     BEEPCON   1 << 7          // P0.7 引脚控制 B1,低电平蜂鸣


/ ***********************************************************
* 名　　　称 : Time0Init( )
* 功　　　能 : 初始化定时器 0,定时时间为 1 s。
* 入口参数 : 无
* 出口参数 : 无
***********************************************************/
void    Time0Init( )
{
    / *Fcclk = Fosc * 4 = 11.0592MHz * 4 = 44.2368MHz
      Fpclk = Fcclk/4 = 44.2368MHz/4 = 11.0592MHz
    */
    T0PR = 99 ;                     //设置定时器 0 分频为 100 分频,得 110 592 Hz
    T0MCR = 0x03 ;                  //匹配通道 0 匹配中断并复位 T0TC
    T0MR0 = 110592 * 1 - 1 ;        //比较值(1 s 定时值)
    T0TCR = 0x03 ;                  //启动并复位 T0TC
    T0TCR = 0x01 ;
}


/ ***********************************************************
* 名　　　称 : Time1Init( )
* 功　　　能 : 初始化定时器 1,定时时间为 1 s。
* 入口参数 : 无
* 出口参数 : 无
***********************************************************/
```

```
void   Time1Init(void)
{
    /*Fcclk = Fosc * 4 = 11.0592MHz * 4 = 44.2368MHz
       Fpclk = Fcclk/4 = 44.2368MHz/4 = 11.0592MHz
    */
    T1PR = 99;                        //设置定时器1分频为100分频,得110 592 Hz
    T1MCR = 0x03;                     //匹配通道1匹配中断并复位 T1TC
    T1MR0 = 110592 - 1;              //比较值(1 s 定时值)
}


/ ***************************************************************
* 名     称: main( )
* 功     能: 初始化 I/O 及定时器,然后不断地查询定时器中断标志。当定时时间到时,取
           反 BEEPCON 控制口。
***************************************************************/
int   main(void)
{
    PINSEL0 = 0x00000000;            //设置管脚连接 GPIO
    IO0DIR = BEEPCON;                //设置 I/O 为输出
    IO0SET = BEEPCON;                // off (initial state)
    Time0Init( );                    //初始化定时器 0
    Time1Init( );
    while(T0TC! = (uint32)T0MR0/2)
    {
        IO0CLR = BEEPCON;            // on(keep 0.5 s)
    }
    T1TCR = 0x03;                    //启动并复位 T1TC
    T1TCR = 0x01;
    IO0SET = BEEPCON;                // off(keep 0.5 s)
    while(1)
    {
        while((T0IR&0x01) = =0);     //等待定时时间到
        T0IR = 0x01;                 //清除中断标志
        IO0CLR = BEEPCON;            // on
```

```
        while((T1IR&0x01) = = 0);          //等待定时间时到
        T1IR = 0x01;
        IO0SET = BEEPCON;                   // off
    }
    return(0);
}
```

**小结：** 实例使用 ARM Executable Image for lpc22xx 工程模板建立工程。解决问题的思路是定时器 0 启动 0.5 s 后，再立即启动定时器 1。这里有两个关键点需要注意：① 启动定时器 1 的时刻的判断。我们可以在启动定时器 0 后，通过读操作对定时器 0 的当前计数值进行判断；② 初始电平的赋值。由于定时器 0 和定时器 1 分别控制蜂鸣器的发声和停止，所以在启动定时器 1 之前需要使蜂鸣器控制口有效。

### 程序清单 1.3　定时器控制实例二（方法二）

```
#include    "config.h"
#define    BEEPCON    0x00000080          /* P0.7 引脚控制 B1,低电平蜂鸣 */


/ **********************************************************
* 名      称：Time0Init()
* 功      能：初始化定时器 0,定时时间为 1 s。
* 入口参数：无
* 出口参数：无
**********************************************************/
void    Time0Init(void)
{
    /*Fcclk = Fosc * 4 = 11.0592MHz * 4 = 44.2368MHz
      Fpclk = Fcclk/4 = 44.2368MHz/4 = 11.0592MHz
    */
    T0PR = 99;                    //设置定时器 0 分频为 100 分频,得 110 592 Hz
    T0MCR = 0x0B;                 //匹配通道 0 匹配中断并复位 T0TC
    T0MR0 = 110592 - 1;           //比较值(1 s 定时值)
    T0MR1 = 110592/2 - 1;
    T0TCR = 0x03;                 //启动并复位 T0TC
    T0TCR = 0x01;
}
```

```
void   Time1Init( void)
{
    T1PR = 99;                          //设置定时器 0 分频为 100 分频,得 110 592 Hz
    T1MCR = 0x03;                       //匹配通道 0 匹配中断并复位 T0TC
    T1MR0 = 110592 - 1;                 //比较值(1 s 定时值)
}
```

```
/ **********************************************************************
* 名    称: main( )
* 功    能: 初始化 I/O 及定时器,然后不断地查询定时器中断标志。当定时时间到时,取
         反 BEEPCON 控制口。
**********************************************************************/
int   main( void)
{
    PINSEL0 = 0x00000000;               //设置管脚连接 GPIO
    IO0DIR = BEEPCON;                   //设置 I/O 为输出
    Time0Init( );
    Time1Init( );
    while( ( T0IR&0x02) = =0)
    {
        IO0CLR = BEEPCON;
    }
    T1TCR = 0x03;                       //启动并复位 T1TC
    T1TCR = 0x01;
    IO0SET = BEEPCON;
    while(1)
    {
        while( ( T0IR&0x01) = =0);      //等待定时时间到
        T0IR = 0x01;                    //清除中断标志
        IO0SET = BEEPCON;
        while( ( T1IR&0x01) = =0);
        T1IR = 0x01;
        IO0CLR = BEEPCON;
    }
```

```
        return(0);
    }
```

**小结:** 实例使用 ARM Executable Image for lpc22xx 工程模板建立工程。问题的思路是定时器 0 启动 0.5 s 后,再立即启动定时器 1。针对问题的关键点之一,除了读取 T0TC 的值外,还有另外一个实现方法。即使用定时器 0 的另外一个匹配通道,单独使用一个通道与 0.5 s 计时时间进行匹配,并检测相应的中断标志,作为启动定时器 1 的时刻的判断方法。这也更好地使用了定时器的多通道,虽然可能浪费系统资源,但体现了程序的灵活性,更有利于对知识的运用以解决更复杂的问题。

### 1.3.3 脉宽调制器(PWM)

#### 1. 概述

LPC2210 的脉宽调制器建立在 PWM 专用的标准定时器之上(此定时器是 PWM 专用的,不是定时器 0 或定时器 1),通过匹配功能及一些控制电路来实现 PWM 输出。

PWM 的特性:

(1)带可编程 32 位预分频器的 32 位定时器/计数器。

(2)7 个匹配寄存器,可实现 6 个单边沿控制 PWM 输出和 3 个双边沿控制 PWM 输出这两种类型的混合输出发生匹配事件时,可选择的操作:匹配时复位定时器,可选择产生中断;匹配时停止定时器,可选择产生中断;匹配时定时器继续运行,可选择产生中断。

(3)支持单边沿控制和双边沿控制的 PWM 输出。单边沿控制 PWM 输出在每个周期开始时总是为高电平。双边沿控制 PWM 输出可在一个周期内的任何位置产生边沿,这样就可以产生正脉冲或负脉冲。

(4)脉冲周期和宽度可以是任何的定时器计数值,这样可实现灵活的分辨率和重复速率的设定,所有 PWM 输出都以相同的速率发生。

(5)匹配寄存器更新与脉冲输出同步,防止产生错误的脉冲,软件必须在新的匹配值生效之前设置好这些寄存器。

(6)如果不使能 PWM 模式,PWM 定时器可作为一个标准定时器使用。

PWM 相关的引脚如表 1-11 所示。

表 1-11 PWM 引脚

| 引脚名称 | CPU 引脚 | 引脚方向 | 引脚描述 | 引脚名称 | CPU 引脚 | 引脚方向 | 引脚描述 |
|---|---|---|---|---|---|---|---|
| PWM1 | P0.0 | 输出 | PWM 通道 1 输出 | PWM4 | P0.8 | 输出 | PWM 通道 4 输出 |
| PWM2 | P0.7 | 输出 | PWM 通道 2 输出 | PWM5 | P0.21 | 输出 | PWM 通道 5 输出 |
| PWM3 | P0.1 | 输出 | PWM 通道 3 输出 | FWM6 | P0.9 | 输出 | PWM 通道 6 输出 |

PWM 基于标准的定时器模块,具有其所有特性。不过,LPC2210 只将其 PWM 功能输出到引脚。定时器对外设时钟(PCLK)进行计数,PWM 模块中含有 7 个匹配寄存器,在到达指定的定时值时可选择产生中断或执行其他动作。PWM 功能是一个附加特性,建立在匹配寄存器事件基础之上。

(1) 单边沿控制 PWM 描述。2 个匹配寄存器可用于提供单边沿控制的 PWM 输出。一个匹配寄存器(PWMMR0)通过匹配时复位定时器来控制 PWM 周期,另一个匹配寄存器控制 PWM 边沿的位置。每增加 1 路单边沿 PWM 输出,只需要再提供一个匹配寄存器即可,因为所有 PWM 输出的速率都是相同的,都是使用匹配寄存器 0 来控制的。单边沿控制 PWM 输出在每个 PWM 周期的开始,输出都会变为高电平。

(2) 双边沿控制 PWM 描述。3 个匹配寄存器可用于提供一个双边沿控制 PWM 输出。即 PWMMR0 匹配寄存器控制 PWM 周期,其他匹配寄存器控制 2 个 PWM 边沿的位置。每增加 1 路双边沿 PWM 输出,只需要再提供 2 个匹配寄存器即可,因为所有 PWM 输出的速率都是相同的,都是使用匹配寄存器 0 来控制的。

使用双边沿控制 PWM 输出时,输出的上升沿和下降沿的位置由指定寄存器控制,这样就产生了正脉冲(当上升沿先于下降沿时)和负脉冲(当下降沿先于上升沿时)。独立控制上升沿和下降沿位置的能力使 PWM 可以应用于更多的领域。例如,多相位电机控制通常需要 3 个非重叠的 PWM 输出,而这 3 个输出的脉宽和位置需要独立进行控制。

**2. PWM 结构**

图 1-6 所示为 PWM 的方框图。在时钟源的处理部分,与标准定时器相似;在匹配部分与标准定时器有所不同,控制寄存器 PCR 决定 PWM$n$($n=16$)引脚的输出类型:单边沿或双边沿。

图 1-7 说明了 PWM 波形和 PWM 设置的关系,图中的波形是单个 PWM 周期,它表示的情形是在下列条件下的 PWM 输出:

(1) 定时器匹配为 PWM 模式;

(2) 匹配寄存器 0 匹配为在发生匹配事件时复位定时器;

(3) 控制位 PWMSEL2 和 PWMSEL4 置位。

匹配寄存器的值设定如下:

(1) MR0 = 100,设定 PWM 的周期;

(2) MR1 = 41,MR2 = 78,设定 PWM2 双边沿输出,且计数值分别为 41 和 78 时电平翻转;

(3) MR3 = 53,MR4 = 27,设定 PWM4 双边沿输出,且计数值分别为 27 和 53 时电平翻转;

(4) MR5 = 65,设定 PWM5 单边沿输出,且计数器为 65 时电平翻转。

各配置情况下的 PWM 输出波形有一套原则,下面进行详细介绍。

1) 单边沿控制的 PWM 输出规则

所有单边沿控制的 PWM 输出在 PWM 周期开始时都为高电平,除非它们的匹配值等于 0,

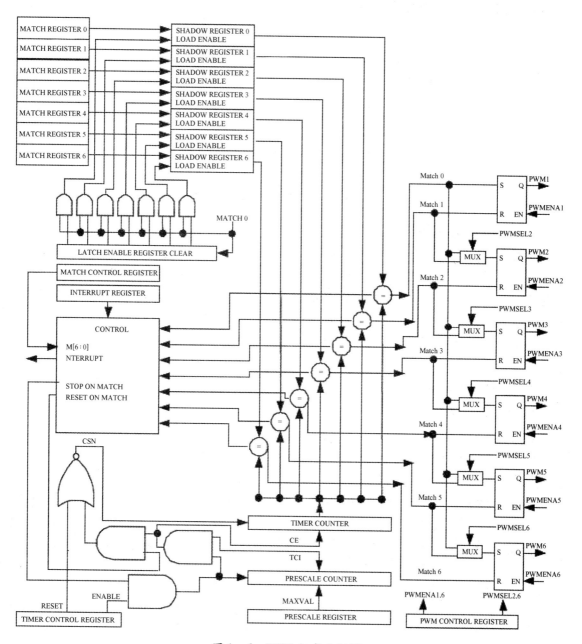

图 1-6 PWM 组成方框图

每个 PWM 输出在到达其匹配值时都会变成低电平。如果没有发生匹配,PWM 输出将一直保持高电平。如图 1-7 中 PWM5 的输出波形所示。

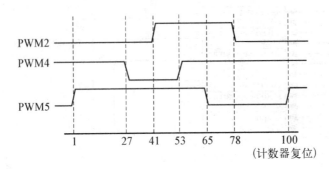

图 1-7 各配置情况下的 PWM 波形输出

2) 双边沿控制的 PWM 输出规则

所有双边沿控制的 PWM 输出在 PWM 周期开始时电平不是固定的,需要依据匹配寄存器的值确定。当选择了 PWM$n$ 通道后,PWM 定时器与匹配寄存器($n-1$)匹配时,PWM$n$ 将输出高电平;当 PWM 定时器与匹配寄存器 $n$ 匹配值,PWM$n$ 输出低电平。如图 1-7 中 PWM2 和 PWM4 输出波形所示。

以上的规则是最基本的,还有一些特殊情况下的规则,这里不做展开,感兴趣的可以查阅其他资料。

### 3. PWM 寄存器描述

PWM 模块包含的寄存器见表 1-12。

表 1-12                 PWM 寄存器描述

| 名　称 | 描　　　　述 | 访问 | 复位值 | 地　址 |
|---|---|---|---|---|
| PWMIR | PWM 中断寄存器:可以写 IR 来清除中断,可读取 IR 来识别哪个中断源被挂起 | R/W | 0 | 0xE0014000 |
| PWMTCR | PWM 定时器控制寄存器:TCR 用于控制定时器/计数器功能,定时器/计数器可通过 TCR 禁止或复位 | R/W | 0 | 0xE0014004 |
| PWMTC | PWM 定时器计数器:32 位 TC 每经过 PR+1 个 PCLK 周期加 1,TC 通过 TCR 进行控制 | R/W | 0 | 0xE0014008 |
| PWMPR | PWM 预分频寄存器:TC 每经过 PR+1 个 PCLK 周期加 1 | R/W | 0 | 0xE001400C |
| PWMPC | PWM 预分频计数器:每当 32 位 PC 的值增加到等于 PR 中保存的值时,TC 加 1 | R/W | 0 | 0xE0014010 |
| PWMMCR | PWM 匹配控制寄存器:MCR 用于控制当匹配时是否产生中断或复位 TC | R/W | 0 | 0xE0014014 |

续表

| 名　称 | 描　　　述 | 访问 | 复位值 | 地　址 |
|---|---|---|---|---|
| PWMMR0 | PWM 匹配寄存器 0：MR0 可通过 MCR 设定为当匹配时复位 TC，停止 TC 和 PC 或产生中断。此外，MR0 和 TC 的匹配将置位所有单边沿模式的 PWM 输出，并置位双边沿模式下的 PWM1 输出 | R/W | 0 | 0xE0014018 |
| PWMMR1 | PWM 匹配寄存器 1：MR1 可通过 MCR 设定为当匹配时复位 TC，停止 TC 和 PC 或产生中断。此外，MR1 和 TC 的匹配将清零单边沿模式或双边沿模式下的 PWM1，并置位双边沿模式下的 PWM2 输出 | R/W | 0 | 0xE001401C |
| PWMMR2 | PWM 匹配寄存器 2：MR2 可通过 MCR 设定为当匹配时复位 TC，停止 TC 和 PC 或产生中断。此外，MR2 和 TC 的匹配将清零单边沿模式或双边沿模式下的 PWM2，并置位双边沿模式下的 PWM3 输出 | R/W | 0 | 0xE0014020 |
| PWMMR3 | PWM 匹配寄存器 3：MR3 可通过 MCR 设定为当匹配时复位 TC，停止 TC 和 PC 或产生中断。此外，MR3 和 TC 的匹配将清零单边沿模式或双边沿模式下的 PWM3，并置位双边沿模式下的 PWM4 输出 | R/W | 0 | 0xE0014024 |
| PWMMR4 | PWM 匹配寄存器 4：MR4 可通过 MCR 设定为当匹配时复位 TC，停止 TC 和 PC 或产生中断。此外，MR4 和 TC 的匹配将清零单边沿模式或双边沿模式下的 PWM4，并置位双边沿模式下的 PWM5 输出 | R/W | 0 | 0xE0014040 |
| PWMMR5 | PWM 匹配寄存器 5：MR5 可通过 MCR 设定为当匹配时复位 TC，停止 TC 和 PC 或产生中断。此外，MR5 和 TC 的匹配将清零单边沿模式或双边沿模式下的 PWM5，并置位双边沿模式下的 PWM6 输出 | R/W | 0 | 0xE0014044 |
| PWMMR6 | PWM 匹配寄存器 6：MR6 可通过 MCR 设定为当匹配时复位 TC，停止 TC 和 PC 或产生中断。此外，MR6 和 TC 的匹配将清零单边沿模式或双边沿模式下的 PWM6 | R/W | 0 | 0xE0014048 |
| PWMPCR | PWM 控制寄存器：使能 PWM 输出并选择 PWM 通道类型为单边沿或双边沿控制 | R/W | 0 | 0xE001404C |
| PWMLEK | PWM 锁存使能寄存器：使能使用新的 PWM 匹配值 | R/W | 0 | 0xE0014050 |

1）PWM 中断寄存器（PWMIR）

PWM 中断寄存器包含 11 位（表 1 - 13），其中 7 位用于匹配中断。如果有中断产生，PWMIR 中的对应位会置位，否则为 0。向对应的 IR 位写入 1 会复位中断，写入 0 则无效。

表 1－13                                PWM 中断寄存器

| 位 | 功　　能 | 描　　　　述 | 复位值 |
|---|---|---|---|
| 0 | PWMMR0 中断 | PWM 匹配通道 0 的中断标志 | 0 |
| 1 | PWMMR1 中断 | PWM 匹配通道 1 的中断标志 | 0 |
| 2 | PWMMR2 中断 | PWM 匹配通道 2 的中断标志 | 0 |
| 3 | PWMMR3 中断 | PWM 匹配通道 3 的中断标志 | 0 |
| 4:7 | 保留 | 应用程序不能向该位写入 1 | 0 |
| 8 | PWMMR4 中断 | PWM 匹配通道 4 的中断标志 | 0 |
| 9 | PWMMR5 中断 | PWM 匹配通道 5 的中断标志 | 0 |
| 10 | PWMMR6 中断 | PWM 匹配通道 6 的中断标志 | 0 |

2）PWM 定时器控制寄存器（PWMTCR）

PWM 定时器控制寄存器（PWMTCR）用于控制 PWM 定时器计数器的操作，每个位的功能见表 1－14。

表 1－14                                PWM 定时器控制寄存器

| 位 | 功　能 | 描　　　　述 | 复位值 |
|---|---|---|---|
| 0 | 计数器使能 | 为 1 时，PWM 定时器计数器和 PWM 预分频计数器使能计数。为 0 时，计数器禁止 | 0 |
| 1 | 计数器复位 | 为 1 时，PWM 定时器计数器和 PWM 预分频计数器在 PCLK 的下一个上升沿同步复位。计数器在 TCR 的 bit 1 恢复为 0 之前保持复位状态 | 0 |
| 2 | 保留 | 保留，用户软件不要向其写入 1，从保留位读出的值未定义 | N/A |
| 3 | PWM 使能 | 为 1 时，PWM 模式使能。PWM 模块将映像寄存器连接到匹配寄存器。只有在 PWMLER 中的相应位置位后，发生的匹配 0 事件才会使程序写入匹配寄存器的值生效。需要注意的是，决定 PWM 周期（PWM 匹配 0）的匹配寄存器必须在使能 PWM 之前设定，否则不会发生使映像寄存器内容生效的匹配事件 | 0 |

3）PWM 定时器计数器（PWMTC）

当预分频计数器到达计数的上限时，32 位定时器计数器 TC 加 1。如果 PWMTC 在到达计数上限之前没有被复位，它将一直计数到 0xFFFF FFFF，然后翻转到 0x0000 0000，该事件不会产生中断。如果需要，可用匹配寄存器检测溢出。

4）PWM 预分频寄存器（PWMPR）

32 位预分频寄存器指定了预分频寄存器的最大值。

5）PWM 预分频计数器（PWMPC）

PWM 预分频计数器使用某个常量来控制 PCLK 的分频，再使之用于 PWM 定时器计数器。这样可实现控制定时器分辨率和定时器溢出时间之间的关系。PWM 预分频计数器每个 PCLK 周期加 1，当其到达 PWM 预分频计数器中保存的值时，PWM 定时器计数器加 1，PWM 预分频计数器在下个 PCLK 周期复位。

6）PWM 匹配寄存器（PWMMR0 ~ PWMMR6）

PWM 匹配寄存器值连续与 PWM 定时器计数值相比较，当两个值相等时自动触发相应动作。这些动作包括产生中断、复位 PWM 定时器计数器或停止定时器，所执行的动作由 PWMMCR 寄存器控制。LPC2210 的 PWM 模块中，通常都使用匹配寄存器 0（PWMMR0）来控制 PWM 的周期和频率。PWM 的输出频率为

$$f = \frac{F_{\text{PCLK}}}{PWMMR0(PWMPR + 1)}$$

PWM 的输出周期为

$$T = \frac{PWMMR0(PWMPR + 1)}{F_{\text{PCLK}}}$$

7）PWM 匹配控制寄存器（PWMMCR）

PWM 匹配控制寄存器用于控制当发生匹配时所执行的操作。每个位的功能见表 1 - 15。

表 1 - 15    PWMMCR 匹配时的位说明

| PWMn | PWMMCR 位 | 功　能 | 描　　　　述 | 复位值 |
|---|---|---|---|---|
| PWM0 | 0 | 中断（PWMMR0） | 1：PWMMR0 与 PWMTC 值匹配将产生中断；<br>0：中断禁止 | 0 |
|  | 1 | 复位（PWMMR0） | 1：PWMMR0 与 PWMTC 值匹配将使 PWMTC 复位；<br>0：该特性禁止 | 0 |
|  | 2 | 停止（PWMMR0） | 1：PWMMR0 与 PWMTC 值匹配将使 PWMTC 和 PWMPC 停止并使 PWMTCR[0]复位为 0；<br>0：该特性禁止 | 0 |
| PWM1 | 3 | 中断（PWMMR1） | 1：PWMMR1 与 PWMTC 值匹配将产生中断；<br>0：中断禁止 | 0 |
|  | 4 | 复位（PWMMR1） | 1：PWMMR1 与 PWMTC 值匹配将使 PWMTC 复位；<br>0：该特性禁止 | 0 |
|  | 5 | 停止（PWMMR1） | 1：PWMMR1 与 PWMTC 值匹配将使 PWMTC 和 PWMPC 停止并使 PWMTCR[0]复位为 0；<br>0：该特性禁止 | 0 |

| PWMn | PWMMCR 位 | 功 能 | 描 述 | 复位值 |
|---|---|---|---|---|
| PWM2 | 6 | 中断<br>（PWMMR2） | 1：PWMMR2 与 PWMTC 值匹配将产生中断；<br>0：中断禁止 | 0 |
|  | 7 | 复位<br>（PWMMR2） | 1：PWMMR2 与 PWMTC 值匹配将使 PWMTC 复位；<br>0：该特性禁止 | 0 |
|  | 8 | 停止<br>（PWMMR2） | 1：PWMMR2 与 PWMTC 值匹配将使 PWMTC 和 PWMPC 停止并使 PWMTCR［0］复位为 0；<br>0：该特性禁止 | 0 |
| PWM3 | 9 | 中断<br>（PWMMR3） | 1：PWMMR3 与 PWMTC 值匹配将产生中断；<br>0：中断禁止 | 0 |
|  | 10 | 复位<br>（PWMMR3） | 1：PWMMR3 与 PWMTC 值匹配将使 PWMTC 复位；<br>0：该特性禁止 | 0 |
|  | 11 | 停止<br>（PWMMR3） | 1：PWMMR3 与 PWMTC 值匹配将使 PWMTC 和 PWMPC 停止并使 PWMTCR［0］复位为 0；<br>0：该特性禁止 |  |
| PWM4 | 12 | 中断<br>（PWMMR4） | 1：PWMMR4 与 PWMTC 值匹配将产生中断；<br>0：中断禁止 | 0 |
|  | 13 | 复位<br>（PWMMR4） | 1：PWMMR4 与 PWMTC 值匹配将使 PWMTC 复位；<br>0：该特性禁止 | 0 |
|  | 14 | 停止<br>（PWMMR4） | 1：PWMMR4 与 PWMTC 值匹配将使 PWMTC 和 PWMPC 停止并使 PWMTCR［0］复位为 0；<br>0：该特性禁止 | 0 |
| PWM5 | 15 | 中断<br>（PWMMR5） | 1：PWMMR5 与 PWMTC 值匹配将产生中断；<br>0：中断禁止 | 0 |
|  | 16 | 复位<br>（PWMMR5） | 1：PWMMR5 与 PWMTC 值匹配将使 PWMTC 复位；<br>0：该特性禁止 | 0 |
|  | 17 | 停止<br>（PWMMR5） | 1：PWMMR5 与 PWMTC 值匹配将使 PWMTC 和 PWMPC 停止并使 PWMTCR［0］复位为 0；<br>0：该特性禁止 | 0 |
| PWM6 | 18 | 中断<br>（PWMMR6） | 1：PWMMR6 与 PWMTC 值匹配将产生中断；<br>0：中断禁止 | 0 |
|  | 19 | 复位<br>（PWMMR6） | 1：PWMMR6 与 PWMTC 值匹配将使 PWMTC 复位；<br>0：该特性禁止 | 0 |
|  | 20 | 停止<br>（PWMMR6） | 1：PWMMR6 与 PWMTC 值匹配将使 PWMTC 和 PWMPC 停止并使 PWMTCR［0］复位为 0；<br>0：该特性禁止 | 0 |

8）PWM 控制寄存器（PWMPCR）

PWM 控制寄存器用于使能并选择每个 PMW 通道的类型。每个位的功能详见表 1-16。

表 1-16　　　　　　　　　　　　　　　　PWMPCR 的位说明

| 位 | 功　能 | 描　　述 | 复位值 |
|---|---|---|---|
| 1:0 | 保留 | 保留,用户软件不要向其写入1,从保留位读出的值未定义 | NA |
| 2 | PWMSEL2 | 为 0 时,PWM2 选择单边沿控制模式;<br>为 1 时,选择双边沿控制模式 | 0 |
| 3 | PWMSEL3 | 为 0 时,PWM3 选择单边沿控制模式;<br>为 1 时,选择双边沿控制模式 | 0 |
| 4 | PWMSEL4 | 为 0 时,PWM4 选择单边沿控制模式;<br>为 1 时,选择双边沿控制模式 | 0 |
| 5 | PWMSEL5 | 为 0 时,PWM5 选择单边沿控制模式;<br>为 1 时,选择双边沿控制模式 | 0 |
| 6 | PWMSEL6 | 为 0 时,PWM6 选择单边沿控制模式;<br>为 1 时,选择双边沿控制模式 | 0 |
| 8:7 | 保留 | 保留,用户软件不要向其写入1,从保留位读出的值未定义 | NA |
| 9 | PWMENA1 | 为 1 时,使能 PWM1 输出;为 0 时,禁止 PWM1 输出 | 0 |
| 10 | PWMENA2 | 为 1 时,使能 PWM2 输出;为 0 时,禁止 PWM2 输出 | 0 |
| 11 | PWMENA3 | 为 1 时,使能 PWM3 输出;为 0 时,禁止 PWM3 输出 | 0 |
| 12 | PWMENA4 | 为 1 时,使能 PWM4 输出;为 0 时,禁止 PWM4 输出 | 0 |
| 13 | PWMENA5 | 为 1 时,使能 PWM5 输出;为 0 时,禁止 PWM5 输出 | 0 |
| 14 | PWMENA6 | 为 1 时,使能 PWM6 输出;为 0 时,禁止 PWM6 输出 | 0 |
| 15 | 保留 | 保留,用户软件不要向其写入1,从保留位读出的值未定义 | N/A |

9）PWM 锁存使能寄存器（PWMLER）

当 PWM 匹配寄存器用于产生 PWM 时,PWM 锁存使能寄存器用于控制 PWM 匹配寄存器的更新。当定时器处于 PWM 模式时,如果软件对 PWM 匹配寄存器执行写操作,写入的值将保存在一个映像寄存器中。当 PWM 匹配 0 事件发生时（在 PWM 模式下,通常也会复位定时器）,如果对应的锁存使能寄存器位已经置位,那么映像寄存器的内容将传送到实际的匹配寄存器中,此时,新的值将生效并决定下一个 PWM 周期的输出。当发生新值传送时,LER 中的所有位都自动清零。在 PWMLER 中相应位置位和 PWM 匹配 0 事件发生之前,任何写入 PWM 匹配寄存器的值都不会影响 PWM 操作。PWMLER 的所有位功能见表 1-17。

表 1-17            PWMLER 的位说明

| 位 | 功　能 | 描　　　　　述 | 复位值 |
|---|---|---|---|
| 0 | 使能 PWM 匹配 0 锁存 | 该位置位,允许最后写入 PWM 匹配 0 寄存器的值在由 PWM 匹配事件引起的下次定时器复位时生效 | 0 |
| 1 | 使能 PWM 匹配 1 锁存 | 该位置位,允许最后写入 PWM 匹配 1 寄存器的值在由 PWM 匹配事件引起的下次定时器复位时生效 | 0 |
| 2 | 使能 PWM 匹配 2 锁存 | 该位置位,允许最后写入 PWM 匹配 2 寄存器的值在由 PWM 匹配事件引起的下次定时器复位时生效 | 0 |
| 3 | 使能 PWM 匹配 3 锁存 | 该位置位,允许最后写入 PWM 匹配 3 寄存器的值在由 PWM 匹配事件引起的下次定时器复位时生效 | 0 |
| 4 | 使能 PWM 匹配 4 锁存 | 该位置位,允许最后写入 PWM 匹配 4 寄存器的值在由 PWM 匹配事件引起的下次定时器复位时生效 | 0 |
| 5 | 使能 PWM 匹配 5 锁存 | 该位置位,允许最后写入 PWM 匹配 5 寄存器的值在由 PWM 匹配事件引起的下次定时器复位时生效 | 0 |
| 6 | 使能 PWM 匹配 6 锁存 | 该位置位,允许最后写入 PWM 匹配 6 寄存器的值在由 PWM 匹配事件引起的下次定时器复位时生效 | 0 |
| 7 | 保留 | 保留,用户软件不要向其写入 1,从保留位读出的值未被定义 | N/A |

#### 4. PWM 使用示例

PWM 控制实例一:使用 PWM3 输出一个占空比为 50%,频率为 100 Hz 的单边沿控制 PWM 信号。

参考程序见程序清单 1.4。

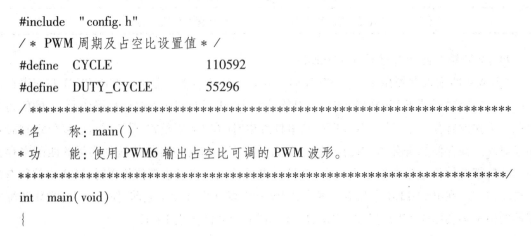

#### 程序清单 1.4　PWM 控制实例一

```
#include    "config. h"
/* PWM 周期及占空比设置值*/
#define   CYCLE            110592
#define   DUTY_CYCLE       55296
/********************************************************************
*名    称:main()
*功    能:使用 PWM6 输出占空比可调的 PWM 波形。
********************************************************************/
int   main(void)
{
```

```
    PINSEL0 = 0x00000008;        //设置 PWM6 连接到 P0.9 管脚

    PWMPR = 0x00;                //不分频,计数频率为 Fpclk
    PWMMCR = 0x02;               //设置 PWMMR0 匹配时复位 PWMTC
    PWMMR0 = CYCLE;              //设置 PWM 周期
    PWMMR3 = DUTY_CYCLE;        //设置 PWM 占空比

    PWMLER = 0x09;               // PWMMR0、PWMMR3 锁存
    PWMPCR = 0x4000;             //允许 PWM3 输出,单边 PWM
    PWMTCR = 0x09;               //启动定时器,PWM 使能

    while(1);
    return(0);
}
```

**小结:** 实例使用 ARM Executable Image for lpc22xx 工程模板建立工程。实例中关键点在于根据时钟频率设置好匹配寄存器 0 的值,根据占空比设置好匹配寄存器 3 的值。实例比较简单,实现的过程比较清晰,可以为音乐盒音乐播放时不同频率 PWM 波的发生做参考。

# 1.4　任务实施

## 1.4.1　总体设计

根据任务分析,简易音乐盒使用 EasyARM2200 开发实验平台,平台微控制器为基于 ARM7 构架的 LPC2210 处理器,该处理器自带 32 位定时器计数器和脉宽调制器 PWM。PWM 可以实现产生不同频率的方波驱动蜂鸣器产生不同频率的声音信号,用来模拟音乐盒中的音调。其中定时器能够实现相应的不同频率的方波信号的精准延时时间,用来模拟音乐盒中的节拍。

设计中预存多首音乐曲目,用于音乐盒音乐播放的切换。首先根据曲目的简谱,将曲目信息存放到相应的数组中。当音乐盒启动,开始某一首曲目的播放时,首先调用预存曲目的音调信息,然后调用对应音调的节拍信息,两者结合就可以驱动蜂鸣器发出完整的音乐。每一首曲目播放完后自动进入下一首曲目,整体曲目的循环次数可在程序中进行调节。图 1-8 是简易音乐盒的系统结构图。

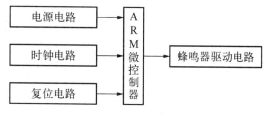

图 1-8　简易音乐盒的系统结构图

### 1.4.2 硬件设计

　　实现该任务的硬件电路中包含的主要模块是：电源供电模块、时钟电路、复位电路、蜂鸣器驱动电路等。电源供电包括多电压输出分别供给不同的模块。蜂鸣器驱动电路在使用过程中需要短接 JP9。由于在之前章节中已经详细讲述，这里不再重复展开。本项目主要涉及的硬件电路如图 1-9—图 1-13 所示。

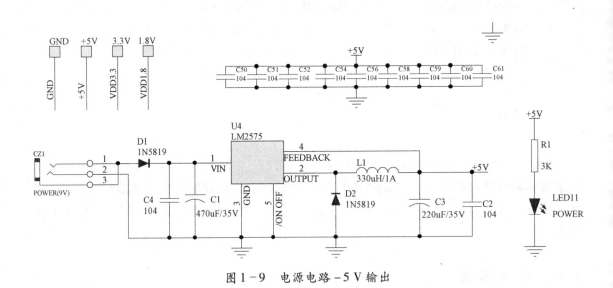

图 1-9　电源电路-5 V 输出

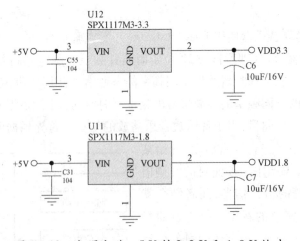

图 1-10　电源电路-5 V 转 3.3 V 和 1.8 V 输出

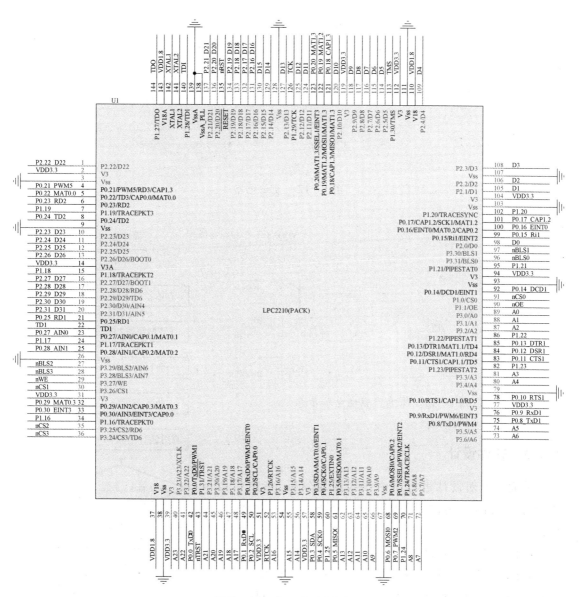

图 1-11  核心板 LPC2210

31

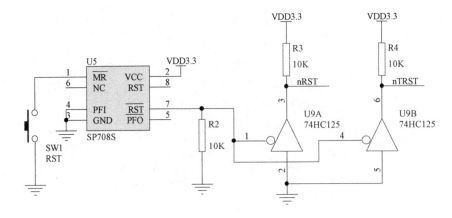

图 1-12 复位电路

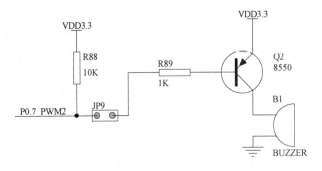

图 1-13 蜂鸣器驱动电路示意

## 1.4.3 软件设计

前面已经对设计进行了由浅入深地分析,并在相关的子设计上给出了实例,下面进行简易音乐盒的完整程序设计。

简易音乐盒的软件流程如图 1-14 所示。

软件采用模块化的设计方法,本程序具有如下模块:节拍和简谱频率预处理模块、曲目简谱信息表、曲目节拍信息表、定时器延时模块、PWM 波发生模块。各模块参考源程序既可以用汇编也可以用 C 语言编写,这里主要以 C 语言为例。

总体设计程序参见程序清单 1.5 和程序清单 1.6。

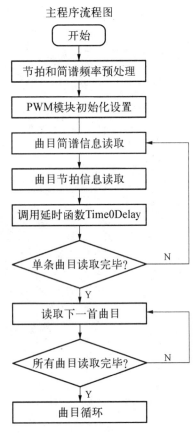

图 1-14 简易音乐盒
程序流程图

## 程序清单1.5 简易音乐盒总体设计程序 music.h

```
/*****************************************************************
** 文件名：music.h
** 描  述：节拍和简谱频率宏定义
*****************************************************************/
#ifndef _MUSIC_H
#define _MUSIC_H

//以4分音符为1拍
#define TEMPO   8
#define _1            TEMPO*4          //全音符
#define _1d           TEMPO*6          //附点全音符
#define _2            TEMPO*2          //2音符
#define _2d           TEMPO*3          //附点2音符
#define _4            TEMPO*1          //4分音符
#define _4d           TEMPO*3/2        //附点4分音符
#define _8            TEMPO*1/2        //8分音符
#define _8d           TEMPO*3/4        //附点8音符
#define _16           TEMPO*1/4        //16分音符
#define _16d          TEMPO*3/8        //附点16分音符
#define _32           TEMPO*1/8        //32分音符

/*低音*/
#define _1DO        262
#define _1RE        294
#define _1MI        330
#define _1FA        349
#define _1SO        392
#define _1LA        440
#define _1TI        494

/*中音*/
#define _DO         523
```

```
#define _RE          587
#define _MI          659
#define _FA          698
#define _SO          784
#define _LA          880
#define _TI          988


/* 高音 */
#define _DO1         1047
#define _RE1         1175
#define _MI1         1319
#define _FA1         1397
#define _SO1         1568
#define _LA1         1760
#define _TI1         1976
#endif
```

### 程序清单 1.6  简易音乐盒总体设计程序 music. c

```
/********************************************************************
* 文件名：music. c
* 功　能：使用蜂鸣器实现简易音乐盒的功能；
         通过蜂鸣器的蜂鸣的不同频率表示音调；
         通过蜂鸣器的蜂鸣的不同时间长短表示节拍。
* 说　明：无
********************************************************************/
#include "config. h"
#include "music. h"

/* 歌曲曲谱  祝你平安 */
const uint32 ZNPA[] =
{
    _DO1,_DO1,_MI,_SO,_SO,_MI,_RE,
    _DO,_DO,_LA,_SO,_SO,
    _LA,_LA,_LA,_DO,_DO,_1LA,_DO,
```

```
    _SO,_RE,_MI,_RE,_MI,_MI,_RE,_RE,
    _DO1,_DO1,_MI,_SO,_SO,_MI,_RE,
    _DO,_DO,_LA,_SO,_SO,
    _MI,_DO,_DO,_DO,_1LA,_MI,_RE,_RE,_RE,
    _1SO,_1SO,_SO,_SO,_RE,_MI,_DO,
};
```

```
/*歌曲节拍　祝你平安*/
const uint8 ZNPA_L[ ] =
{
    _8,_8,_8,_8,_4d,_16,_16,
    _8,_8,_8,_8,_2,
    _8,_8,_8,_8,_4,_16,_16,
    _8,_16,_16,_16,_16,_16,_16,_2,
    _8,_8,_8,_8,_4d,_16,_16,
    _8,_8,_8,_8,_2,
    _8,_16,_16,_8,_8,_16,_16,_8,_4,
    _16,_16,_16,_16,_16,_4,_2,
};
```

```
/*歌曲曲谱　两只老虎*/
const uint32 LZLH[ ] =
{
    _DO,_RE,_MI,_DO,
    _DO,_RE,_MI,_DO,
    _MI,_FA,_SO,
    _MI,_FA,_SO,
    _SO,_LA,_SO,_FA,_MI,_DO,
    _SO,_LA,_SO,_FA,_MI,_DO,
    _RE,_1SO,_DO,
    _RE,_1SO,_DO,
};
```

```
/*歌曲节拍　两只老虎*/
```

```
const uint8 LZLH_L[ ] =
{
    _4,_4,_4,_4,
    _4,_4,_4,_4,
    _4,_4,_2,
    _4,_4,_2,
    _8d,_16,_8d,_16,_4,_4,
    _8d,_16,_8d,_16,_4,_4,
    _4,_4,_2,
    _4,_4,_2,
};
```

```
/ ****************************************************************
* * 函数名称: Time0Delay( )
* * 功能描述: 定时器 0 延时函数
*****************************************************************/
void    Time0Delay ( uint8 x)
{
    / * Fcclk = Fosc * 4 = 11.0592MHz * 4 = 44.2368MHz
        Fpclk = Fcclk/4 = 44.2368MHz/4 = 11.0592MHz
    */
    T0PR = 99;                  //设置定时器 0 分频为 100 分频,得 110 592 Hz
    T0MCR = 0x03;
    T0MR0 = 11059 * x;      //比较值(1 s 定时值)
    T0TCR = 0x03;              //启动并复位 T0TC
    T0TCR = 0x01;
}
```

```
/ ****************************************************************
* * 函数名称: PWMInit( )
* * 功能描述: PWM 初始化设置
*****************************************************************/
void    PWMInit (void)
{
```

```
    PWMPR     =     0x00;           //不分频计数频率为 Fpclk
    PWMMCR    =     0x02;           //设置 PWMMR0 匹配时复位 PWMTC
    PWMPCR    =     0x0400;         //允许 PWM2 输出单边 PWM
    PWMMR0    =     Fpclk/1000;
    PWMMR2    =     PWMMR0/2;       // 50% 占空比
    PWMLER    =     0x05;           // PWM0 和 PWM2 匹配锁存
    PWMTCR    =     0x02;           //复位 PWMTC
    PWMTCR    =     0x09;           //启动 PWM 输出
}


/ *****************************************************************
* * 函数名称：main( )
* * 函数功能：PWM 音乐输出实验
* * 调试说明：需要将 music. h 包含进来
*****************************************************************/
int main（void）
{
    uint8 i;
    PINSEL0    = 0x02 << 14;         // P0.7 选择 PWM2 功能
    PWMInit（ ）;                    // PWM 初始化设置
    while(1)
    {
        for( i = 0; i < sizeof( LZLH ); i + + )
        {
            PWMMR0    = Fpclk/LZLH［i］;        //设置输出频率
            PWMMR2    = PWMMR0/2;              // 50% 占空比
            PWMLER    = 0x05;                 //更新匹配值后必须锁存
            Time0Delay（LZLH_L［i］）;
            while(( T0IR&0x01 ) = = 0 );       //等待定时时间到
            T0IR = 0x01;
        }
        for( i = 0; i < sizeof( ZNPA ); i + + )
        {
            PWMMR0    = Fpclk/ZNPA［i］;        //设置输出频率
```

```
        PWMMR2    = PWMMR0/2;              // 50% 占空比
        PWMLER    = 0x05;                  //更新匹配值后必须锁存
        Time0Delay (ZNPA_L[i]);
        while((T0IR&0x01) = =0);           //等待定时时间到
        T0IR = 0x01;
      }
    }
    return 0;
}
```

### 1.4.4  测试与结果

（1）选用 DebugInExram 生成目标，然后编译连接工程。

（2）将 ARM 开发平台上的 JP9 跳线短接，JP4 跳线断开，JP6 跳线设置为 Bank0 – RAM、Bank1 – Flash。

（3）打开 H‑JTAG，找到目标开发平台，并且打开 H‑Flasher 配置好相应的调试设置。注意在调试之前要进行"check"，相关操作如图 1‑15—图 1‑17 所示。

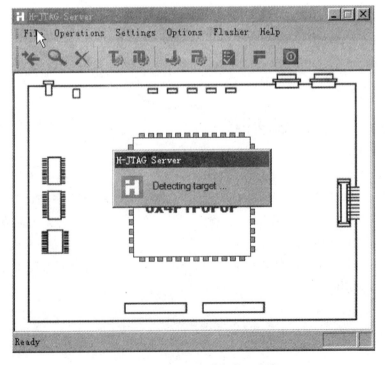

图 1‑15  H‑JTAG 查找目标板

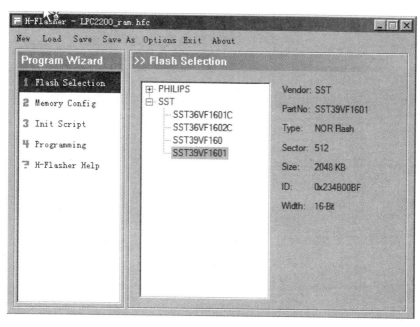

图 1-16　H-JTAG 中 Flash 选择

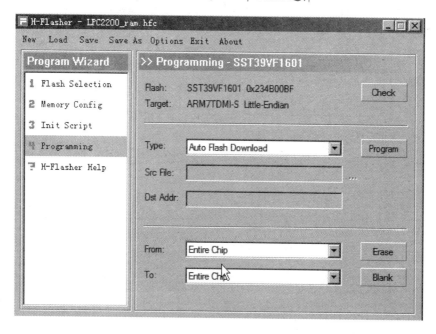

图 1-17　H-JTAG 中的"check"

（4）选择 Project→Debug,启动 AXD 进行 JTAG 仿真调试。在 configure target 中选择相应的目标,如图 1-18 所示,然后就可以加载映像文件了。注意加载的文件要和之前选择的 debug

方式生成的映像文件一致。比如这里是 DebugInExtram，表示使用片外 RAM 进行在线调试，那么加载的映像必须是工程下的 DebugInExtram 文件夹下的，如图 1-19 所示。

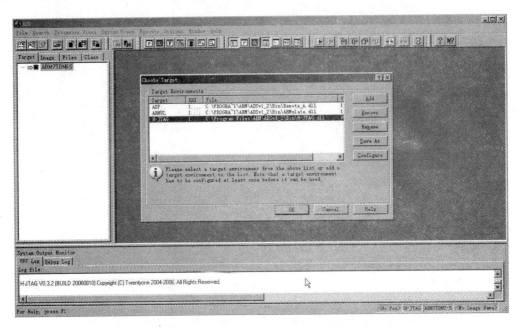

图 1-18　目标板环境选择为 H-JTAG 调试下载

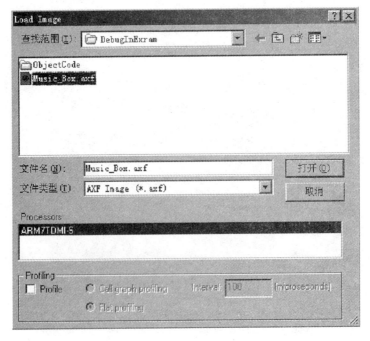

图 1-19　加载映像文件

（5）全速运行程序，观察开发平台上的现象，与预期的效果进行对比。也可采用单步运行（Step）、设置断点等方法调试程序，观察每一条指令运行后 ARM 开发平台上蜂鸣器的状态变化。若与功能不符，建议检查程序，修改功能。

注：关于 ADS 1.2 集成开发环境、AXD 调试软件以及 H-JTAG 的基本使用方法参见附录。

运行结果表明，蜂鸣器能够完成音乐的循环播放，并且播放节奏和循环次数可以根据需要在程序中进行修改。初步实现预期的目标，效果良好。

本项目的客观性良好，效果直接通过蜂鸣器进行反映。程序是流水线工作，没有涉及中断等更复杂的知识点。

## 1.5 任务拓展

本项目设计的简易音乐盒只考虑了音乐的循环播放，为了提高用户的自主性，在实际中可以增加音乐盒的功能。比如增加功能选择按键，在程序中通过键盘扫描读取按键信息，程序中匹配功能选择后播放对应的曲目或者直接按顺序循环播放。当然这一前提也是需要预存多首曲目信息。通过网上搜索曲目的简谱，按照"任务基础"中的介绍，将曲目简谱信息转化为程序能够处理的音调数组信息表和节拍数组信息表。

# 项目 2    ARM 与 PC 的串口通信

## 2.1    任务描述

近年来,由于个人计算机(Personal Computer,PC)优越的性价比和丰富的软件资源,已成为计算机应用的主流机种。而嵌入式系统在工业控制系统中越来越得到广泛的应用,它以价格低、功能全、体积小、抗干扰能力强、开发应用方便等特点已渗透到各个开发领域。特别是利用其能直接进行全双工通信的特点,在数据采集、智能仪表仪器、家用电器和过程控制中作为智能前沿机。但由于嵌入式系统一般是针对特定应用的裁剪,数据处理能力也相对有限,因此应用高性能的计算机对系统的所有智能前沿机进行管理和控制,已成为一种发展方向。在功能较复杂的控制系统中,通常以 PC 为主机,嵌入式系统为从机,由嵌入式系统完成数据的采集及对装置的控制,而由主机完成各种复杂的数据处理和对嵌入式系统的控制。所以计算机与嵌入式系统之间的数据通信越发显得重要。图 2-1 是串口线实物,图 2-2 是电脑主机上的串口位置。

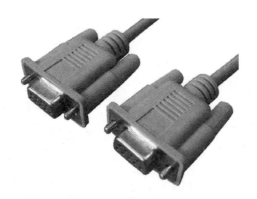

图 2-1    串口线实物

图 2-2    电脑主机的串口示意图

本任务是设计一个与 PC 串行通信的接口板,基本要求如下:

(1)借助一个 WINDOWS 系统下的串口调试软件,从 PC 向 ARM 发送字符或字符串。

(2)每连续接收 8 个字符,则计数值加 1,并由 LED 反映计数值的大小。但是若接收字符个数不满 8,则计数值不累加。

(3)实现 ARM 与 PC 之间的串行通信,ARM 接收数据后能原封不动地返回给 PC。

(4)要求上电后 LED 初始计数值为 0。

## 2.2  任务分析

本项目主要是运用基于 ARM7 的 LPC2210 处理器来设计 ARM 微控制器的串口与 PC 的通信功能。按照设计要求,完成任务需要解决以下几个问题:① 控制器与串口接口电路的构建;② 串口通信的原理;③ 串口通信的程序实现。

本项目基于 EasyARM2200 开发板,控制核心为 ARM7 内核的 LPC2210 处理器。本任务的目的是充分利用 ARM 微控制器与 PC 机进行通信。开发平台的 LPC2210 处理器有两个全双工的串行通信接口,所以 ARM 和 PC 之间可以方便地进行串口通信。但进行串口通信时必须满足一定的条件,比如电脑的串口是 RS232 电平的,而 ARM 的串口是 TTL 电平的,两者之间必须有一个电平转换电路。本书采用了专用芯片 SP708 进行转换,虽然也可以用几个三极管进行模拟转换,但还是用专用芯片更简单可靠。

本项目硬件方面,主要是设计串口通信电路的电路原理图,其中关键点便是电平转换芯片的选择与设计,需要知晓处理器所使用的电平幅值,确保电平转换的一一对应。另外,在完成接口电路设计的基础上,需要通过串口线与 PC 相连。如果 PC 没有串口但有 USB 口,那么就要使用 USB 转串口线并且安装好相应的驱动程序。软件上,需要在 PC 上使用一个串口调试助手的软件,辅助串口通信程序的调试。下面从串口通信的基本原理开始逐步完成项目设计目标。

## 2.3  任务基础

### 2.3.1  SPI 接口

开发平台上的 LED 是由 74HC595 芯片驱动的,74HC595 芯片是使用 SPI 接口与控制器相连。为了更好地控制 LED 灯,有必要先详细了解 SPI 接口和 74HC595 芯片。

**1. 概述**

SPI(Serial Peripheral Interface,串行外设接口)总线系统是一种同步串行外设接口,它可以使 MCU 与各种外围设备以串行方式进行通信以交换信息。其主要应用于 FLASH RAM、网络控制器、LCD 显示驱动器、A/D 转换器和 MCU 等。SPI 总线系统可直接与各个厂家生产的多种标准外围器件直接接口,该接口一般使用 4 根线:串行时钟线(SCLK)、主机输入/从机输出数据线 MISO、主机输出/从机输入数据线 MOSI、低电平有效的从机选择线 SSEL(有的 SPI 接口芯片带有中断信号线 INT、有的 SPI 接口芯片没有主机输出/从机输入数据线 MOSI)。

SPI 的通信原理很简单,它以主从方式工作,这种模式通常有一个主设备和一个或多个从设备,需要至少 4 根线,事实上 3 根也可以(用于单向传输时,也就是半双工方式)。传输原理:在每个 SCK 边沿时(上升沿或下降沿,需要事先设定),MISO 或 MOSI 会被采样一次,连续采样

8 次,就可以传输一个字节。在一次数据传输过程中,主机总是向从机发送一个字节数据(主机通过 MOSI 输出数据),而从机也总是向主机发送一个字节数据(主机通过 MISO 接收数据)。SPI 总线时钟是由主机产生的。

在点对点的通信中,SPI 接口不需要进行寻址操作,且为全双工通信,显得简单高效。在多个从器件的系统中,每个从器件需要独立的使能信号,硬件上比 $I^2C$ 系统要复杂一些。

**2. 寄存器描述**

有 5 个寄存器控制 SPI,这里只做简单描述。表 2-1 是 SPI 的寄存器列表,所有寄存器都可以字节、半字和字的形式访问。

表 2-1　　　　　　　　　　　　　　　SPI 寄存器映射

| 名　称 | 描　　　　　　　述 | 访问 | 复位值 | SPI0<br>地址 & 名称 | SPI1<br>地址 & 名称 |
|---|---|---|---|---|---|
| SPCR | SP1 控制寄存器,该寄存器控制 SP1 的操作模式 | R/W | 0 | 0xE002 0000<br>S0SPCR | 0xE003 0000<br>S1SPCR |
| SPSR | SPI 状态寄存器,该寄存器显示 SPI 的状态 | RO | 0 | 0xE002 0004<br>SOSPSR | 0xE003 0004<br>S1SPSR |
| SPDR | SPI 数据寄存器,该双向寄存器为 SPI 提供发送和接收的数据。发送数据通过写该寄存器提供 SPI 接收的数据可从该寄存器读出 | R/W | 0 | 0xE002 0008<br>SOSPDK | 0xE003 0008<br>S1SPDR |
| SPCCR | SPI 时钟计数寄存器,该寄存器控制主机 SCK 的频率 | R/W | 0 | 0xE002 000C<br>SOSPCCR | 0xE003 000C<br>S1SPCCR |
| SPINT | SPI 中断标志寄存器,该寄存器包含 SPI 接口的中断标志 | R/W | 0 | 0xE002 001C<br>SOSPINT | 0xE003 001C<br>S1SPINT |

1) SPI 控制寄存器(S0SPCR,S1SPCR)

SPI 控制寄存器根据每个配置位的设定来控制 SPI 的操作,见表 2-2。

表 2-2　　　　　　　　　　　　　　　SPI 控制寄存器 SPCR

| 位 | 位名称 | 描　　　　　　　述 | 复位值 |
|---|---|---|---|
| 2:0 | — | 保留,用户软件不要向其写入 1,从保留位读出的值未定义 | N/A |
| 3 | CPHA | 时钟相位控制位,决定 SPI 传输时数据和时钟的关系并控制从机传输的起始和结束:① CPHA =1 时,数据在 SCK 的第二个时钟沿采样。当 SSEL 信号激活时,传输从第一个时钟沿开始并在最后一个采样时钟沿结束。② CPHA =0 时,数据在 SCK 的第一个时钟沿采样。传输从 SSEL 信号激活时开始,并在 SSEL 信号无效时结束 | 0 |
| 4 | CPOL | 时钟极性控制:CPOL =1 时,SCK 为低有效;在总线空闲状态,SCK 为高电平。CPOL =0 时,SCK 为高有效;在总线空闲状态,SCK 为低电平 | 0 |

续表

| 位 | 位名称 | 描　　　述 | 复位值 |
|---|---|---|---|
| 5 | MSTR | 主模式选择：MSTR = 1 时，SPI 处于主模式；MSTR = 0 时，SPI 处于从模式 | 0 |
| 6 | LSBF | LSBF 用来控制传输的每个字节的移动方向：LSBF = 1 时，SPI 数据传输 LSB(bit0)在先；LSBF = 0 时，SPI 数据传输 MSB(bit7)在先 | 0 |
| 7 | SPIE | SP1 中断使能：SPIE = 1 时，每次 SPIF 或 MODF 置位时都会产生硬件中断；SPIE = 0 时，SPI 中断禁止 | 0 |

2）SPI 状态寄存器（S0SPSR,S1SPSR）

SPI 状态寄存器根据每个配置位的设定来控制 SPI 的操作,见表 2-3。

表 2-3　　　　　　　　　　　　　　SPI 状态寄存器 SPSR

| 位 | 位名称 | 描　　　述 | 复位值 |
|---|---|---|---|
| 2:0 | — | 保留,用户软件不要向其写入 1,从保留位读出的值未定义 | N/A |
| 3 | ABRT | 从机中止：该位为 1 时表示发生了从机中止。当读取该寄存器时,该位清零 | 0 |
| 4 | MODF | 模式错误：为 1 时表示发生了模式错误,先通过读取该寄存器清零 MODF 位,再写 SPI 控制寄存器 | 0 |
| 5 | ROVR | 读溢出：为 1 时表示发生了读溢出。当读取该寄存器时,该位清零 | 0 |
| 6 | WCOL | 写冲突：为 1 时表示发生了写冲突。先通过读取该寄存器清零 WCOL 位,再访问 SPI 数据寄存器 | 0 |
| 7 | SPIF | SPI 传输完成标志：为 1 时表示一次 SPI 数据传输完成。在主模式下,该位在传输的最后一个周期置位。在从机模式下,该位在 SCK 的最后一个数据采样边沿置位。当读取该寄存器时,该位清零。然后才能访问 SPI 数据寄存器。<br>注：SPIF 不是 SPI 中断标志,中断标志位于 SPINT 寄存器中 | 0 |

3）SPI 数据寄存器（S0SPDR,S1SPDR）

双向数据寄存器为 SPI 提供数据的发送和接收,见表 2-4。发送数据通过将数据写入该寄存器来实现,SPI 接收的数据可从该寄存器中读出。处于主模式时,写该寄存器将启动 SPI 数据传输。由于在发送数据时没有缓冲,所以在发送数据期间（包括 SPIF 置位,但是还没有读取状态寄存器）不能再对该寄存器进行写操作。

表 2-4　　　　　　　　　　　　　　SPI 数据寄存器 SPDR

| 位 | 位名称 | 描　　　述 | 复位值 |
|---|---|---|---|
| 7:0 | 数据 | SPI 双向数据 | 0 |

操作示例：

SPLSPDR = data;                              //发送数据

while((SPI_SPSR & 0x80) = =0);        //等待 SPIF 置位,即等待数据发送完毕

4）SPI 时钟计数寄存器(S0SPCCR,S1SPCCR)

该寄存器控制主机 SCK 的频率,见表 2-5。该寄存器的值必须为偶数,因此 bit0 必须为 0,且该寄存器的值还必须大于等于 8。如果寄存器的值不符合上述条件,可能导致产生不可预测的动作。

频率公式如下：

$$F_{SPI} = F_{PCLK}/SPCCR$$

该寄存器有效的前提是 SPI 设置为主机模式。

表 2-5                                       SPI 时钟计数寄存器 SPCCR

| 位 | 功　能 | 描　　　述 | 复位值 |
|---|---|---|---|
| 7:0 | 计数值 | SPI 时钟计数值设定 | 0 |

5）SPI 中断标志寄存器(S0SPINT,0xE002 001C;SlSPINT,0xE003 001C)

该寄存器包含 SPI 接口的中断标志,见表 2-6。

表 2-6                                       SPI 中断标志寄存器

| 位 | 功　能 | 描　　　述 | 复位值 |
|---|---|---|---|
| 0 | SPI 中断 | SPI 中断标志：由 SPI 接口位产生中断,向该位写入 1 清零。<br>注：当 SPIE =1 并且 SPIF 和 MODF 位中至少有一位为 1 时该位置位;只有当 SPI 中断位置位并且 SPI 中断在 VIC 中被使能,SPI 中断才能由中断处理软件处理 | 0 |
| 7:1 | — | 保留,用户软件不要向其写入 1,从保留位读出的值未定义 | N/A |

操作示例：

S0PINT = 0x01;                              //清除 SPI 中断标志位

### 3. 操作模式

1）主机模式

根据"LPC21xx and LPC22xx User manual"SPI 设置为主机模式时,数据的传输过程是这样的：

（1）设置 SPCCR 寄存器,得到相应的 SPI 时钟。

（2）设置 SPCR 寄存器,控制 SPI 为主机。

（3）控制片选信号,选择从机。

（4）将要发送的数据写入 SPDR 寄存器，即启动 SPI 数据传输。

（5）读取 SPSR 寄存器，等待 SPIF 置位。SPIF 位将在数据传输的最后一个周期之后由硬件自动置位。

（6）从 SPI 数据寄存器中读出接收到的数据（可选）。

（7）如果有更多数据需要发送，则跳到第③步，否则取消对从机的选择。

主机初始化示例程序见程序清单 2.1。程序首先判断需要设置的 SPI 时钟分频值是否合法，如果设置值小于 8 则强行设置为 8。由于 SPCCR 寄存器的值必须为偶数，所以将分频值和 0xFE 进行"与"操作。

### 程序清单 2.1　主机初始化

```
# define    MSTR     （1 << 5）
# define    CPOL     （1 << 4）
# define    CPHA     （1 << 3）
# define    LSBF     （1 << 6）
# define    SPLMODE  （MSTR | CPOL）    //SPI 接口主模式设定
/ * SPI 接口主机模式初始化 * /
void Mode_MSpiIni( uint8 div)
{
    if( div < 8)
        div = 8;                        //分频数必须不小于8
    S0SPCCR = div & 0xfe;               //设置 SPI 时钟分频
    S0PCR = SPI_MODE;
}
/ * SPI 主机数据发送与接收 * /
uint8 Mode_MSpiSendData( )
{
    IO0CLR = HC595_CS;                  //片选
    S0PDR = data;
    While( ( S0PSR&0x80) = = 0);        //等待数据发送完成
    IO0SET = HC595_CS;
    return( S0PDR);                     //返回从机接收到的数据
}
```

**小结**：Mode_MSpiIni 函数完成 SPI 主机初始化的工作，而 Mode_MSpiSendData 函数完成主机发送数据并接收从机返回数据的工作。

2）从机模式

根据"LPC21xx and LPC22xx User manual"SPI 设置为从机模式时,数据的传输过程是这样的:

（1）设置 SPSR 寄存器,控制 SPI 为从机。

（2）将要发送的数据写入 SPI 数据寄存器(可选)。注意：这只能在 SPI 总线空闲,即主机还没有启动 SPI 传输时执行。

（3）读取 SPSR 寄存器,等待 SPIF 位置位。SPIF 位将在 SPI 数据传输的最后一个采样时钟沿后由硬件自动置位。

（4）从 SPI 数据寄存器中读出接收到的数据(可选)。

（5）如果有更多数据需要发送,则跳到第②步。

SPI 时钟脉冲是由主机产生,所以从机无需初始化 S0PCCR 寄存器。SPI 从机初始化程序见程序清单2.2。

### 程序清单 2.2　主机初始化

```
# define   CPOL   (1 << 4)
# define   CPHA   (1 << 3)
# define   LSBF   (1 << 6)
# define   SPLMODE   (CPOL) //SPI 接口从模式设定
/ * SPI 接口从机模式初始化 * /
void Mode_SSpiIni( void)
{
    S0PCR = SPI_MODE;
}
/ * 从机发送数据 * /
void Mode_SSpiSendData ( uint8 data)
{
    S0PDR = data;
    while((S0PSR & 0x80) = =0);
}
/ * 从机接收数据 * /
uint8 Mode_SSpiRcvData( void)
{
    while((S0PSR & 0x80) = =0);
    return(S0PDR);
}
```

　　**小结**：Mode_SSpiIni 函数完成 SPI 从机模式的初始化工作。Mode_SSpiSendData 函数完成从机发送数据，然后等待主机读数据的工作。Mode_SSpiRcvData 函数完成从机等待数据发送完成，读取主机发送来的数据的工作。

**4. 使用示例**

　　74HC595 是 8 位串行输入/输出或者并行输出移位寄存器的芯片，具有高阻、关、断状态。在电子显示屏制作当中有广泛的应用。

　　74HC595 具有 8 位移位寄存器和一个存储器，三态输出功能。移位寄存器和存储器分别采用独立的时钟。数据在 SCHcp 的上升沿输入，在 STcp 的上升沿进入的存储寄存器中去。如果两个时钟连在一起，则移位寄存器总是比存储寄存器早一个脉冲。移位寄存器有一个串行移位输入(Ds)，一个串行输出(Q7)和一个异步的低电平复位，存储寄存器有一个并行 8 位的、具备三态的总线输出，当使能 OE 时(为低电平)，存储寄存器的数据输出到总线。

　　结合引脚说明能很快理解 74HC595 的工作情况。74HC595 引脚功能见表 2－7。

表 2－7　　　　　　　　　　　　　　　　74HC595 引脚说明

| 管脚编号 | 管　脚　名 | 管脚定义功能 |
| --- | --- | --- |
| 1,2,3,4,5,6,7,15 | QA—QH | 三态输出管脚 |
| 8 | GND | 电源地 |
| 9 | SQH | 串行数据输出管脚 |
| 10 | SCLR | 移位寄存器清零端 |
| 11 | SCK | 数据输入时钟线 |
| 12 | RCK | 输出存储器锁存时钟线 |
| 13 | OE | 输出使能 |
| 14 | SI | 数据线 |
| 15 | VCC | 电源端 |

　　74HC595 的数据端：

　　QA ～ QH：八位并行输出端，可以直接控制数码管的 8 个段。

　　QH：级联输出端。将它接下一个 74HC595 的 SI 端。

　　SI：串行数据输入端。

　　74HC595 的控制端说明：

　　SRCLR(10 脚)：低电平时将移位寄存器的数据清零，通常将它接 Vcc。

　　SRCK(11 脚)：上升沿时数据寄存器的数据移位，QA→QB→QC→…→QH；下降沿时移位寄存器的数据不变(脉冲宽度：5 V 时，大于几十纳秒即可)。

　　RCK(12 脚)：上升沿时移位寄存器的数据进入数据存储寄存器，下降沿时存储寄存器的数据不变(通常将 RCK 置为低电平)。当移位结束后,在 RCK 端产生一个正脉冲(5 V 时,大于几十纳秒即可,通常选微秒级),更新显示数据。

G(13 脚):高电平时禁止输出(高阻态)。如果单片机的引脚不紧张,用一个引脚控制它,可以方便地产生闪烁和熄灭效果。比通过数据端移位控制要省时省力。

需要注意:

(1) 74HC595 的主要优点是具有数据存储寄存器,在移位的过程中,输出端的数据可以保持不变。这在串行速度慢的场合很有用处,数码管没有闪烁感。

(2) 74HC595 是串行输入、并行输出,带有锁存功能移位寄存器,它的使用方法很简单,如表 2-8 的真值表。在正常使用时 SCLR 为高电平,G 为低电平。从 SI 每输入一位数据,串行输入时钟 SCK 上升沿有效一次,直到 8 位数据输入完毕,输出时钟上升沿有效一次,此时输入的数据就被送到了输出端。输入时钟 SCK 上升沿有效一次,直到 8 位数据输入完毕,输出时钟上升沿有效一次,此时,输入的数据就被送到了输出端。表 2-8 是 74HC595 的真值表。

表 2-8　　　　　　　　　　　74HC595 真值表

| 输　入　管　脚 | | | | | 输　出　管　脚 |
| --- | --- | --- | --- | --- | --- |
| SI | SCK | SCLR | RCK | OE | |
| X | X | X | X | H | QA—QH 输出高阻 |
| X | X | X | X | L | QA—QH 输出有效值 |
| X | X | L | X | X | 移位寄存器清零 |
| L | 上沿 | H | X | X | 移位寄存器存储 L |
| H | 上沿 | H | X | X | 移位寄存器存储 H |
| X | 下沿 | H | X | X | 移位寄存器状态保持 |
| X | X | X | 上沿 | X | 输出存储器锁存移位寄存器中的状态值 |
| X | X | X | 下沿 | X | 输出存储器状态保持 |

要掌握 74HC595 芯片的应用,关键是看懂其时序图,具体做法包括下面三步:

第一步:目的:将要准备输入的位数据移入 74HC595 数据输入端上。

　　　　方法:送位数据到 P0.6。

第二步:目的:将位数据逐位移入 74HC595,即数据串入。

　　　　方法:P0.4 产生一上升沿,将 P0.6 上的数据移入 74HC595 中,数据从低位到高位移入。

第三步:目的:数据并出,即并行输出数据。

　　　　方法:P0.8 产生一上升沿,将由 P0.6 上已移入数据寄存器中的数据送入到输出锁存器。

说明：从以上可分析知，从 P0.4 产生一上升沿（移入数据）和从 P0.8 产生一上升沿（输出数据）是两个独立过程，实际应用时互不干扰，即可输出数据的同时移入数据。

下面通过实际的任务来对 SPI 的应用进行举例。

任务：使用 GPIO 口模拟 SPI 总线与 74HC595 进行连接进而控制 LED 灯。

参考程序见程序清单 2.3。

### 程序清单 2.3　GPIO 口模拟 SPI 总线

```
/ ****************************************************************
* 文件名：LED_SPI. c
* 功    能：LED 显示控制。
*          通过 I/O 模拟 SPI 总线与 74HC595 进行连接，控制 74HC595 驱动 LED 显示
* 说    明：将跳线器 JP8 短接。
****************************************************************/
#include    " config. h"

#define    SPI_CS     0x00000100              / * P0. 8 * /
#define    SPI_DATA    0x00000040              / * P0. 6 * /
#define    SPI_CLK    0x00000010              / * P0. 4 * /
#define    SPI_IOCON   0x00000150              / * 定义 SPI 接口的 I/O 设置字 * /


/ ****************************************************************
* 名      称：DelayNS( )
* 功      能：长软件延时。
* 入口参数：delay         延时参数，值越大，延时越久
* 出口参数：无
****************************************************************/
void    DelayNS( uint32    delay)
{
    uint32    i;
    for( ; delay > 0; delay - - )
      for( i = 0; i < 5000; i + + );
}


/ ****************************************************************
* 名      称：HC595_SendDat( )
```

```
 *  功     能：向 74HC595 发送一字节数据
 *  入口参数：dat        要发送的数据
 *  出口参数：无
 *  说     明：发送数据时,高位先发送。
 ******************************************************************/
void    HC595_SendDat(uint8 dat)
{
    uint8   i;
    IOOCLR = SPI_CS;                            // SPI_CS = 0
    for(i = 0; i < 8; i + +)                     //发送 8 位数据
    {
      IOOCLR = SPI_CLK;                          // SPI_CLK = 0
      / * 设置 SPI_DATA 输出值 * /
      if((dat&0x80)! = 0)
        IOOSET = SPI_DATA;
      else
        IOOCLR = SPI_DATA;
      dat << = 1;
      IOOSET = SPI_CLK;                          // SPI_CLK = 1
    }
    IOOSET = SPI_CS;                            // SPI_CS = 1,输出显示数据
}


const uint8   LED_TAB[15] = {0x01,0x02,0x04,0x08,0x10,0x20,0x40,0x80,
                             0x40,0x20,0x10,0x08,0x04,0x02,0x01};


/ *****************************************************************
 *  名     称：main()
 *  功     能：根据表 LED_TAB 来控制 LED 显示。
 ******************************************************************/
int    main(void)
{
    uint8   i;
    PINSEL0 = 0x00000000;                        //设置管脚连接 GPIO
```

```
    IO0DIR = SPI_IOCON;                    //设置 SPI 控制口为输出
    while(1)
    {
        for(i = 0; i < 15; i + +)
        {
            HC595_SendDat( ~LED_TAB[i]);   //输出 LED 显示数据
            DelayNS(4);                    //延时
        }
    }
    return(0);
}
```

**小结**：74HC595 的 RCK(12 号脚,被用作 CS),在其上升沿会将移位寄存器的数据传入数据存储寄存器,于是就可以显示了。下降沿的时候数据存储寄存器的数据是保持不变的。另外,每次主设备向从设备传输完成后,接收到的数据从接收数据缓冲区通过读操作返回给主设备。主机的数据也是在时钟的上升沿传入移位寄存器。

## 2.3.2　UART

### 1. UART 概述

LPC2210 微控制器包含 2 个异步串行口：UART0 和 UART1。其中,UART0 只提供 TXD 和 RXD 信号引脚,而 UART1 增加了一个调制解调器(Modem)接口。其余方面二者都是完全相同的。后续与 PC 的串口通信中使用的就是 UART0。UART 具有 16 字节的发送 FIFO(First Input First Output,即先入先出队列)和接收 FIFO,其中接收 FIFO 的触发点可以设置为字 1 字节、4 字节、8 字节或 14 字节,内置有波特率发生器。表 2 - 9 是 UART 的引脚介绍。

**表 2 - 9**　　　　　　　　　　　　　　　　　　UART 引脚描述

| 引脚名称 | 引脚名称 | 类型 | 描　　　　　　述 |
|---|---|---|---|
| P0.1 | RxD0 | I | UART0 串行输入：UART0 串行接收数据 |
| P0.0 | TxD0 | O | UART0 串行输出：UART0 串行发送数据 |
| P0.9 | RxD1 | I | UART1 串行输入：UART1 串行接收数据 |
| P0.8 | TxD1 | O | UART1 串行输出：UART1 串行发送数据 |
| P0.11 | CTS1 | I | 清楚发送：指示外部 Modem 的接收是否已经准备就绪,低电平有效,UART1 数据可通过 TXD1 发送。在 Modem 的正常操作中(U1MCR 的 bit4 为 0),该信号的补码保存在 U1MSR 的 bit4 中,状态改变信息保存在 U1MSR 的 bit0 中,如果第 4 优先级中断使能(U1IER 的 bit3 为 1),该信息将作为中断源 |

| 引脚名称 | 引脚名称 | 类型 | 描　　　　述 |
|---|---|---|---|
| P0. 10 | RTS1 | O | 请求发送：指示 UART1 向外部 Modem 发送数据，低电平有效，该信号的补码保存在 U1MCR 的 bit1 中 |
| P0. 14 | DCD1 | I | 数据载波检测：指示外部 Modem 是否已经与 UART1 建立了通信连接，低电平有效，可以进行数据交换。在 Modem 的正常操作中（U1MCR 的 bit4 为 0），该信号的补码保存在 U1MSR 的 bit7 中。状态改变信息保存在 U1MSR 的 bit3 中，如果第 4 优先级中断使能（U1IER 的 bit3 为 1），该信息将作为中断源 |
| P0. 12 | DSR1 | I | 数据设备就绪：指示外部 Modem 是否准备建立与 UART1 的连接，低电平有效。在 Modem 的正常操作中（U1MCK 的 bit4 为 0），该信号的补码保存在 U1MSR 的 bit5 中。状态改变信息保存在 U1MSR 的 bit1 中，如果第 4 优先级中断使能（U1IER 的 bit3 为 1），该信息将作为中断源 |
| P0. 13 | DTR1 | O | 数据终端就绪：低电平有效，指示 UART1 准备建立与外部 Modem 的连接。该信号的补码保存在 U1MCR 的 bit0 中 |
| P0. 15 | RI1 | I | 铃响指示：指示 Modem 检测到电话的响铃声信号，低电平有效。在 Modern 的正常操作中（U1MCR 的 bit4 为 0），该信号的补码保存在 U1MSR 的 bit6 中。状态改变信息保存在 U1MSR 的 bit2 中，如果第 4 优先级中断使能（U1IER 的 bit3 为 1），将该信息作为中断源 |

在使用 LPC2210 微控制器的 UART 与 PC 进行通信时，由于 LPC2210 的 GPIO 电平是 TTL 电平，而 PC 的串口电平是 RS232 的电平，若要正常通信必须借助电平转换芯片。图 2-3 是与 PC 通信的结构示意图。

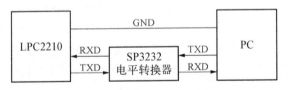

图 2-3　LPC2210 与 PC 串口通信示意图

下面先介绍 UART 的主要功能部件，以便对 UART 有一个大致印象。

1）UART 发送单元 UnTx0 和 UnTx1，以 UnTx0 为例

UnTx 接收 CPU（或主机）写入的数据，并将数据缓存到 UARTn 发送保持寄存器（UnTHR）中。发送移位寄存器（UnTSR）读取保持寄存器（UnTHR）中的数据并将数据通过串行输出引脚 TxDn 发送出去。

2）UART 接收模块 UnRx0 和 UnRx1，以 UnRx0 为例

UnRx 监视串行输入线 RxDn 上的信号。UARTn Rx 移位寄存器（UnRSR）通过 RxDn 接收有效字符。当 UnRSR 接收到一个有效字符时，它将该字符传送到 UARTn 接收缓冲寄存器 FIFO 中，等待 CPU 通过 VPB 总线进行访问。

3）UART 波特率发生器

UART0 和 UART1 各自都有一个单独的波特率发生器，二者的功能是相同的，以 UART0 的波特率发生器（U0BRG）为例进行说明。U0BRG 产生 UART0 Tx 模块所需要的时钟，UAKT0 波特率发生器时钟源为 VPB 时钟（PCLK），时钟源与 U0DLL 和 U0DLM 寄存器所定义的除数相除得到 UART0 Tx 模块所需的时钟，该时钟频率必须是波特率的 16 倍。

4）中断接口

UART0 和 UART1 的中断接口包含中断使能寄存器（UnIER）和中断标识寄存器（UnIIR）。UART0 的中断接口信号由 U0Tx 和 U0Rx 产生，UART1 的中断接口信号除了由 U1Tx 和 U1Rx 产生外，还可以由 Modem 模块产生。

注：由于本项目不涉及 Modem 接口，所以对 UART 的描述将主要侧重于 UART0 和 UART1 的共同的部分，不对 Modem 接口进行展开，感兴趣可以自行查阅。

## 2. UART 寄存器

UART 的寄存器繁多，表 2 - 10 是 UART 寄存器的映射汇总。

表 2 - 10　　　　　　　　　　　　　　　UART 寄存器映射

| 名　称 | 描　述 | bit7 | bit6 | bit5 | bit4 | bit3 | bit2 | bit1 | bit0 | 访问 | 复位值 | UART0 地址 | UART1 地址 |
|---|---|---|---|---|---|---|---|---|---|---|---|---|---|
| UnRBR | 接收缓存 | MSB | | | | 读数据 | | | LSB | RO | 未定义 | 0xE000C000 U0RBR DLAB = 0 | 0xE0010000 U1RBR DLAB = 0 |
| UnTHR | 发送保持 | MSB | | | | 读数据 | | | LSB | WO | N/A | 0xE000C000 U0THR DLAB = 0 | 0xE0010000 U1THR DLAB = 0 |
| UnIER | 中断使能 | 0 | 0 | 0 | 0 | 使能 Modem 状态 中断 | 使能 Rx 状态 中断 | 使能 THRE 中断 | 使能 Rx 数据 可用 中断 | R/W | 0 | 0xE000C004 U0IER DLAB = 0 | 0xE0010004 U1IER DLAB = 0 |
| UnllR | 中断 ID | FIFO 使能 | | 0 | 0 | IIR3 | IIR2 | IIR1 | IIR0 | RO | 0x01 | 0xE000C008 U0IIR | 0xE0010008 U1IIR |
| UnFCR | FIFO 控制 | Rx 触发 | 保留 | | — | Tx FIFO 复位 | Rx FIFO 复位 | FIFO 使能 | | WO | 0 | 0xE000C008 U0FCR | 0xE0010008 U1FCR |
| UnLCR | 控制 | DLAB | 设置间隔 | 奇偶固定 | 偶选择 | 奇偶使能 | 停止位个数 | 字长度选择 | | R/W | 0 | 0xE000C00C U0LCR | 0xE001000C U1LCR |

续表

| 名 称 | 描 述 | bit7 | bit6 | bit5 | bit4 | bit3 | bit2 | bit1 | bit0 | 访问 | 复位值 | UART0地址 | UART1地址 |
|---|---|---|---|---|---|---|---|---|---|---|---|---|---|
| UnMCR | Modem控制 | 0 | 0 | 0 | 回送 | 0 | 0 | RTS | DTR | R/W | 0 | — | 0xE0010010 |
| UnLSR | 状态 | Rx FIFO错误 | TEMT | THRE | BI | FE | PE | OE | DR | RO | 0x60 | 0xE000C014 U0LSR | 0xE0010014 U1LSR |
| UnMSR | Modem控制 | DCD | RI | DSR | CTS | Delta DCD | 后沿RI | Delta DSR | Delta CTS | RO | 0 | — | 0xE0010018 |
| UnDLL | 除数锁存低位寄存器 | MSB | | | | | | | LSB | R/W | 0x01 | 0xE000C000 U0DLL DLAB=1 | 0xE0010000 U1DLL DLAB=1 |
| UnDLM | 除数锁存高位寄存器 | MSB | | | | | | | LSB | R/W | 0 | 0xE000C004 U0DLM DLAB=1 | 0xE0010004 U1DLM DLAB=1 |

从表2-10可以看出,寄存器UnRBR、UnTHR和UnDLL的地址是相同的,寄存器UnIER和UnDLM是相同的。对于这些寄存器的访问是通过DLAB位和读/写方式来确定的,如表2-11所列。

**表2-11　　　　　　　　对相同地址寄存器的访问方法**

| UART | 寄存器 | 地　址 | 访　问　方　式 |
|---|---|---|---|
| UART0 | U0RBR | 0xE000C000 | DLAB=0,对地址0xE000C000进行写访问 |
| | U0THR | | DLAB=0,对地址0xE000C000进行读访问 |
| | U0DLL | | DLAB=1,对地址0xE000C000进行访问 |
| | U0IER | 0xE000C004 | DLAB=0,对地址0xE000C004进行访问 |
| | U0DLM | | DLAB=1,对地址0xE000C004进行访问 |
| UART1 | U1RBR | 0xE0010000 | DLAB=0,对地址0xE0010000进行读访问 |
| | U1THR | | DLAB=0,对地址0xE0010000进行写访问 |
| | U1DLL | | DLAB=1,对地址0xE0010000进行访问 |
| | U1IER | 0xE0010004 | DLAB=0,对地址0xE0010004进行访问 |
| | U1DLM | | DLAB=1,对地址0xE0010004进行访问 |

1) UART接收器缓存寄存器UnRBR

LPC2000系列ARM的UART0和UART1各含有16字节的接收FIFO。UnRBR是UARTn

接收 FIFO 的出口,它包含了最早接收到的字符,可通过总线接口读出。串口接收数据时低位在先,即小于 8 位,未使用的 MSB 填充为 0。LSB(bit0)为最早接收到的数据位。接收到的数据 UnRBR 描述见表 2 - 12。

表 2 - 12　　　　　　　　　　　　　　　UART 接收器缓存寄存器 UnRBR

| 位 | 功　能 | 描　　　　　　述 | 复位值 |
|---|---|---|---|
| 7:0 | 接收缓存 | 接收器缓存寄存器包含 UARTn Rx FIFO 当中最早接收到的字节 | 未定义 |

操作示例:

```
while((U0LSR & 0x01) = =0);        //等待接收标志置位
data_buf = U0RBR;                  //保存接收到的数据
```

2) UART 发送器保持寄存器 UnTHR

LPC2000 系列 ARM 的 UART0 和 UART1 各含有 16 字节的发送 FIFO。UnTHR 是 UARTn 发送 FIFO 的入口,它包含了发送 FIFO 中最新的字符,可通过总线接口写入。串口发送数据时低位在先,LSB(bit0)代表最先发送的位。UART 发送器保持寄存器描述见表 2 - 13。

表 2 - 13　　　　　　　　　　　　　　　UART 发送器保持寄存器 UnTHR

| 位 | 功　能 | 描　　　　　　述 | 复位值 |
|---|---|---|---|
| 7:0 | 发送器保持 | 写 UARTn 发送器保持寄存器,使数据保存到 UARTn 发送 FIFO 当中,当字节到达 FIFO 的最底部且发送就绪时,该字节将被发送 | N/A |

操作示例:

```
U0THR = data;                      //发送数据
while((U0LSR & 0x40) = =0);        //等待数据发送完毕
```

3) UART 除数锁存寄存器

UART0 和 UART1 各含有一个独立的波特率发生器。除数锁存是波特率发生器的一部分,它保存了用于产生波特率时钟的 VPB 时钟(PCLK)分频值。波特率时钟是波特率的 16 倍。UnDLL 和 UnDLM 寄存器一起构成一个 16 位除数,UnDLL 包含除数的低 8 位,Un - DLM 包含除数的高 8 位。值 0x0000 被看作是 0x0001,因为除数是不允许为 0 的。由于 UnDLL 与 UnRBR/UnTHR 共用同一地址,UnDLM 与 UnlER 共用同一地址,因此访问 UART 除数锁存寄存器时,除数锁存访问位(DLAB)必须为 1,以确保寄存器的正确访问。

UART 除数锁存低位寄存器 UnDLL 描述见表 2 - 14,UnDLM 描述见表 2 - 15。

表 2 - 14　　　　　　　　　　UART 除数锁存低位寄存器 UnDLL

| 位 | 功　能 | 描　　述 | 复位值 |
|---|---|---|---|
| 7：0 | 除数锁存低 8 位 | UARTn 除数锁存 LSB 寄存器与 UnDLM 寄存器一起决定 UARTn 的波特率 | 0 |

表 2 - 15　　　　　　　　　　UART 除数锁存高位寄存器 UnDLM

| 位 | 功　能 | 描　　述 | 复位值 |
|---|---|---|---|
| 7：0 | 除数锁存高 8 位 | UARTn 除数锁存 MSB 寄存器与 UnDLL 寄存器一起决定 UARTn 的波特率 | 0 |

波特率计算公式：

$$波特率 = \frac{F_{PCLK}}{16 \times (UnDLM:UnDLL)}$$

其中,除数是由 UnDLM 和 UnDLL 共同决定的。

操作示例：

U0LCR = 0x80;　　　　　　　　　//DLAB = 1

U0DLM = ((Fpclk/16)/baud)/256;

U0DLL = ((Fpclk/16)/baud)%256;

4）UART 中断使能寄存器 UnIER

UnIER 可以使能 4 个 UARTn 中断源。UnIER 描述见表 2 - 16。

操作示例：

U0IER = 0x01;　　　　　　　　　　　//使能 RBR 中断,即接收中断

表 2 - 16　　　　　　　　　　UART 中断使能寄存器 UnIER

| 位 | 功　能 | 描　　述 | 复位值 |
|---|---|---|---|
| 0 | RBR 中断使能 | 0：禁止 RDA 中断；1：使能 RDA 中断<br>UnIER[0] 使能 UARTn 接收数据可用于中断,它还控制字符接收超时中断 | 0 |
| 1 | THRE 中断使能 | 0：禁止 THRE 中断；1：使能 THRE 中断<br>UnIER[1] 使能 UARTn THRE 中断,该中断的状态可从 UnLSR[5] 读出 | 0 |
| 2 | Rx 状态中断使能 | 0：禁止 Rx 状态中断；1：使能 Rx 状态中断<br>UnIER[2] 使能 UARTn Rx 状态中断,该中断的状态可从 UnLSR[4:1] 读出 | 0 |

续表

| 位 | 功 能 | 描　　　　述 | 复位值 |
|---|---|---|---|
| 3 | Modem 状态中断使能 | 0：禁止 Modem 中断；1：使能 Modem 中断<br>U1IER[3]使能 Modem 中断，中断的状态可从 U1MSR[3：0]读取 | 0 |
| 7：4 | 保留 | 保留，用户软件不要向其写入 1，从保留位读出的值未被定义 | N/A |

注：RBR 有两个中断源，其一是接收数据可用中断 RDA，其二是接收超时中断 CTI，且两个中断的优先级相同。

5）UART 中断标识寄存器 UnIIR

UnIIR 提供的状态代码用于指示一个挂起中断的中断源和优先级，在访问 UnIIR 过程中，中断被冻结。如果在访问 UnIIR 时产生了中断，该中断被记录，下次访问 UnIIR 时可读出该中断。UART 中断标识寄存器描述如表 2 – 17 所列。

表 2 – 17　　　　　　　　　　　　UART 中断标识寄存器 UnIIR

| 位 | 功 能 | 描　　　　述 | 复位值 |
|---|---|---|---|
| 0 | 中断挂起 | 0：至少有 1 个中断被挂起；1：没有挂起的中断<br>UnIIR[0]为低有效，挂起的中断可通过 UnIIR[3：1]确定 | 1 |
| 3：1 | 中断标识 | 011：1——接收状态(RLS)；010：2a——接收数据可用(KDA)<br>110：2b——字符超时指示(CTI)；001：3——THRE 中断；<br>000：4——Modem 中断，只有 UART1 才含有 Modem 中断；<br>UnIIR 的 bit3 指示对应于 UARTn 接收 FIFO 的中断，上面未列出的<br>UnIIR[3：1]的其他组合都为保留值(100,101,111) | 0 |
| 5：4 | 保留 | 保留，用户软件不要向其写入 1，从保留位读出的值未定义 | N/A |
| 7：6 | FIFO 使能 | 这些位等效于 UnFCR[0] | 0 |

UART 中断的处理见表 2 – 18，给定了 UnIIR[3：0]的状态，中断处理程序就能确定中断源以及如何清除触发的中断。

表 2 – 18　　　　　　　　　　　　UART 中断处理

| UnIIR[3：0] | 优先级 | 中断类型 | 中　断　源 | 中 断 复 位 |
|---|---|---|---|---|
| 0001 | — | 无 | 无 | — |
| 0110 | 最高 | Rx 状态/错误 | OE,PE,FE 或 BI | UnLSR 读操作 |
| 0100 | 第二 | Rx 数据可用 | Rx 数据可用或 FIFO 模式下(U0FCR[0]=1)到达触发点 | UnRBR 读或 UARTn FIFO 低于触发值 |
| 1100 | 第二 | 字符超时指示 | 接收 FIFO 包含至少 1 个字符并且在一段时间内无字符输入或移出，该时间的长短取决于 FIFO 中字符数以及在 3.5～4.5 字符的时间的触发值 | UnRBR 读操作 |

续表

| UnIIR[3:0] | 优先级 | 中断类型 | 中　断　源 | 中　断　复　位 |
|---|---|---|---|---|
| 0010 | 第三 | THRE | THRE | UnIIR 读或 UnTHR 写操作 |
| 0000 | 第四 | Modem 状态 | CTS,DSR,RI 或 DCD | MAR 读操作 |

(1) UART RLS 中断。RLS(UnIIR[3:1]=011)是最高优先级的中断,只要 UARTn Rx 输入产生 4 个错误中的任意一个,该中断标志将置位。溢出错误(OE)、奇偶错误(PE)、帧错误(FE)和间隔中断(BI)可通过查看 UnLSR[4:1]得到错误标志,当读取 UnLSR 寄存器时,清除该中断标志。

(2) UART RDA 中断。RDA(UnIIR[3:1]=010)与 CTI 中断(UnIIR[3:1]=110)共用第二优先级。当 UARTn Rx FIFO 达到 UnFCR[7:6]所定义的触发点时,RDA 将被激活。当 UARTn Rx FIFO 的深度低于触发点时,RDA 复位。当 RDA 中断被激活时,CPU 可读出由触发点所定义的数据块。

(3) UART CTI 中断。CTI(UnIIR[3:1]=110)为第二优先级中断。当接收 FIFO 中的有效数据个数少于触发个数时(至少有一个),如果长时间没有数据到达,将触发 CT1 中断。这个触发时间为接收 3.5~4.5 个字符的时间。

"3.5~4.5 个字符的时间",其意思是在串口当前的波特率下,发送 3.5~4.5 个字节所需要的时间。产生 CTI 中断后,对接收 FIFO 的任何操作都会清除该中断标志:

① 从接收 FIFO 中读取数据,即读取 UnRBR 寄存器。

② 有新的数据送入接收 FIFO,即接收到新数据。

需要注意的是:当接收 FIFO 中存在多个数据,从 UnRBR 读取数据,但是没有读完所有数据,那么在经过 3.5~4.5 个字节的时间后将再次触发 CTI 中断。

例如,一个外设向 LPC2000 系列 ARM 发送 105 个字符,而 LPC2000 系列 ARM 的接收触发值为 10 个字符,那么前 100 个字符将使 CPU 接收 10 个 RDA 中断,而剩下的 5 个字符可使 CPU 接收 1~5 个 CTI 中断(取决于服务程序)。

(4) UART THRE 中断。THRE(UnIIR[3:1]==001)为第三优先级中断。这个中断称为"发送 FIFO 为空中断",但是,并非只要 FIFO 为空便激活中断。THRE 中断有如下特性:

① 系统启动时,虽然发送 FIFO 为空,但不会产生 THRE 中断。

② 在上一次发生 THRE 中断后,仅向发送 FIFO 中写入 1 个字节数据,将在延时 1 个字节加上 1 个停止位的时间后发生 THRE 中断。

③ 如果在发送 FIFO 中有过 2 字节以上的数据,但是现在发送 FIFO 为空时,将立即触发 THRE 中断。

当 FIFO 为空时,向其中写入 1 字节的数据,该数据会直接传送到发送移位寄存器(UnTSR)

中,这时发送 FIFO 为空。如果此时产生"发送 FIFO 为空中断",那么会影响紧接着写入发送 FIFO 的数据,因此,要等到将该字节数据以及停止位发送完毕后才能产生中断。如果发送 FIFO 中含有 2 字节以上的数据,那么当发送 FIFO 为空后,便会产生 THRE 中断。当 THRE 中断为当前有效的最高优先级中断时,向 UnTHR 寄存器写数据,或者对 UnIIR 的读操作,都会清除 THRE 中断标志。

6）UART FIFO 控制寄存器 UnFCR

UnFCR 控制 UARTn 收发 FIFO 的操作。UnFCR 描述见表 2－19。

表 2－19　　　　　　　　　　UART FIFO 控制寄存器 UnFCR

| 位 | 功　能 | 描　　　　述 | 复位值 |
|---|---|---|---|
| 0 | FIFO 使能 | 为 1 时,使能对 UARTn 收发 FIFO,同时允许访问 UnFCR[7:1]。该位必须置位以实现正确的 UARTn 操作,且该位的任何变化都将使 UARTn 的收发 FIFO 清空 | 0 |
| 1 | Rx FIFO 复位 | 为 1 时,清空 UARTn 接收 FIFO,并使指针逻辑复位。操作完成后,该位会自动清零 | 0 |
| 2 | Tx FIFO 复位 | 为 1 时,清空 UARTn 发送 FIFO,并使指针逻辑复位。操作完成后,该位会自动清零 | 0 |
| 5:3 | 保留 | 保留,用户软件不要向其写入 1,从保留位读出的值未定义 | N/A |
| 7:6 | Rx 触发选择 | 00：触发点 0(默认 1 字节)；01：触发点 1(默认 4 字节)；10：触发点 2(默认 8 字节)；11：触发点 3(默认 14 字节)。这两个位决定在激活中断之前,UARTn 接收 FIFO 必须写入多少个字节。4 个触发点由用户在编程时定义,触发深度可选择 | 0 |

操作示例：

U0FCR = 0x81；　　　//UART0 接收缓冲区的触发点为 8 字节

7）UART 控制寄存器 UnLCR

UnLCR 决定发送和接收数据字符的格式。UnLCR 描述见表 2－20。

表 2－20　　　　　　　　　　UART 控制寄存器 UnLCR

| 位 | 功　能 | 描　　　　述 | 复位值 |
|---|---|---|---|
| 1:0 | 字长度选择 | 00：5 位字符长度；01：6 位字符长度；10：7 位字符长度；11：8 位字符长度 | 0 |
| 2 | 停止位选择 | 0：1 个停止位；1：2 个停止位(如果 UnLCR[1:0] = 00,则为 1.5 个停止位) | 0 |

| 位 | 功　能 | 描　　　述 | 复位值 |
|---|---|---|---|
| 3 | 奇偶使能 | 0：禁止奇偶产生和校验；1：使能奇偶产生和校验 | 0 |
| 5:4 | 奇偶选择 | 00：奇校验；01：偶校验；10：强制为1；11：强制为0 | 0 |
| 6 | 间隔控制 | 0：禁止间隔发送；1：使能间隔发送<br>当 UnLCR 的 bit6 为 1 时，输出引脚 UARTn TxD 强制为逻辑 0 | 0 |
| 7 | 除数锁存访问位 | 0：禁止访问除数锁存寄存器；1：使能访问除数锁存寄存器 | 0 |

操作示例：

U0LCR = 0x03；　//UART 的工作模式为：8 位字符长度，1 个停止位，无奇偶校验位

8）UART 状态寄存器 UnLSR

UnLSR 为只读寄存器，它提供 UARTn Tx 和 Rx 模块的状态信息。UnLSR 描述见表 2－21。

表 2－21　　　　　　　　　　　　　UART 状态寄存器 UnLSR

| 位 | 功　能 | 描　　　述 | 复位值 |
|---|---|---|---|
| 0 | 接收数据就绪（RDR） | 0：UnRBR 为空；1：UnRBR 包含有效数据。<br>当 UnRBR 包含未读取的字符时，RDR 位置位；<br>当 UARTn RBR FIFO 为空时，RDR 位清零 | 0 |
| 1 | 溢出错误（OE） | 0：溢出错误状态未激活；1：溢出错误状态激活。<br>溢出错误条件在错误发生后立即设置，UnLSR 读操作清零 OE 位。当 UARTn RSR 已经有新的字符就绪而 UARTn RBR FIFO 已满时，OE 置位此时 UARTn RBR FIFO 不会被覆盖，UARTn RSR 中的字符将丢失 | 0 |
| 2 | 奇偶错误（PE） | 0：奇偶错误状态未激活；1：奇偶错误状态激活。<br>当接收字符的奇偶位处于错误状态时产生一个奇偶错误，UnLSR 读操作清零 PE 位，奇偶错误检测时间取决于 UnFCR 的 bit0，奇偶错误与 UARTn RBR FIFO 中读出的字符相关 | 0 |
| 3 | 帧错误（FE） | 0：帧错误状态未激活；1：帧错误状态激活。<br>当接收字符的停止位为 0 时，产生帧错误。UnLSR 读操作清零 FE 位，帧错误检测时间取决于 UnFCR 的 bit0 帧错误与 UARTn RBR FIFO 中读出的字符相关。当检测到一个帧错误时，Rx 将尝试与数据重新同步并假设错误的停止位实际是一个超前的起始位。但即使没有出现帧错误，它也不能假设下一个接收到的字节是正确的 | 0 |

续表

| 位 | 功　能 | 描　　　　　述 | 复位值 |
|---|---|---|---|
| 4 | 间隔中断<br>（BI） | 0：间隔中断状态未激活；1：间隔中断状态激活。<br>在发送整个字符（起始位、数据位、奇偶位和停止位）过程中，如果 RxDn 都保持逻辑 0，则产生间隔中断。当检测到中断条件时，接收器立即进入空闲状态直到 RxDn 变为全 1 状态。UnLSR 读操作清零该状态位，间隔检测的时间取决于 UnFCR 的 bit0，间隔中断与 UARTn RBR FIFO 中读出的字符相关 | 0 |
| 5 | 发送保持寄存器空<br>（THRE） | 0：UnTHR 包含有效数据；1：UnTHR 空。<br>当检测到 UARTn THR 空时，THRE 置位，UnTHR 写操作清零该位 | 1 |
| 6 | 发送器空<br>（TEMT） | 0：UnTHR 和 UnTSR 包含有效数据；1：UnTHR 和 UnTSR 都为空。<br>当 UnTHR 和 UnTSR 都为空时，TEMT 置位；当 UnTSR 或 UnTHR 包含有效数据时，TEMT 清零 | 1 |
| 7 | Rx FIFO 错误<br>（RXFE） | 0：UnRBR 中没有 UARTn Rx 错误，或 UnFCR 的 bit0 为 0；<br>1：UnRBR 包含至少一个 UARTn Rx 错误。<br>当一个带有 Rx 错误（如帧错误、奇偶错误或间隔中断）的字符装入 UnRBR 时，RXFE 位置位。当读取 UnLSR 寄存器并且 UARTn FIFO 中不再有错误时，RXFE 位清零 | 0 |

9）UART 高速缓存寄存器 UnSCR

在操作 UARTn 时，UnSCR 无效，用户可自行对该寄存器进行读或写，不提供中断接口向主机指示 UnSCR 所发生的读或写操作。UnSCR 描述见表 2 - 22。

表 2 - 22　　　　　　　　　　　　　　UARTn 高速缓存寄存器 UnSCR

| 位 | 功　能 | 描　　　　　述 | 复位值 |
|---|---|---|---|
| 7：0 | — | 一个可读可写的字节 | 0 |

**3. UART 使用示例**

LPC2210 的 2 个 UART，均具有 16 字节的收发 FIFO，内置波特率发生器，2 个串口具有基本相同的寄存器，其中 UART1 带有完全的调制解调器控制握手接口。UART0 没有完整的 Modem 接口信号，仅提供 TXD、RXD 信号引脚。在大多数异步串行通信的应用中，并不需要完整的 Modem 接口信号（辅助控制信号），而只使用 TXD、RXD 和 GND 信号即可。

按照串口通信的一般流程，设计几个主要的功能模块：串口的初始化、串口发送数据、串口接收数据。下面通过程序进行分析实现。

1）串口初始化

在进行串口通信之前，必须先对串口进行初始化设置。对 UART 的设置主要包括 UART 波特率的设置、通信模式的设置等,此外还可以根据实际需要来设置一些中断。设置 UART 通信波特率,就是设置寄存器 UnDLL 和 UnDLM 的值。UnDLL 和 UnDLM 寄存器是波特率发生器的除数锁存寄存器,用于设置合适的串口波特率。前面已经讲过,寄存器 UnDLL 与 UnRBR/UnTHR、UnDLM 与 UnIER 具有同样的地址,如果要访问 UnDLL 和 UnDLM,除数访问位 DLAB 必须为 1。寄存器 UnDLL 和 UnDLM 的计算公式如下:

$$UnDLM:UnDLL = \frac{F_{PCLK}}{16 \times BR}$$

其中 BR 为波特率。可见,通信波特率有时不可能做到完全一致。因此,在 UART 通信过程中,UART 接口器件都会具有一定的容错特性。对于 LPC2210 微控制器来说,它以 16 倍波特率的采样速率(即波特率时钟)对 RXD 信号不断采样,一旦检测到由 1 到 0 的跳变,内部的计数器便复位,这个计数频率与波特率时钟相同,是通信波特率的 16 倍。这样,在每一个接收位期间内都含有 16 个波特率时钟周期,在每组的第 7 个,8 个,9 个波特率周期内会对 RXD 信号进行采样,并以 3 取 2 的表决方式确定所接收位的数据。

LPC2210 的 UART 初始化还包含一个重要的工作——设置 UART 的工作模式,例如字长度选择、停止位个数选择、奇偶校验位选择等。此外,还要根据实际情况来进行中断设置。

任务一:初始化 UART0,设置波特率为 115 200,8 位数据长度,1 位停止位,无校验位。

参考示例程序见程序清单 2.4。

### 程序清单 2.4　任务一参考程序

```
#define   UART0_BR   115200              /*定义通讯波特率*/
/*********************************************************************
* 名      称:UART0_Ini( )
* 功      能:初始化串口 0。
          设置为 8 位数据位,1 位停止位,无奇偶校验,波特率为 115200
* 入口参数:无
* 出口参数:无
*********************************************************************/
void    UART0_Ini( void)
{
    uint16 Fdiv;
    U0LCR = 0x83;                        // DLAB = 1,可设置波特率
    Fdiv = ( Fpclk/16)/UART0_BR;         //设置波特率
    U0DLM = Fdiv/256;
```

```
        U0DLL = Fdiv % 256;
        U0LCR = 0x03;
}
```

2）串口发送数据

前面已述,寄存器 UnRBR 与 UnTHR 是同一地址,但物理上是分开的,读操作时为 UnRBR,写操作时为 UnTHR。LPC2210 含有一个 16 字节发送 FIFO,在发送数据的过程中,发送 FIFO 是一直使能的,即 UART 发送的数据首先保存到发送 FIFO 中,发送移位寄存器会从发送 FIFO 中获取数据,并通过 TXD 引脚发送出去。对 UART 进行发送操作时,可以采用两种方式:中断方式和查询方式,详见表 2 - 23。

表 2 - 23　　　　　　　　　　　　　UART 发送操作方式

| 操作方式 | 操作说明 |
|---|---|
| 中断方式 | 设置 UART 中断使能寄存器(UnIER),使 UnIER[1] = 1;<br>开放系统中断,当 UnTHR 寄存器为空时,便会触发中断 |
| 查询方式 | 通过查询寄存器 UnLSR 中的位 UnLSR[5] 或 UnLSR[6],均可以完成 UART 发送操作。但是,建议通过查询位 UnLSR[6]—TEMT 来完成 UART 发送操作 |

任务二:采用查询方式发送 1 字节数据。

参考示例程序见程序清单 2.5。

### 程序清单 2.5　任务二参考程序

```
/ *********************************************************************
* 名      称: UART0_SendByte( )
* 功      能: 向串口发送字节数据,并等待发送完毕。
* 入口参数: data   要发送的数据
* 出口参数: 无
**********************************************************************/
void    UART0_SendByte( uint8 data)
{
        U0THR = data;                         //发送 1 字节数据
        while( ( U0LSR&0x40) = =0);           //查询 U0LSR[6],等待数据发送完毕
}
```

3）串口接收数据

前面已述,寄存器 UnRBR 与 UnTHR 是同一地址,但物理上是分开的,读操作时为 UnRBR,

写操作时为 UnTHR。LPC2210 的 2 个 UART,各含有一个 16 字节的 FIFO,用来作为接收缓冲区。缓冲区中的数据只能够通过寄存器 UnRBR 来获取。UnRBR 是 UARTn 接收 FIFO 的最高字节,它包含了最早接收到的字符。每读取一次 UnRBR,接收 FIFO 便丢掉一个字符。只要接收 FIFO 中含有数据,则寄存器 UnRBR 便不会为空,就会包含有效数据。UART 接收数据时,可使用查询方式,也可以使用中断方式,详见表 2 - 24。

表 2 - 24                                             UART 接收操作方式

| 操 作 方 式 | 操 作 说 明 |
| --- | --- |
| 查询方式 | 通过查询寄存器 UnLSR 中的位 UnLSR[0]实现,只要接收到数据,UnLSR[0]位就会置位 |
| 中断方式 | 设置 UART 中断使能寄存器(UnIER),使 UnIER[0] = 1;<br>开放系统中断;<br>如果接收 FIFO 中的数据达到 UnLSR 中设置的触发点时,便会触发 RDA 中断;<br>如果接收了数据,但接收的个数小于触发点个数,那么会发生字符超时中断 CTI |

任务三:采用查询方式接收 1 字节数据。

参考示例程序见程序清单 2.6。

### 程序清单 2.6    任务三参考程序

```
/ **********************************************************************
*名      称:UART0_RcvByte( )
*功      能:从串口接收字节数据,使用查询方式。
*入口参数:无
*出口参数:返回接收到的数据
**********************************************************************/
uint8 UART0_RcvByte(void)
{
    uint8 rcv_data;
    while((U0LSR& 0x01) = =0);
    rcv_data = U0RBR;
    return(rcv_data);
}
```

任务四:采用中断方式接收数据。

参考示例程序见程序清单 2.7。

**程序清单 2.7　任务四参考程序**

```
/**********************************************************************
*名　　  称：IRQ_UART0()
*功　　  能：串口 0 中断服务。
*入口参数：无
*出口参数：无
**********************************************************************/
void 　__irq IRQ_UART0(void)
{
    …
    switch(U0IIR&0x0f)
    {
    case 0x04:                          //发生 RDA 中断
        …                               //从接收 FIFO 中读取数据
        break;
    case 0x0c:                          //发生 CTI 中断
        while((U0LSR&0x01)==1)
        {
            rcv_buf[j++]=U0RBR;         //读取 FIFO 的数据,并清除中断标志
        }
        …
        break;
    default:
        break;
    }
    VICVectAddr=0x00;                   //中断处理结束
}
```

综上所述,UARTn 的基本操作方法如下:

(1) 设置 I/O 连接到 UART。

(2) 设置串口波特率(UnDLM 和 UnDLL)。

(3) 设置串口工作模式(UnLCR 和 UnFCR)。

(4) 发送或接收数据(UnTHR 和 UnRBR)。

(5) 检查串口状态字或等待串口中断(UnLSR)。

## 2.4　任务实施

### 2.4.1　总体设计

根据任务分析,ARM 与 PC 机的串行通信接口设计采用的是 LPC2210 微控制器,使用通用

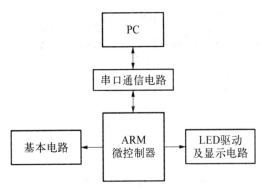

图 2-4　串行通信接口系统结构图

异步接收和发送器 UART0 来发送和接收数据。由于 ARM 输入、输出电平为 TTL 电平,而 PC 机配置的是 RS232 标准接口,二者的电气规范不同,所以在设计中需要加电平转换电路。本任务电平转换采用 SP3232 芯片,与 PC 机相连采用 9 芯标准插座。ARM 与 PC 机的串行通信接口系统结构如图 2-4 所示。

设计主要采用的是 LPC2210 微控制器来控制管理,整个系统工作时,ARM 与 PC 机实现点对点的串行通信。

### 2.4.2　硬件设计

本任务采用的是点对点发射与接收,实现该任务的硬件电路中包含的主要模块是:基本电路、串口通信接口电路、LED 驱动及显示电路等。其中基本电路包括电源供电模块、时钟电路、复位电路等系统工作必备的基础电路。由于在前面章节中已经详细讲述,这里不再重复展开。下面主要介绍 ARM 与 PC 的串行通信接口电路和 LED 驱动及显示电路。本项目主要涉及的硬件电路如图 2-5 和图 2-6 所示。

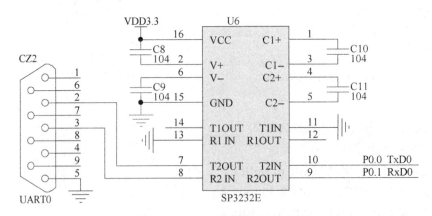

图 2-5　串口通信接口原理图

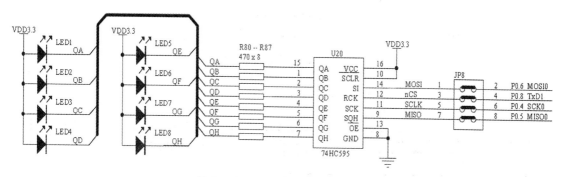

图 2-6　LED 驱动及显示电路

### 2.4.3　软件设计

前面已经对设计进行了由浅入深地分析,并在相关的子设计上给出了实例,下面进行串口通信电路的完整程序设计。

串口通信的软件流程如图 2-7 和图 2-8 所示。

软件采用模块化设计方法,本程序具有如下模块:串口初始化模块、串口数据发送模块、串口中断处理模块、LED 驱动及显示模块。各模块参考源程序既可以用汇编也可以用 C 语言编写,这里主要以 C 语言为例。

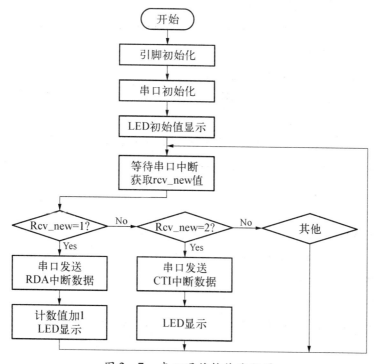

图 2-7　串口通信软件流程图

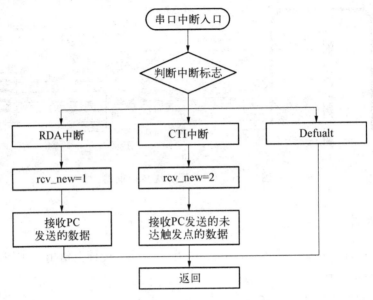

图 2-8　串口中断子流程图

总体设计参考程序见程序清单 2.8。

### 程序清单 2.8　ARM 与 PC 的串口通信参考程序

```
/ **********************************************************************
* 文 件 名: Uart_LED. c
* 功     能: 使用串口 UART0 接收上位机发送的数据,当接收到 8 个连续数据后,将接收
             计数值加 1 后输出 LED1 ~ LED8 显示,并将数据原封不动发送回上位机。
* 说     明: 将跳线器 JP8 短接
*           通讯波特率 115 200,8 位数据位,1 位停止位,无奇偶校验。
********************************************************************** /
#include    "config. h"


#define   SPI_CS0   x00000100         / * P0. 8 * /
#define   SPI_DATA   0x00000040        / * P0. 6 * /
#define   SPI_CLK   0x00000010         / * P0. 4 * /


#define   SPI_IOCON   0x00000150       / *定义 SPI 接口的 I/O 设置字 * /


/ *定义串口模式,设置数据结构 * /
```

```
typedef    struct    UartModeSet
{
    uint8 data_length;              //字长度,5/6/7/8
    uint8 stop;                     //停止位,1/2
    uint8 parity;                   //奇偶校验位,0 为无校验,1 为奇数校验,2 为偶数校验
}UARTMODE;

uint8    rcv_buf[8];                // UART0 数据接收缓冲区
uint8    a;
volatile uint8    rcv_new;         //接收新数据标志
/ *****************************************************************
*名      称: IRQ_UART0()
*功      能:串口 UART0 接收中断。
*入口参数:无
*出口参数:无
*****************************************************************/
void    __irq IRQ_UART0(void)
{
    uint8    i,j = 0;
    switch(U0IIR&0x0f)
    {
    case 0x04:
        rcv_new = 1;
        for(i = 0; i < 8; i + + )
        {
            rcv_buf[i] = U0RBR;    //读取 FIFO 的数据,并清除中断标志
        }
        break;
    case 0x0c:
        while((U0LSR&0x01) = = 1)
        {
            rcv_buf[j + + ] = U0RBR;    //读取 FIFO 的数据,并清除中断标志
        }
        a = j;
```

```
                rcv_new = 2;
                break;
            default:
                break;
        }
        VICVectAddr = 0x00;              //中断处理结束
}
```

```
/ ************************************************************
* 名      称: SendByte( )
* 功      能: 向串口 UART0 发送字节数据。
* 入口参数: data                        //要发送的数据
* 出口参数: 无
************************************************************/
void    SendByte( uint8 data)
{
    U0THR = data;                       //发送数据
}
```

```
/ ************************************************************
* 名      称: ISendBuf( )
* 功      能: 将缓冲区的数据发送回主机(使用 FIFO),并等待发送完毕。
* 入口参数: 无
* 出口参数: 无
************************************************************/
void    ISendBuf( void)
{
    uint8   i;
    for( i = 0; i < 8; i + +) SendByte( rcv_buf[ i]);
    while( ( U0LSR&0x20) = = 0);        //等待数据发送
}
```

```
//主要用于将未达触发点的 FIFO 中的数据发送给 PC 上位机
void    ISendBuf1( void)
```

```
{
    uint8    i;
    for(i = 0; i < a; i + +) SendByte(rcv_buf[i]);
    while((U0LSR&0x20) = = 0);                    //等待数据发送
}
```

```
/ ****************************************************************
* 名      称: UART0_Ini()
* 功      能: 初始化串口 0。设置其工作模式及波特率。
* 入口参数: baud      波特率
*             set       模式设置(UARTMODE 数据结构)
* 出口参数: 返回值为 1 时表示初化成功, 为 0 时表示参数出错
****************************************************************/
uint8    UART0_Ini(uint32 baud, UARTMODE set)
{
    uint32    bak;
    / * 参数过滤 * /
    if((0 = = baud) || (baud > 115200)) return(0);
    if((set. data_length < 5) || (set. data_length > 8)) return(0);
    if((0 = = set. stop) || (set. stop > 2)) return(0);
    if(set. parity > 4) return(0);

    / * 设置串口波特率 * /
    U0LCR = 0x80;                        // DLAB 位置 1
    bak = (Fpclk >> 4)/baud;
    U0DLM = bak >> 8;                    //取高 8 位
    U0DLL = bak&0xff;                    //直接取低 8 位

    / * 设置串口模式 * /
    bak = set. data_length - 5;          //设置字长度
    if(2 = = set. stop) bak | = 0x04;    //判断是否为 2 位停止位

    if(0 ! = set. parity) {set. parity = set. parity - 1; bak | = 0x08;}
    bak | = set. parity << 4;            //设置奇偶校验
```

```
        U0LCR = bak;

        U0FCR = 0x81;                       //使能 FIFO,并设置触发点为 8 字节
        U0IER = 0x01;                       //允许 RBR 中断,即接收中断

        /*设置中断允许*/
        VICIntSelect = 0x00000000;          //设置所有通道为 IRQ 中断
        VICVectCntl0 = 0x26;                // UART0 中断优先级最高,串口 0 的
                                            //   VIC 通道为 6
        VICVectAddr0 = (uint32)IRQ_UART0;   //设置 UART0 向量地址
        VICIntEnable = 0x00000040;          //使能 UART0 中断

        return(1);
    }


/ *************************************************************************
* 名      称: HC595_SendDat( )
* 功      能: 向 74HC595 发送一字节数据。
* 入口参数: dat      要发送的数据
* 出口参数: 无
* 说      明: 发送数据时,高位先发送。
***************************************************************************/
void    HC595_SendDat(uint8 dat)
{
    uint8   i;
    IO0CLR = SPI_CS;                        // SPI_CS = 0
    for(i = 0; i < 8; i + +)                //发送 8 位数据
    {
        IO0CLR = SPI_CLK;                   // SPI_CLK = 0
        /*设置 SPI_DATA 输出值*/
        if((dat&0x80)! = 0)
            IO0SET = SPI_DATA;
        else
            IO0CLR = SPI_DATA;
```

```
      dat << = 1;
        IO0SET = SPI_CLK;                    // SPI_CLK = 1
      }
      IO0SET = SPI_CS;                        // SPI_CS = 1,输出显示数据
}
```

```
/ ********************************************************************
* 名       称: main( )
* 功       能: 初始化串口,并等待接收到串口数据。
* 说       明: 在 STARTUP. S 文件中使能 IRQ 中断( 清零 CPSR 中的 I 位)。
********************************************************************/
int     main( void)
{
      uint8       rcv_counter;
      UARTMODE     uart0_set;

      PINSEL0 = 0x00000005;                    //设置 I/O 连接到 UART0
      PINSEL1 = 0x00000000;
      IO0DIR = SPI_IOCON;                      //设置 LED1 控制口为输出,其他 I/O 为输入
      rcv_new = 0;

      uart0_set. data_length = 8;              // 8 位数据位
      uart0_set. stop = 1;                     // 1 位停止位
      uart0_set. parity = 0;                   //无奇偶校验
      UART0_Ini( 115200, uart0_set);           //初始化串口模式

      rcv_counter = 0;
      HC595_SendDat( ~ rcv_counter);           //低电平点亮 LED,故需取反后再赋值
      while( 1)                                 //等待中断
      {
          if( 1 = = rcv_new)
          {
            rcv_new = 0;
            ISendBuf( );                        //将接收到的数据发送回主机
```

```
        rcv_counter + + ;                    //接收计数值加 1
        HC595_SendDat( ~ rcv_counter ) ;
    }
    else if( 2 = = rcv_new )
    {
        rcv_new = 0 ;
        ISendBuf1( ) ;
    }
    }
    return( 0 ) ;
}
```

### 2.4.4　测试与结果

（1）选用 DebugInExram 生成目标,然后编译连接工程。

（2）将 ARM 开发平台上的 JP8 跳线全部短接,JP4 跳线断开,JP6 跳线设置为 Bank0 -
RAM、Bank1 - Flash。

（3）打开 H - JTAG,找到目标开发平台,并且打开 H - Flasher,配置好相应地调试设置,注
意在调试之前要进行"check"。相关操作如图 2 - 9—图 2 - 11 所示。

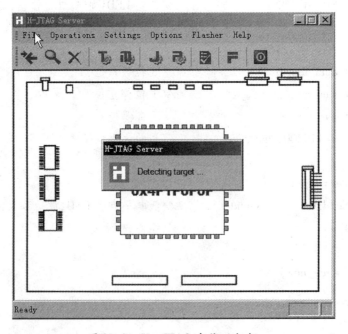

图 2 - 9　H - JTAG 查找目标板

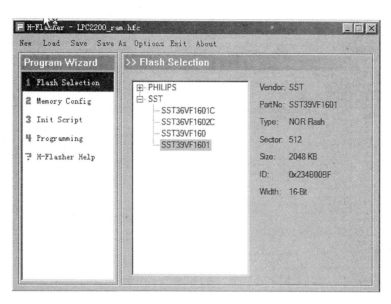

图 2－10　H－JTAG 中 Flahs 选择

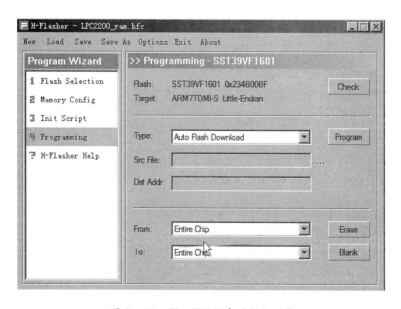

图 2－11　H－JTAG 中的"check"

（4）选择 Project→Debug，启动 AXD 进行 JTAG 仿真调试。在 configure target 中选择相应的目标，如图 2－12 所示，然后就可以加载印象文件了。注意加载的文件要和之前选择的 debug 方式生成的映像文件一致，比如这里是 DebugInExtram 表示使用的是使用片外 RAM 进行在线调试，那么加载的映像必须是工程下的 DebugInExtram 文件夹下的。

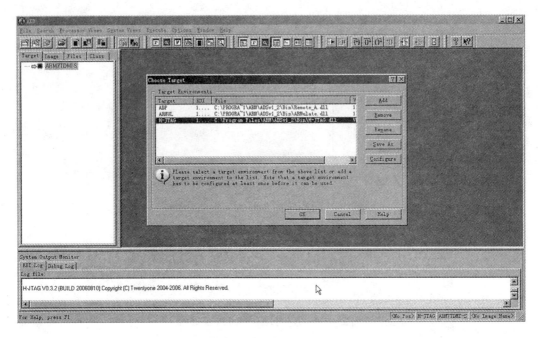

图 2-12　目标板环境选择为 H-JTAG 调试下载

（5）全速运行程序，观察开发平台上的现象，与预期的效果进行对比。也可采用单步运行（Step）、设置断点等方法调试程序，观察每一条指令运行后 ARM 开发平台上 LED 的状态变化和 PC 的串口调试窗口的内容的变化。若与功能不符，建议检查程序，修改功能。串口的设置如图 2-13 所示，发送数据测试如图 2-14 所示。

运行结果表明，ARM 开发平台与 PC 的串口通信正常，ARM 开发平台能够完整地接收 PC 发送的数据，并且能够正确地回送给 PC。LED 能够很好地显示二进制计数值。程序基本满足预期要求。

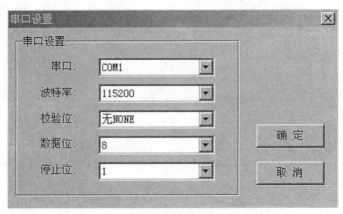

图 2-13　串口设置图

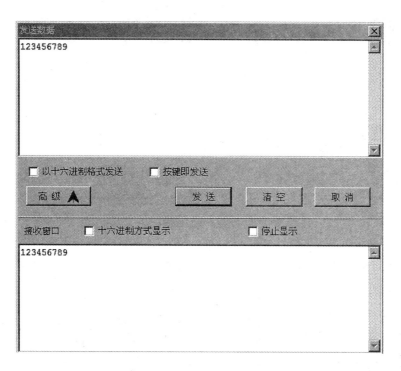

图 2-14  发送数据测试图

本项目的可观性良好,效果直接通过串口调试窗口和 LED 灯进行反映。

## 2.5  任务拓展

本项目设计的 ARM 开发平台与 PC 的串口通信相对来说涉及的知识点比较多,运用到了两种通信方式和中断处理,包括 SPI 通信和 UART 通信。这两种通信方式均为串行通信,具有很多相似点,各有优劣。本项目只是将其结合在一起实现通信的一般功能,但是通信一般只是实际项目的一个环节,并不是全部。比如在一些数据的采集中,下位机采集了许多传感器数据需要上传给 PC 的,PC 实现一个集中化的处理和显示采集结果。所以说串口通信是一个工具,应该熟练掌握以便较好地嵌入进更复杂的实际应用中。

# 项目3 路口交通灯

## 3.1 任务描述

随着经济的不断发展,城市机动车量不断地增加,城市的交通安全、通畅和高效显得格外重要。十字路口交通灯是城市的一项重要的交通设施,它调节着城市的交通,使城市的运行有规律,市民的出行更加方便,它是保证交通安全和道路畅通的关键。当前,国内大多数城市红绿交通灯具有固定的转换间隔,并自动切换红绿灯。通过观察可以很直观地了解到,它们一般由"通行与禁止时间控制显示""红黄绿三色信号灯"和"方向指示灯"三部分组成。交通灯路口实景图如图3-1和图3-2所示。

图 3-1 信号灯标识

图 3-2 路口交通灯实景

本任务是实现单路交通灯的控制,具体要求如下:

(1) 街口设置有红、绿、黄三色信号灯,实现红、绿、黄信号灯的循环控制,方向假定为南北方向。

(2) 用数码管显示路口交通灯的实时通行或禁止时间,显示方式采用倒计时。

(3) 人行道上使用红、绿两色信号灯,指示行人的安全通行。

(4) 南北方向控制车辆绿灯熄灭的同时,控制蜂鸣器响2 s来作为警报。

(5) 南北方向的各个交通状态稳定、循环运行。

## 3.2 任务分析

本设计主要是运用基于ARM7的LPC2210处理器来设计路口交通灯。按照设计要求,完成任务需要解决以下几个问题:① 构建处理器与蜂鸣器、LED和数码管的接口电路(LED灯用于指示相应的路口交通灯,而数码管用于显示对应的路口实时交通状态的通行或禁止时间);② 了解蜂鸣器、LED 和数码管的驱动原理和方法;③ 划分路口交通状态,进行每个状态的程序设计。

本项目基于 EasyARM2200 开发板,该开发板控制核心为 ARM7 内核的 LPC2210 处理器。本任务的目的是实现路口交通灯状态的循环控制,通过 LED 指代交通信号灯,数码管显示通信或禁止时间,蜂鸣器进行倒计时的提示报警,实时呈现路口的交通状态。查看开发平台的外设资源,可以知道其中的 LED 灯是由芯片 74HC595 通过 SPI 的方式进行驱动的,数码管是由芯片 ZLG7290 通过 $I^2C$ 方式进行驱动的,而蜂鸣器的驱动比较简单,在第一个项目中已经有了详细介绍。开发平台的处理器中已经集成了 SPI 总线和 $I^2C$ 总线,所以对硬件的控制是有充足支持的。本项目中由于开发板的 LED 灯数目有限,所以只涉及南北方向的交通状态。事实上东西方向的交通状态与南北方向正好相反,因此如果 LED 灯数目够多,则程序设计中由南北方向的交通状态可以很容易地得到东西方向的状态。

本项目的硬件方面,主要是设计 LED 的驱动电路、数码管的驱动电路、蜂鸣器的驱动电路。其中的关键点是使用 $I^2C$ 接口与数码管及案件驱动 ZLG7290 芯片的电路连接、使用 SPI 接口与移位寄存器 74HC595 芯片的电路连接、使用三极管放大的蜂鸣器电路连接。LED 和蜂鸣器的驱动电路在前面的项目中已经有详细说明,这里着重介绍数码管的驱动。由数码管的内部构成,我们可以知道其就是由各段的 LED 组成,所以通过点亮同一位数码管的不同的段,LED 可以拼凑出 0~9 的数字符号。那么在驱动芯片已经选择好的基础上,硬件电路的设计就比较简单了。软件方面,主要是利用定时器定时中断、SPI 总线时序,以及 $I^2C$ 总线时序的实现。在这些可供调用的接口函数基础上,我们根据划分的不同交通状态,在定时器中断中分别控制相应的硬件。程序设计前,需要很清楚各个交通状态的循环次序。下面从 $I^2C$ 接口的基本原理开始逐步完成设计目标。

## 3.3　任务基础

### 3.3.1　$I^2C$ 接口概述

$I^2C$ 接口特性如下:

(1) 标准的 $I^2C$ 总线接口;

(2) 可配置为主机、从机或主/从机;

(3) 可编程时钟可实现通用速率控制;

(4) 主、从机之间双向数据传输;

(5) 多主机总线(无中央主机);

(6) 同时发送的主机之间进行仲裁,避免了总线数据的冲突;

(7) LPC2000 系列 ARM 在高速模式下,数据传输的速度为 0~400 kbit/s。

$I^2C$ 引脚描述见表 3-1,与外部标准 $I^2C$ 部件接口的常用器件有串行 EEPROM、RAM、RTC、LCD 等。本项目中使用的 ZLG7290 也是这种器件。

表 3-1　　　　　　　　　　　　　　I²C引脚描述

| 引脚名称 | 类型 | 描述 |
|---|---|---|
| SDA | I/O | 串行数据I²C数据输入和输出,相关端口为开漏输出以符合I²C规范 |
| SCL | I/O | 串行时钟I²C时钟输入和输出,相关端口为开漏输出以符合I²C规范 |

### 3.3.2　I²C总线规范

#### 1. 总线规范简介

I²C BUS( Inter IC BUS)是 NXP 半导体公司推出的芯片间串行传输总线,它以 2 根连线实现了完善的双向数据传送,可以极方便地构成多机系统和外围器件扩展系统。I²C总线采用了器件地址的硬件设置方法,通过软件寻址完全避免了器件的片选线寻址方法,从而使硬件系统具有最简单而灵活的扩展方法。

I²C总线的 2 根线(串行数据 SDA,串行时钟 SCL)连接到总线上的任何一个器件,每个器件都应有一个唯一的地址,而且都可以作为一个发送器或接收器。此外,器件在执行数据传输时也可以被看作是主机或从机。

发送器:本次传送中发送数据(不包括地址和命令)到总线的器件。

接收器:本次传送中从总线接收数据(不包括地址和命令)的器件。

主　机:初始化发送、产生时钟信号和终止发送的器件,它可以是发送器或接收器。主机通常是微控制器。

从　机:被主机寻址的器件,它可以是发送器或接收器。

I²C总线应用系统的典型结构如图 3-3 所示。在该结构中,微控制器 MCU 作为该总线上的唯一主机,其他的器件全部是从机。I²C总线是一个多主机的总线,即总线上可以连接多个能控制总线的器件。当 2 个以上控制器件同时发动传输时只能有一个控制器件能真正控制总线而成为主机,并使报文不被破坏,这个过程叫仲裁。与此同时,能同步多个控制器件所产生的时钟信号。

SDA 和 SCL 都是双向线路。连接到总线的器件的输出级必须是漏极开路或集电极开路,

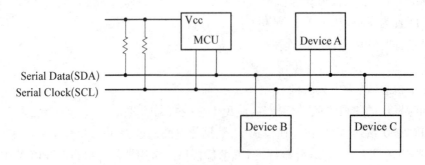

图 3-3　I²C总线应用系统典型结构

都通过一个电流源或上拉电阻连接到正的电源电压,这样才能够实现"线与"功能。当总线空闲时,这 2 条线路都是高电平。

在标准模式下,总线数据传输的速度为 0 ~ 100 kbit/s;在高速模式下,可达 0 ~ 400 kbit/s。总线速率与总线上拉电阻的关系:总线速率越高,总线上拉电阻越小。100 kbit/s 总线速率,通常使用 5.1 kΩ 的上拉电阻。

**2. 总线上的位传输**

$I^2C$ 总线上每传输一个数据位必须产生一个时钟脉冲。

1) 数据的有效性

SDA 线上的数据必须在时钟线 SCL 的高电平期间保持稳定。数据线的电平状态只有在 SCL 线的时钟信号为低电平时才能改变,如图 3 - 4 所示。在标准模式下,高低电平宽度不能小于 4.7 μs。

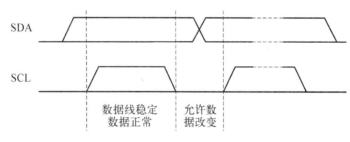

图 3 - 4 $I^2C$ 总线的位传输

2) 起始信号和停止信号

在 $I^2C$ 总线中唯一违反上述数据有效性的是起始(S)信号和停止(P)信号,如图 3 - 5 所示。

起始信号(重复起始信号):在 SCL 为高电平时,SDA 从高电平向低电平切换。

停止信号:在 SCL 为高电平时,SDA 由低电平向高电平切换。

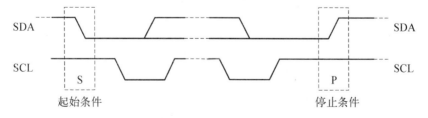

图 3 - 5 $I^2C$ 总线的起始信号和停止信号

起始信号和停止信号一般由主机产生。起始信号作为一次传送的开始,在起始信号后总线被认为处于忙的状态。停止信号作为一次传送的结束,在停止信号的某段时间后,总线被认为再次处于空闲状态。重复起始信号既作为上次传送的结束,也作为下次传送的开始。

**3. 数据传输**

**1）字节格式**

发送到 SDA 线上的每个字节必须为 8 位。每次传输可以发送的字节数量不受限制,每个字节后必须跟一个应答位。首先传输的是数据的最高位(MSB),如图 3-6 所示。

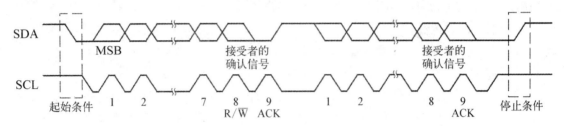

图 3-6 I²C 总线的数据传输过程

主机产生起始信号后,发送的第一个字节为寻址字节,该字节的前 7 位(高 7 位)为从机地址,最低位(LSB)决定了报文的方向,"0"表示主机写信息到从机,"1"表示主机读从机中的信息,如图 3-7 所示。当发送了一个地址后,总线上的每个器件都将前 7 位与它自己的地址比较。如果一样,器件就会应答主机的寻址,至于是从机接收器还是从机发送器都由 R/W 位决定。

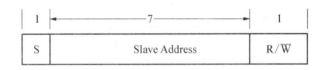

图 3-7 起始信号和第一个字节

从机地址由一个固定的和一个可编程的部分构成。例如,某些器件有 4 个固定的位(高 4 位)和 3 个可编程的地址位(低 3 位),所以同一总线上总共可以连接 8 个相同的器件。I²C 总线委员会协调 I²C 地址的分配,保留了 2 组 8 位地址。这 2 组地址的用途可查阅相关资料。

**2）应答**

相应的应答时钟脉冲由主机产生。在应答的时钟脉冲期间,发送器释放 SDA 线(高)。同时在应答的时钟脉冲期间,接收器必须将 SDA 线拉低,使它在这个时钟脉冲的高电平期间保持稳定的低电平,如图 3-6 中时钟信号 SCL 的第 9 位。

一般来说,被寻址匹配的从机(可继续接收下一个字节的接收器)将产生一个应答位。如果作为发送器的主机在发送完一个字节后没有收到应答位(或收到一个非应答位),或者作为接收器的主机没有发送应答位(或发送一个非应答位),那么主机必须产生一个停止信号或重复起始信号来结束本次传输。

若从机(接收器)不能接收更多的数据字节,将不产生这个应答位;主机(接收器)在接收完最后一个字节后不产生应答,通知从机(发送器)数据传输结束。

**4. 仲裁与时钟同步**

（1）同步。时钟同步是通过各个能产生时钟的器件线连接到 SCL 线上来实现的。上述各个器件可能都有自己独立的时钟,各个时钟信号的频率、周期、相位和占空比可能都不相同。由于"线与"的结果,在 SCL 线上产生的实际时钟的低电平宽度由低电平持续时间最长的器件决定,而高电平宽度由高电平持续时间最短的器件决定。

（2）仲裁。当总线空闲时,多个主机同时启动传输,可能会有不止一个主机检测到满足起始信号,而同时获得主机权,这时就要进行仲裁。当 SCL 线是高电平时,仲裁在 SDA 线发生,当其他主机发送低电平时,发送高电平的主机将丢失仲裁,因为总线上的电平与它自己的电平不同。

仲裁可以持续多位,它的第一个阶段是比较地址位。如果每个主机都尝试寻址相同的器件,仲裁会继续比较数据位,或者比较响应位。因为 I²C 总线的地址和数据信息由赢得仲裁的主机决定,在仲裁过程中不会丢失信息。

（3）用时钟同步机制作为握手。器件可以快速接收数据字节,但可能需要更多时间保存接收到的字节或准备一个要发送的字节。此时,这个器件可以使 SCL 线保持低电平,迫使与之交换数据的器件进入等待状态,直到准备好下一字节的发送或接收。

### 3.3.3　寄存器描述

LPC2210 是字节方式的 I²C 接口,简单地说就是把一个字节数据写入 I²C 数据寄存器 I2DAT 后,由 I²C 接口自动完成所有数据位的发送。补充说明:位方式的 I²C 接口需要用户程序控制每一位数据的发送/接收。LPC2210 可以配置为 I²C 主机,也可以配置为 I²C 从机(如可以用该系列器件模拟一个 AT24WC02),所以具有 4 种操作模式:主发送模式、主接收模式、从发送模式和从接收模式。由于 I²C 总线是开漏输出,所以在使用 I²C 接口时,需要在外部连接上拉电阻。

I²C 接口包含 7 个寄存器,如表 3 - 2 所列。

表 3 - 2　　　　　　　　　　　　　　　I²C 寄存器

| 名　　称 | 描　　　述 | 访　问 | 复位值 | 地　　址 |
|---|---|---|---|---|
| I2CONSET | I²C 控制置位寄存器 | 读/置位 | 0 | 0xE001C000 |
| I2CONCLR | I²C 控制清零寄存器 | 只清零 | N/A | 0xE001C018 |
| I2STAT | I²C 状态寄存器 | 只　读 | 0xF8 | 0xE001C004 |
| I2DAT | I²C 数据寄存器 | 读/写 | 0 | 0xE001C008 |
| I2ADR | I²C 从地址寄存器 | 读/写 | 0 | 0xE001C00C |
| I2SCLH | SCL 占空比寄存器高半字 | 读/写 | 0x04 | 0xE001C010 |
| I2SCLL | SCL 占空比寄存器低半字 | 读/写 | 0x04 | 0xE001C014 |

1）$I^2C$ 控制置位寄存器（I2CONSET,0xE001 CC00）

$I^2C$ 接口中有 2 个寄存器,专门用来操作 $I^2C$ 控制寄存器——置位寄存器（I2CONSET）和清零寄存器（I2CONCLR）。

I2CONSET 可将控制寄存器中的某位置 1,可读写。

I2CONCLR 可将控制寄存器中的某位清零,只写。

可见,置位 $I^2C$ 控制寄存器中的某一位,只能通过 $I^2C$ 置位寄存器（I2CONSET）;清零 $I^2C$ 控制寄存器中的某一位,只能通过 $I^2C$ 清零寄存器（I2CONCLR）。

实际上,$I^2C$ 控制寄存器是不可见的,而 $I^2C$ 控制寄存器的当前值可以通过读取 I2CONSET 寄存器获得。

I2CONSET 寄存器的描述见表 3－3。对此寄存器的某个位写入 1,置位 $I^2C$ 控制器中的对应位,只有写入 1 时才有效,写 0 无效。即对 I2CONSET 寄存器的某个位写入 0,相应位并不能被设置为 0,清零操作只能通过 I2CONCLR 寄存器实现。

表 3－3　　　　　　　　　　　　$I^2C$ 控制置位寄存器 I2CONSET

| 位 | 位名称 | 描　　　　述 | 复 位 值 |
|---|---|---|---|
| 0 | — | 保留,用户软件不要向其写入 1,从保留位读出的值未定义 | N/A |
| 1 | — | 保留,用户软件不要向其写入 1,从保留位读出的值未定义 | N/A |
| 2 | AA | 应答标志 | 0 |
| 3 | SI | $I^2C$ 中断标志 | 0 |
| 4 | STO | 停止标志 | 0 |
| 5 | STA | 起始标志 | 0 |
| 6 | I2EN | $I^2C$ 接口使能 | 0 |
| 7 | — | 保留,用户软件不要向其写入 1,从保留位读出的值未定义 | N/A |

2）$I^2C$ 控制清零寄存器（I2CONCLR,0xE001 C018）

$I^2C$ 控制清零寄存器描述见表 3－4。

表 3－4　　　　　　　　　　　　$I^2C$ 控制清零寄存器 I2CONCLR

| 位 | 位名称 | 描　　　　述 | 复 位 值 |
|---|---|---|---|
| 0 | — | 保留,用户软件不要向其写入 1,从保留位读出的值未定义 | N/A |
| 1 | — | 保留,用户软件不要向其写入 1,从保留位读出的值未定义 | N/A |
| 2 | AAC | 应答标志清零位。向该位写入 1,清零 I2CONSET 寄存器中的 AA 位,写入 0 无效 | N/A |

| 位 | 位名称 | 描　　　　述 | 复位值 |
|---|---|---|---|
| 3 | SIC | I$^2$C 中断标志清零位。向该位写入 1，清零 I2CONSET 寄存器中的 SI 位，写入 0 无效 | N/A |
| 4 | — | 保留，用户软件不要向其写入 1，从保留位读出的值未定义 | N/A |
| 5 | STAC | 起始标志清零位。向该位写入 1，清零 I2CONSET 寄存器中的 STA 位，写入 0 无效 | N/A |
| 6 | I2ENC | I$^2$C 接口禁止。向该位写入 1，清零 I2CONSET 寄存器中的 I2EN 位，写入 0 无效 | N/A |
| 7 | — | 保留，用户软件不要向其写入 1，从保留位读出的值未定义 | N/A |

向 I2CONSET、I2CONCLR 中写入 1，会置位、清零对应的位。向这两个寄存器中写入 0 无效。

（1）AA：应答标志位。向 I2CONSET 寄存器中的 AA 位写入 1 会使 AA 位置位，此时，在 SCL 线的应答时钟脉冲内，出现下面的任意条件之一将产生一个应答信号（SDA 线为低电平）。

① 接收到从地址寄存器中的地址。

② 当 I2ADR 中的通用调用位（GC）置位时，接收到通用调用地址。

③ 当 I$^2$C 接口处于主接收模式时，接收到一个数据字节。

④ 当 I$^2$C 接口处于可寻址的从接收模式时，接收到一个数据字节。

向 I2CONCLR 寄存器中的 AAC 位写入 1 会使 AA 位清零。当 AA 为零时，在 SCL 线的应答时钟脉冲内，出现下列情况将返回一个非应答信号（SDA 线为高电平）。

① 当 I$^2$C 接口处于主接收模式时，接收到一个数据字节。

② 当 I$^2$C 接口处于可寻址的从接收模式时，接收到一个数据字节。

（2）SI：I$^2$C 中断标志。当进入 25 种可能的 I$^2$C 状态中的任何一种后，该位置位，向 I2CONCLR 寄存器中的 SIC 位写入 1 使 SI 位清零。

（3）STO：停止标志。向 I2CONSET 寄存器中的 STO 位写入 1 会使 STO 位置位。

① 在主模式中，当 STO 为 1 时，向总线发送停止条件。当总线检测到停止条件时，STO 自动清零。

② 在从模式中，置位 STO 位可从错误状态中恢复。这种情况下不向总线发送停止条件，硬件的表现就好像是接收到一个停止条件并切换到不可寻址的从接收模式。STO 标志由硬件自动清零。

（4）STA：起始标志。向 I2CONSET 寄存器中的 STA 位写入 1 会使 STA 位置位。当 STA＝1 时，I$^2$C 接口进入主模式并发送一个起始条件，如果已经处于主模式，则发送一个重复起始条件。

当 STA＝1 并且 I$^2$C 接口还没进入主模式时，I$^2$C 接口将进入主模式，检测总线并在总线空闲时产生一个起始条件。如果总线忙,则等待一个停止条件(释放总线),并在延迟半个内部时钟发生器周期后发送一个起始条件。当 $I^2C$ 接口已经处于主模式中并发送或接收了数据时,$I^2C$ 接口会发送一个重复的起始条件。STA 可在任何时候置位,当 $I^2C$ 接口处于可寻址的从模式时,STA 也可以置位。

向 I2CONCLR 寄存器中的 STAC 位写入 1 使 STA 位清零,当 STA =0 时,不会产生起始或重复起始条件。

当 STA 和 STO 都置位时,如果 $I^2C$ 接口处于主模式,$I^2C$ 接口将向总线发送一个停止条件,然后发送一个起始条件。如果 $I^2C$ 接口处于从模式,则产生一个内部停止条件,但不发送到总线上。

(5) I2EN:$I^2C$ 接口使能。向 I2CONSET 寄存器中的 I2EN 位写入 1 会使 I2EN 位置位。当该位置位时,使能 $I^2C$ 接口。向 I2CONCLR 寄存器中的 I2ENC 位写入 1 将使 I2EN 位清零,当 I2EN 位为 0 时,$I^2C$ 功能被禁止。

3)$I^2C$ 状态寄存器(I2STAT,0xE001 C004)

这是一个只读寄存器,包含 $I^2C$ 接口的状态代码,见表 3 - 5。其最低 3 位总是为 0,一共 26 种能存在的状态代码。当代码为 F8H 时,无可用的相关信息,SI 位不会置位。其他 25 种状态代码都对应一个已定义的 $I^2C$ 状态。当进入其中一种状态时,SI 位将置位。所有状态代码的描述见表 3 - 10—表 3 - 13 所列。

4)$I^2C$ 数据寄存器(I2DAT,0xE001 C008)

该寄存器包含要发送或刚接收的数据,见表 3 - 6。当它没有处理字节的移位时,CPU 可对其进行读/写。该寄存器只能在 SI 置位时访问,在 SI 置位期间,I2DAT 中的数据保持稳定。I2DAT 中的数据移位总是从右至左进行:第一个发送的位是 MSB(bit7)。在接收字节时,第一个接收到的位存放在 I2DAT 的 MSB。

表 3 - 5　　　　　　　　　　　　$I^2C$ 状态寄存器 I2STAT

| 位 | 功　能 | 描　　述 | 复 位 值 |
|---|---|---|---|
| 2:0 | 状　态 | 这 3 个位总是为 0 | 0 |
| 7:3 | 状　态 | 状态位 | 1 |

表 3 - 6　　　　　　　　　　　　$I^2C$ 数据寄存器 I2DAT

| 位 | 功　能 | 描　　述 | 复 位 值 |
|---|---|---|---|
| 7:0 | 数　据 | 发送/接收数据位 | 0 |

5)$I^2C$ 从地址寄存器(I2ADR,0xE001 C00C)

在 $I^2C$ 设置为从模式时,该寄存器可读可写,见表 3 - 7。在主模式中,该寄存器无效。I2ADR 的 LSB 为通用调用位,当该位置位时,通用调用地址(00H)被识别。

表 3－7　　　　　　　　　　I²C 从地址寄存器 I2ADR

| 位 | 功　能 | 描　　　述 | 复位值 |
|---|---|---|---|
| 0 | GC | 通用调用位 | 0 |
| 7:1 | 地　址 | 从模式地址 | 0 |

6) I²C SCL 占空比寄存器(I2SCLH,0xE001 C010;I2SCLL,0xE001 C014)

软件必须通过对 I2SCLH(表 3－8)和 I2SCLL(表 3－9)寄存器进行设置来选择合适的波特率,I2SCLH 定义 SCL 高电平所保持的 PCLK 周期数,I2SCLL 定义 SCL 低电平的 PCLK 周期数。位频率(即总线速率)由下面的公式得出:

$$位频率 = \frac{F_{PCLK}}{I2SCLH + I2SCLL}$$

I2SCLL 和 I2SCLH 的值不一定要相同,可通过设定这 2 个寄存器得到 SCL 的不同占空比。但寄存器的值必须确保 I²C 数据通信速率在 0 ~ 400 kHz,这样对 I2SCLL 和 I2SCLH 的值就有一些限制,I2SCLL 和 I2SCLH 寄存器的值都必须大于或等于 4。

表 3－8　　　　　　　　I²C SCL 高电平占空比寄存器 I2SCLH

| 位 | 功　能 | 描　　　述 | 复位值 |
|---|---|---|---|
| 15:0 | 计数值 | SCL 高电平周期选择计数 | 0x0004 |

表 3－9　　　　　　　　I²C SCL 低电平占空比寄存器 I2SCLL

| 位 | 功　能 | 描　　　述 | 复位值 |
|---|---|---|---|
| 15:0 | 计数值 | SCL 低电平周期选择计数 | 0x0004 |

## 3.3.4　I²C 操作模式

### 1. 主模式 I²C

在该模式中,LPC2000 系列 ARM 作为主机,向从机发送数据(即主发送模式)及接收从机的数据(即主接收模式)。当进入主模式 I²C,I2CONSET 必须按照图 3－8 进行初始化。

| Bit | 7 | 6 | 5 | 4 | 3 | 2 | 1 | 0 |
|---|---|---|---|---|---|---|---|---|
| Symbol | — | I2EN | STA | STO | SI | AA | — | — |
| Value | — | 1 | 0 | 0 | 0 | 0 | — | — |

图 3－8　主模式配置

I2EN 置 1 操作是通过向 I2CONSET 写入 0x40 实现的;AA、STA 和 SI 清零操作是通过向 I2CONCLR 写入 0x2C 实现的;当总线产生了一个停止条件时,STO 位由硬件自动清零。

I2EN = 1,使能 I²C 接口;AA = 0,不产生应答信号,即不允许进入从机模式;SI = 0,I²C 中断标志为 0;STO = 0,停止标志为 0;STA = 0,起始标志为 0。

1) 主模式 I²C 的初始化

使用主模式 I²C 时,先设置 I/O 口功能选择,然后设置总线的速率,再使能主模式 I²C,接下来便可以开始发送/接收数据。主模式 I²C 初始化示例如程序清单 3.1 所示。实际应用中,通常会使用中断方式进行 I²C 的操作,所以初始化程序中加入了中断的初始化。

**程序清单 3.1　主模式 I²C 初始化示例**

```
/ ********************************************************
*名      称: I2C_Init( )
*功      能: 主模式 I²C 初始化,包括初始化其中断为向量 IRQ 中断。
*入口参数: fi2c      初始化 I²C 总线速率,最大值为 400 K
*出口参数: 无
********************************************************/
void    I2C_Init( uint32 fi2c)
{
    if( fi2c > 400000 )
        fi2c = 400000;
    PINSEL0 = ( PINSEL0&0xFFFFFF0F) | 0x50;      //设置 I²C 控制口有效
    I2SCLH = ( Fpclk/fi2c + 1)/2;                //设置 I²C 时钟为 fi2c
    I2SCLL = ( Fpclk/fi2c)/2;
    I2CONCLR = 0x2C;
    I2CONSET = 0x40;                             //使能主 I²C

    / *设置 I2C 中断允许 * /
    VICIntSelect = 0x00000000;                   //设置所有通道为 IRQ 中断
    VICVectCntl1 = 0x29;                         //I²C 通道分配到 IRQ slot 0,即优先级最高
    VICVectAddr1 = ( int) IRQ_I2C;              //设置 I²C 中断向量地址
    VICIntEnable = 0x0200;                       //使能 I²C 中断
}
```

2) 主模式 I²C 的数据发送

主模式 I²C 的数据发送格式见图 3－9。起始和停止条件用于指示串行传输的起始和结束,

第一个发送的数据包含接收器件的从地址(7 位)和读/写操作位。在此模式下,读/写操作位(R/W)应该为 0,表示执行写操作。数据的发送每次为 8 位(1 字节),每发送完 1 字节,主机都接收到 1 个应答位(是由从机回发的)。

主模式 $I^2C$ 的数据发送操作步骤:

(1)通过软件置位 STA 进入 $I^2C$ 主发送模式,$I^2C$ 逻辑在总线空闲后立即发送一个起始条件。

(2)当发送完起始条件后,SI 会置位,此时 I2STAT 中的状态代码为 08H,该状态代码用于中断服务程序的处理。

(3)把从地址和读/写操作位装入 I2DAT(数据寄存器),然后清零 SI 位,开始发送从地址和 W 位。

(4)当从地址和 W 位已发送且接收到应答位之后,SI 位再次置位,可能的状态代码为 18H、20H 或 38H。每个状态代码及其对应的执行动作见表 3－10。

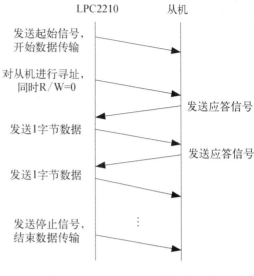

图 3－9  LPC2210 主模式 $I^2C$ 的
数据发送格式

(5)若状态码为 18H,表明从机已应答,可以将数据装入 I2DAT,之后清零 SI 位,开始发送数据。

(6)当正确发送数据,SI 位再次置位,可能的状态代码为 28H 或 30H,此时可以再次发送数据,或者置位 STO 结束总线。每个状态代码及其对应的执行动作见表 3－10。

表 3－10 主发送模式状态

| 状态代码 I2STAT | $I^2C$ 总线硬件状态 | 应用软件的响应 | | | | | $I^2C$ 硬件执行的下一个动作 |
| --- | --- | --- | --- | --- | --- | --- | --- |
| | | 读/写 I2DAT | 写 I2CON | | | | |
| | | | STA | STO | SI | AA | |
| 08H | 已发送起始条件 | 装入 SLA + W | x | 0 | 0 | x | 将发送 SLA + W,接收 ACK 位 |
| 10H | 已发送重复起始条件 | 装入 SLA + W | x | 0 | 0 | x | 将发送 SLA + W,接收 ACK 位; |
| | | 装入 SLA + R | x | 0 | 0 | x | 将发送 SLA + W,$I^2C$ 将切换到主接收模式 |
| 18H | 已发送 SLA + W 已接收 ACK | 装入数据字节 | 0 | 0 | 0 | x | 将发送数据字节,接收 ACK 位; |
| | | 无 I2DAT 动作 | 1 | 0 | 0 | x | 将发送重复起始条件; |
| | | 无 I2DAT 动作 | 0 | 1 | 0 | x | 将发送停止条件;STO 标志将复位; |
| | | 无 I2DAT 动作 | 1 | 1 | 0 | x | 将发送停止条件,然后发送起始条件;STO 标志将复位 |

| 状态代码 I2STAT | I²C总线硬件状态 | 应用软件的响应 | | | | | I²C硬件执行的下一个动作 |
|---|---|---|---|---|---|---|---|
| | | 读/写 I2DAT | 写 I2CON | | | | |
| | | | STA | STO | SI | AA | |
| 20H | 已发送 SLA + W 已接收非 ACK | 装入数据字节 | 0 | 0 | 0 | x | 将发送数据字节,接收 ACK 位; |
| | | 无 I2DAT 动作 | 1 | 0 | 0 | x | 将发送重复起始条件; |
| | | 无 I2DAT 动作 | 0 | 1 | 0 | x | 将发送停止条件;STO 标志将复位; |
| | | 无 I2DAT 动作 | 1 | 1 | 0 | x | 将发送停止条件,然后发送起始条件;STO 标志将复位 |
| 28H | 已发送 I2DAT 中的数据字节; 已接收 ACK | 装入数据字节 | 0 | 0 | 0 | x | 将发送数据字节,接收 ACK 位; |
| | | 无 I2DAT 动作 | 1 | 0 | 0 | x | 将发送重复起始条件; |
| | | 无 I2DAT 动作 | 0 | 1 | 0 | x | 将发送停止条件;STO 标志将复位; |
| | | 无 I2DAT 动作 | 1 | 1 | 0 | x | 将发送停止条件,然后发送起始条件;STO 标志将复位 |
| 30H | 已发送 I2DAT 中的数据字节; 已接收非 ACK | 装入数据字节 | 0 | 0 | 0 | x | 将发送数据字节,接收 ACK 位; |
| | | 无 I2DAT 动作 | 1 | 0 | 0 | x | 将发送重复起始条件; |
| | | 无 I2DAT 动作 | 0 | 1 | 0 | x | 将发送停止条件;STO 标志将复位; |
| | | 无 I2DAT 动作 | 1 | 1 | 0 | x | 将发送停止条件,然后发送起始条件;STO 标志将复位 |
| 38H | 在 SLA + R/W 或数据字节中丢失仲裁 | 无 I2DAT 动作 | 0 | 0 | 0 | x | I²C 总线将被释放;进入不可寻址从模式; |
| | | 无 I2DAT 动作 | 1 | 0 | 0 | x | 当总线变为空闲时发送起始条件 |

主模式 I2C 的数据发送(中断方式)程序原理示意图如图 3 - 10 所示。

3)主模式 I²C 的数据接收

在主接收模式中,主机所接收的数据字节来自从发送器(即从机),主模式 I²C 的数据接收格式见图 3 - 11。起始和停止条件用于指示串行传输的起始和结束,第一个发送的数据包含接收器件的从地址(7 位)和读/写操作位。在此模式下,读/写操作位(R/W)应该为 1,表示执行读操作。

主模式 I²C 的数据发送操作步骤:

(1)通过软件置位 STA 进入 PC 主发送模式,I²C 逻辑在总线空闲后立即发送一个起始条件。

(2)当发送完起始条件后,SI 会置位,此时 I2STAT 中的状态代码为 08H,该状态代码用于中断服务程序的处理。

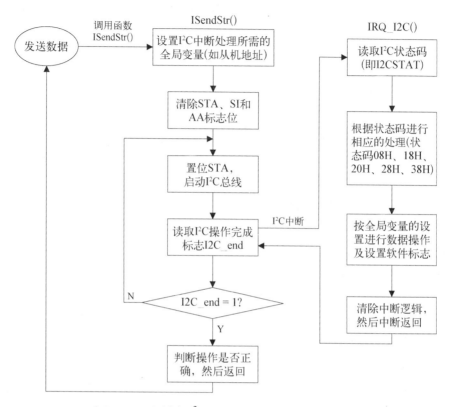

图 3-10 主模式 I²C 的数据发送程序原理示意图

（3）将从地址和读/写操作位装入 I2DAT（数据寄存器），然后清零 SI 位，开始发送从地址和 R 位。

（4）当从地址和 R 位已发送且接收到应答位之后，SI 位再次置位，可能的状态代码为 38H、40H 或 48H，每个状态代码及其对应的执行动作见表 3-11。

（5）若状态码为 40H，表明从机已应答。设置 AA 位，用来控制接收到数据后是产生应答信号，还是产生非应答信号，然后清零 SI 位，开始接收数据。

（6）当正确接收到字节数据后，SI 位再次置位可能的状态代码为 50H 或 58H，此时可以再次接收数据，或者置位 STO 结束总线。每个状态代码及其对应的执行动作见表 3-11。

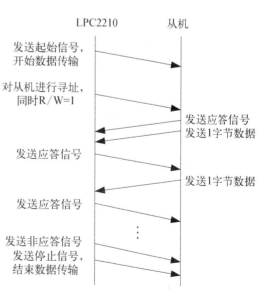

图 3-11 LPC2210 主模式 I²C 的数据接收格式

表 3 - 11　　　　　　　　　　　　　　主接收模式状态

| 状态代码 I2STAT | I²C总线硬件状态 | 应用软件的响应 | | | | | I²C硬件执行的下一个动作 |
|---|---|---|---|---|---|---|---|
| | | 读/写 I2DAT | 写 I2CON | | | | |
| | | | STA | STO | SI | AA | |
| 08H | 已发送起始条件 | 装入 SLA + R | x | 0 | 0 | x | 将发送 SLA + R,接收 ACK 位 |
| 10H | 已发送重复起始条件 | 装入 SLA + R | x | 0 | 0 | x | 将发送 SLA + R,接收 ACK 位; |
| | | 装入 SLA + W | x | 0 | 0 | x | 将发送 SLA + W,I²C 将切换到主发送模式 |
| 38H | 在发送 SLA + R 时丢失仲裁 | 无 I2DAT 动作 | 0 | 0 | 0 | x | I²C 总线将被释放;I²C 将进入从模式; |
| | | 无 I2DAT 动作 | 1 | 0 | 0 | x | 当总线恢复空闲后发送起始条件 |
| 40H | 已发送 SLA + R 已接收 ACK | 无 I2DAT 动作 | 0 | 0 | 0 | 0 | 将接收数据字节,返回非 ACK 位; |
| | | 无 I2DAT 动作 | 0 | 0 | 0 | 1 | 将接收数据字节,返回 ACK 位 |
| 48H | 已发送 SLA + R 已接收非 ACK | 无 I2DAT 动作 | 1 | 0 | 0 | x | 将发送重复起始条件; |
| | | 无 I2DAT 动作 | 0 | 1 | 0 | x | 将发送停止条件;STO 标志将复位; |
| | | 无 I2DAT 动作 | 1 | 1 | 0 | x | 将发送停止条件,然后发送起始条件;STO 标志将复位 |
| 50H | 已接收数据字节 已返回 ACK | 读数据字节 | 0 | 0 | 0 | 0 | 将接收数据字节,返回非 ACK 位; |
| | | 读数据字节 | 0 | 0 | 0 | 1 | 将接收数据字节,返回 ACK 位 |
| 58H | 已接收数据字节 已返回非 ACK | 读数据字节 | 1 | 0 | 0 | x | 将发送重复起始条件; |
| | | 读数据字节 | 0 | 1 | 0 | x | 将发送停止条件;STO 标志将复位; |
| | | 读数据字节 | 1 | 1 | 0 | x | 将发送停止条件,然后发送起始条件;STO 标志将复位 |

　　主模式 I²C 的数据接收(中断方式)程序原理示意图如图 3 - 12 所示。

## 2. 从模式 I²C

　　LPC2000 系列 ARM 配置为 I²C 从机时,I²C 主机可以对它进行读/写操作,此时从机处于从发送/接收模式。要初始化从接收模式,用户必须将从地址写入从地址寄存器(I2ADR)并按照图 3 - 13 配置 I²C 控制置位寄存器(I²CONSET)。I2CONSET 寄存器的详细说明见 1.3.1 节关于 I²C 寄存器的详细描述。

　　I2EN 和 AA 置 1 操作是通过向 I2CONSET 写入 0x44 实现的;STA 和 SI 置 0 操作是通过向 I2CONCLR 写入 0x28 实现的;当总线产生了一个停止条件时,STO 位由硬件自动置 0。

　　I2EN = 1,使能 I²C 接口;AA = 1,应答主机对本从机地址的访问;SI == 0,I²C 中断标志为 0;STO = 0,停止标志为 0;STA = 0,起始标志为 0。

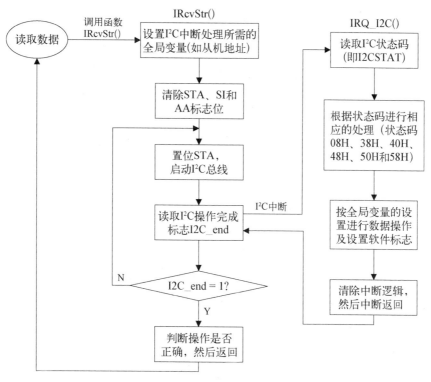

图 3-12　主模式 $I^2C$ 的数据接收程序原理示意图

| Bit | 7 | 6 | 5 | 4 | 3 | 2 | 1 | 0 |
|---|---|---|---|---|---|---|---|---|
| Symbol | — | I2EN | STA | STO | SI | AA | — | — |
| Value | — | 1 | 0 | 0 | 0 | 1 | — | — |

图 3-13　从模式配置

1）从模式 $I^2C$ 的初始化

使用从模式 $I^2C$ 时,先设置 I/O 口功能选择,再设置从机地址,然后使能 $I^2C$（配置为从模式）,即可等待主机访问。从模式 $I^2C$ 初始化示例如程序清单 3.2 所示。实际应用中,通常是使用中断方式进行 $I^2C$ 的操作,所以初始化程序中加入了中断的初始化。

因为 $I^2C$ 总线时钟信号是由主机产生,所以从机不用初始化 I2SCLH 和 I2SCLL 寄存器。

## 程序清单 3.2　从模式 $I^2C$ 初始化示例

```
/ ********************************************************************
* 名　　称：I2C_SlaveInit( )
* 功　　能：从模式I²C初始化,包括中断初始化,其中断为向量 IRQ 中断。
* 入口参数：adr　　　从机地址
```

＊出口参数：无

＊＊＊＊＊＊＊＊＊＊＊＊＊＊＊＊＊＊＊＊＊＊＊＊＊＊＊＊＊＊＊＊＊＊＊＊＊＊＊＊＊＊＊＊＊＊＊＊＊＊＊／

```
void   I2C_SlaveInit(uint8 adr)
{
    PINSEL0 = (PINSEL0&0xFFFFFF0F) | 0x50;      //设置I²C控制口有效
    I2SCLH = (Fpclk/fi2c + 1)/2;                //设置I²C时钟为fi2c
    I2SCLL = (Fpclk/fi2c)/2;
    I2CONCLR = 0x28;
    I2CONSET = 0x44;                            //I²C配置为从机模式
    /＊设置 I2C 中断允许＊/
    VICIntSelect = 0x00000000;                  //设置所有通道为 IRQ 中断
    VICVectCntl1 = 0x29;                        //I²C通道分配到 IRQ slot 0，即优先级最高
    VICVectAddr1 = (int)IRQ_I2C;                //设置I²C中断向量地址
    VICIntEnable = 0x0200;                      //使能I²C中断
}
```

2）从模式 I²C 的数据接收

当主机访问从机时，若读/写操作位为 0（W），则从机进入从接收模式，接收主机发送过来的数据，并产生应答信号。从模式 I²C 的数据接收过程见图 3－14。从接收模式中，总线时钟、起始条件、从机地址、停止条件仍由主机产生。

使用从模式 I²C 时，用户程序只需要在 I²C 中断服务程序完成各种数据操作，也就是根据各种状态码做出相应的操作。从接收模式的每个状态代码及其对应的执行动作见表 3－12。

表 3－12　　　　　　　　　　　　　从接收模式状态

| 状态代码 I2STAT | I²C总线硬件状态 | 应用软件的响应 | | | | | I²C硬件执行的下一个动作 |
|---|---|---|---|---|---|---|---|
| | | 读/写 I2DAT | 写 I2CON | | | | |
| | | | STA | STO | SI | AA | |
| 60H | 已接收自身 SLA + W；已返回 ACK | 无 I2DAT 动作 | x | 0 | 0 | 0 | 将接收数据字节并返回非 ACK 位； |
| | | 无 I2DAT 动作 | x | 0 | 0 | 1 | 将接收数据字节并返回 ACK 位 |
| 68H | 主控器时在 SLA + W 中丢失仲裁；已接收自身 SLA + W，已返回 ACK | 无 I2DAT 动作 | x | 0 | 0 | 0 | 将接收数据字节并返回非 ACK 位； |
| | | 无 I2DAT 动作 | x | 0 | 0 | 1 | 将接收数据字节并返回 ACK 位 |
| 70H | 已接收通用调用地址（00H）；已返回 ACK | 无 I2DAT 动作 | x | 0 | 0 | 0 | 将接收数据字节并返回非 ACK 位； |
| | | 无 I2DAT 动作 | x | 0 | 0 | 1 | 将接收数据字节并返回 ACK 位 |

续表

| 状态<br>代码<br>I2STAT | I²C总线<br>硬件状态 | 应用软件的响应 | | | | | I²C硬件执行的下一个动作 |
|---|---|---|---|---|---|---|---|
| | | 读/写 I2DAT | 写 I2CON | | | | |
| | | | STA | STO | SI | AA | |
| 78H | 主控器时在 SLA +<br>R/W 中丢失仲裁；<br>已接收通用调用<br>地址；已返回 ACK | 无 12DAT 动作 | x | 0 | 0 | 0 | 将接收数据字节并返回非 ACK 位； |
| | | 无 I2DAT 动作 | x | 0 | 0 | 1 | 将接收数据字节并返回 ACK 位 |
| 80H | 前一次寻址使用<br>自身从地址；已接<br>收数据字节；已返<br>回 ACK | 读数据字节 | x | 0 | 0 | 0 | 将接收数据字节并返回非 ACK 位； |
| | | 读数据字节 | x | 0 | 0 | 1 | 将接收数据字节并返回 ACK 位 |
| 88H | 前一次寻址使用<br>自身从地址；已接<br>收数据字节；已返<br>回非 ACK | 读数据字节 | 0 | 0 | 0 | 0 | 切换到不可寻址 SLV 模式；不识<br>别自身 SLA 或通用调用地址； |
| | | 读数据字节 | 0 | 0 | 0 | 1 | 切换到不可寻址 SLV 模式；识别<br>自身 SLA；如果 S1AD.0 = 1，将识<br>别通用调用地址； |
| | | 读数据字节 | 1 | 0 | 0 | 0 | 切换到不可寻址 SLV 模式；不识<br>别自身 SLA 或通用调用地址；当<br>总线空闲后发送起始条件； |
| | | 读数据字节 | 1 | 0 | 0 | 1 | 切换到不可寻址 SLV 模式；识别<br>自身 SLA；如果 S1ADR.0 = 1，将识<br>别通用调用地址；当总线空闲后发<br>送起始条件 |
| 90H | 前一次寻址使用<br>通用调用地址；已<br>接收数据字节；已<br>返回 ACK | 读数据字节 | x | 0 | 0 | 0 | 将接收数据字节并返回非 ACK 位； |
| | | 读数据字节 | x | 0 | 0 | 1 | 将接收数据字节并返回 ACK 位 |
| 98H | 前一次寻址使用<br>通用调用地址；已<br>接收数据字节；已<br>返回非 ACK | 读数据字节 | 0 | 0 | 0 | 0 | 切换到不可寻址 SLV 模式；不识<br>别自身 SLA 或通用调用地址； |
| | | 读数据字节 | 0 | 0 | 0 | 1 | 切换到不可寻址 SLV 模式；识别<br>自身 SLA；如果 S1ADR.0 = 1，将识<br>别通用调用地址； |
| | | 读数据字节 | 1 | 0 | 0 | 0 | 切换到不可寻址 SLV 模式；不识<br>别自身 SLA 或通用调用地址；当<br>总线空闲后发送起始条件； |
| | | 读数据字节 | 1 | 0 | 0 | 1 | 切换到不可寻址 SLV 模式；识别<br>自身 SLA；如果 S1ADR.0 = 1，将识<br>别通用调用地址；当总线空闲后发<br>送起始条件 |

续表

| 状态代码 I2STAT | I²C总线硬件状态 | 应用软件的响应 | | | | | I²C硬件执行的下一个动作 |
|---|---|---|---|---|---|---|---|
| | | 读/写 I2DAT | 写 I2CON | | | | |
| | | | STA | STO | SI | AA | |
| AOH | 当使用 SLV/REC 或 SLV/TRX 静态寻址时,接收到停止条件或重复的起始条件 | 无 I2DAT 动作 | 0 | 0 | 0 | 0 | 切换到不可寻址 SLV 模式;不识别自身 SLA 或通用调用地址; |
| | | 无 I2DAT 动作 | 0 | 0 | 0 | 1 | 切换到不可寻址 SLV 模式;识别自身 SLA;如果 S1ADR.0 = 1,将识别通用调用地址; |
| | | 无 I2DAT 动作 | 1 | 0 | 0 | 0 | 切换到不可寻址 SLV 模式;不识别自身 SLA 或通用调用地址;当总线空闲后发送起始条件; |
| | | 无 I2DAT 动作 | 1 | 0 | 0 | 1 | 切换到不可寻址 SLV 模式;识别自身 SLA;如果 S1ADR.0 = 1,将识别通用调用地址;当总线空闲后发送起始条件 |

3) 从模式 I²C 的数据发送

当主机访问从机时,若读/写操作位为 1(R),则从机进入从发送模式,向主机发送数据,并等待主机的应答信号。从模式 I²C 的数据发送过程见图 3-15。从发送模式中,总线时钟、起始条件、从机地址、停止条件仍由主机产生。

使用从模式 I²C 时,用户程序只需要在 I²C 中断服务程序完成各种数据操作,也就是根据各种状态码做出相应的操作。从发送模式的每个状态代码及其对应的执行动作见表 3-13。

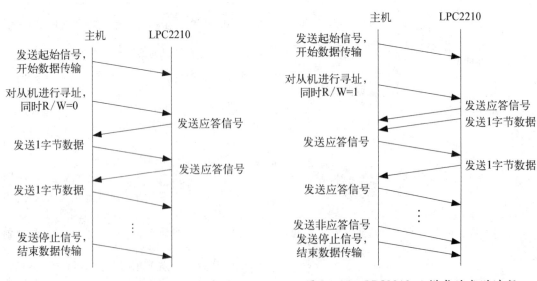

图 3-14  LPC2210 从模式的接收过程        图 3-15  LPC2210 从模式的发送过程

表 3 - 13　　　　　　　　　　　　　　　　从发送模式状态

| 状态代码 | I²C 总线硬件状态 | 应用软件的响应 | | | | | I²C 硬件执行的下一个动作 |
|---|---|---|---|---|---|---|---|
| | | 读/写 I2DAT | 写 I2CON | | | | |
| | | | STA | STO | SI | AA | |
| A8H | 已接收自身 SLA + R;已返回 ACK | 装入数据字节 | x | 0 | 0 | 0 | 将发送最后的数据字节并接收 ACK 位; |
| | | 装入数据字节 | x | 0 | 0 | 1 | 将发送数据字节并接收 ACK 位 |
| B0H | 主控器时在 SLA + R/W 中丢失仲裁;已接收自身 SLA + R;已返回 ACK | 装入数据字节 | x | 0 | 0 | 0 | 将发送最后的数据字节并接收 ACK 位; |
| | | 装入数据字节 | x | 0 | 0 | 1 | 将发送数据字节并接收 ACK 位 |
| B8H | 已发送 I2DAT 中数据字节;已返回 ACK | 装入数据字节 | x | 0 | 0 | 0 | 将发送最后的数据字节并接收 ACK 位; |
| | | 装入数据字节 | x | 0 | 0 | 1 | 将发送数据字节并接收 ACK 位 |
| C0H | 已发送 I2DAT 中数据字节;已返回非 ACK | 无 I2DAT 动作 | 0 | 0 | 0 | 0 | 切换到不可寻址 SLV 模式;不识别自身 SLA 或通用调用地址; |
| | | 无 I2DAT 动作 | 0 | 0 | 0 | 1 | 切换到不可寻址 SLV 模式;识别自身 SLA;如果 S1ADR.0 = 1,将识别通用调用地址; |
| | | 无 I2DAT 动作 | 1 | 0 | 0 | 0 | 切换到不可寻址 SLV 模式;不识别自身 SLA 或通用调用地址;当总线空闲后发送起始条件; |
| | | 无 I2DAT 动作 | 1 | 0 | 0 | 1 | 切换到不可寻址 SLV 模式;识别自身 SLA;如果 SIALR.0 = 1,将识别通用调用地址:当总线空闲后发送起始条件 |
| C8H | 已发送 I2DAT 中最后的数据字节（AA = 0）;已返回 ACK | 无 I2DAT 动作 | 0 | 0 | 0 | 0 | 切换到不可寻址 SLV 模式;不识别自身 SLA 或通用调用地址; |
| | | 无 I2DAT 动作 | 0 | 0 | 0 | 1 | 切换到不可寻址 SLV 模式;识别自身 SLA;如果 S1ADR.0 = 1,将识别通用调用地址; |
| | | 无 I2DAT 动作 | 1 | 0 | 0 | 0 | 切换到不可寻址 SLV 模式;不识别自身 SLA 或通用调用地址;当总线空闲后发送起始条件; |
| | | 无 I2DAT 动作 | 1 | 0 | 0 | 1 | 切换到不可寻址 SLV 模式:识别自身 SLA;如果 S1ADR.0 = 1,将识别通用调用地址;当总线空闲后发送起始条件 |

| 状态代码 | $I^2C$总线硬件状态 | 应用软件的响应 | | | | | $I^2C$硬件执行的下一个动作 |
|---|---|---|---|---|---|---|---|
| | | 读/写 I2DAT | 写 I2CON | | | | |
| | | | STA | STO | SI | AA | |
| F8H | 无可用相关信息；SI = 0 | 无 I2DAT 动作 | 无 I2DAT 动作 | | | | 等待或进行当前的传输 |
| 00H | 在 MST 或选择的从模式中,由于非法的起始或停止条件,使总线发生错误。当干扰导致 $I^2C$ 进入一个未定义的状态时,也可产生状态 00H | 无 I2DAT 动作 | 0 | 1 | 0 | x | 在 MST 或寻址 SLV 模式中只有内部硬件受影响。在所有情况下,总线被释放,而 $I^2C$ 切换到不可寻址 SLV 模式。STO 复位 |

### 3.3.5 $I^2C$接口中断

从前面的描述可以看出,对于硬件$I^2C$接口,通常都使用中断的方式进行操作。当$I^2C$的状态发生变化时,就会产生中断,因此,发生$I^2C$中断时,必须读取$I^2C$状态寄存器,根据当前的状态采取相应的措施。$I^2C$接口的状态与其所处的模式有关,每种模式所对应的状态在表3-10—表3-13中有介绍,这里不再重复。

$I^2C0$ 和 $I^2C1$ 分别处于 VIC 的通道 9 和通道 19,中断使能寄存器 VICIntEnable 用来控制VIC 通道的中断使能。

(1) 当 VICIntEnable[9] = 1 时,通道 9 中断使能,即 $I^2C0$ 中断使能。

(2) 当 VICImEnable[19] = 1 时,通道 19 中断使能,即 $I^2C1$ 中断使能。

中断选择寄存器 VICIntSelect 用来分配 VIC 通道的中断。当某一位为 1 时,对应的通道中断分配为 FIQ；当某一位为 0 时,对应的通道中断分配为 IRQ。VICIntSeleCt[9]和 VlCInt-Select[19]分别用来控制通道 9 和通道 19,即当 VICIntSelect[9] = 1 时,$I^2C0$ 中断分配为 FIQ 中断；当 VICIntSelect[9] = 0 时,$I^2C0$ 中断分配为 IRQ 中断；当 VICIntSelect[19] = 1 时,PCI 中断分配为 FIQ 中断；当 VICImSelect[19] = 0 时,$I^2C1$ 中断分配为 IRQ 中断。

当分配为 IRQ 时,还需要设置对应的通道控制寄存器和地址寄存器。有关寄存器 VICVectCntl $n$ 和 VICVectAddr $n$ 的说明,请参考附录向量中断控制器。

### 3.3.6 $I^2C$应用示例

目前很多半导体集成电路上都集成了$I^2C$接口,很多外围器件如存储器、监控芯片等也提供$I^2C$接口。

常见 I²C 器件/I²C 设备举例：

（1）存储器类：ATMEL 公司的 AT24CXX 系列 EEPROM。

（2）I²C 总线 8 位并行 IO 口扩展芯片 PCF8574/JLC1562。

（3）I²C 接口实时时钟芯片 DS1307/PCF8563/SD2000D/M41T80/ME901/ISL1208。

（4）I²C 数据采集 ADC 芯片 MCP3221（12bitADC）/ADS1100（16bitADC）/ADS1112（16bitADC）/MAX1238（12bitADC）/MAX1239（12bitADC）。

（5）I²C 接口数模转换 DAC 芯片 DAC5574（8bitDAC）/DAC6573（10bitDAC）/DAC8571（16bitDAC）。

（6）I²C 接口温度传感器 TMP101/TMP275/DS1621/MAX6625。

下面以比较常见的 I²C 器件的应用编程举例说明对 I²C 总线的使用。

任务一：操作使用 AT24WC02 型号的 EEPROM，实现写入 8 字节数据，并且读出校验。若校验通过，则蜂鸣器响一声提示，否则持续蜂鸣以提示。

参考示例程序见程序清单 3.3。

## 程序清单 3.3　任务一参考程序

```
/ *************************************************************
* 文件名: I2Cex. C
* 功   能: 使用硬件 I²C 对 EEPROM 进行操作,利用中断方式操作。
* 说   明: 将跳线器 JP5 、JP9 短接。
*************************************************************/
#include    "config. h"
#define    AT24WC02 0xA0              / *定义器件地址 * /
#define    BEEPCON(1 << 7)

/ *************************************************************
* 名   称: I2C_Init( )
* 功   能: 主模式 I²C 初始化,包括中断初始化,其中断为向量 IRQ 中断。
* 入口参数: fi2c        初始化 I²C 总线速率,最大值为 400 K
* 出口参数: 无
*************************************************************/
void   I2C_Init( uint32 fi2c)
{
    if( fi2c > 400000)
        fi2c = 400000;
    PINSEL0 = ( PINSEL0&0xFFFFFF0F) ｜ 0x50;    //设置 I²C 控制口有效
```

$$I2SCLH = (Fpclk/fi2c + 1)/2;$$        //设置 $I^2C$ 时钟为 fi2c

$$I2SCLL = (Fpclk/fi2c)/2;$$

$$I2CONCLR = 0x2C;$$

$$I2CONSET = 0x40;$$        //使能主 $I^2C$

```
    /* 设置 I2C 中断允许 */
    VICIntSelect = 0x00000000;        //设置所有通道为 IRQ 中断
    VICVectCntl0 = 0x29;              // I²C 通道分配到 IRQ slot 0, 即优先级最高
    VICVectAddr0 = (int)IRQ_I2C;      //设置 I²C 中断向量地址
    VICIntEnable = 0x0200;            //使能 I²C 中断
}
```

```
/* *********************************************************************
*  名     称: DelayNS( )
*  功     能: 长软件延时。
*  入口参数: dly      延时参数, 值越大, 延时越久
*  出口参数: 无
********************************************************************** */
void  DelayNS(uint32  dly)
{
    uint32  i;
    for( ; dly > 0; dly − −)
      for(i = 0; i < 50000; i + +);
}
```

```
/* *********************************************************************
*  名     称: WrEepromErr( )
*  功     能: 读写 EEPROM 出错蜂鸣报警。
*  入口参数: 无
*  出口参数: 无
********************************************************************** */
void  WrEepromErr(void)
{
    while(1)
```

```
        {
    IO0SET = BEEPCON;
    DelayNS(2);
    IO0CLR = BEEPCON;
    DelayNS(2);
        }
}
```

```
/ *******************************************************************
* 名    称: main()
* 功    能: 向 EEPROM 写入 8 字节数据,然后读出判断是否正确写入。
* 说    明: 在 STARTUP. S 文件中使能 IRQ 中断(清零 CPSR 中的 I 位);
*           在 CONFIG. H 文件中包含 I2CINT. H。
********************************************************************/
int    main(void)
{
    uint8    i;
    uint8    data_buf[30];

    PINSEL0 = 0x00000000;
    PINSEL1 = 0x00000000;
    IO0DIR = BEEPCON;
    IO0SET = BEEPCON;

    I2C_Init(100000);                       // I²C初始化

    for(i = 0; i < 10; i++) data_buf[i] = i + '0';
    ISendStr(AT24WC02, 0x00, data_buf, 8);  //在 0x00 地址处写入 8 字节数据
    DelayNS(1);                             //等待写周期结束

    for(i = 0; i < 10; i++) data_buf[i] = 0;
    IRcvStr(AT24WC02, 0x00, data_buf, 8);   //在 0x00 地址处读出 8 字节数据
    / * 校验读出的数据,若不正确则蜂鸣报警 * /
    for(i = 0; i < 10; i++)
        {
```

```
            if( data_buf[ i ]!  =( i +'0')) WrEepromErr( );
    }
    IO0CLR = BEEPCON;
    DelayNS( 2 );
    IO0SET = BEEPCON;

    while( 1 );
    return( 0 );
}
```

**小结**：实例采用常见的 I²C 器件对 I²C 总线的操作做了一个简单的说明，主要实现的是对存储器的读写操作。需要使用硬件 I²C 软件包，里面包含了 I²C 总线发送数据和接收数据的驱动程序。ARM 控制器在主模式 I²C 时，通过软件置位 STA 进入 I²C 的主发送模式，I²C 逻辑在总线空闲后立即发送一个起始条件，当发送完起始条件后，SI 会置位，此时 I2STAT 中的状态代码为 0x08H，用于中断服务程序的处理。

这里需要展开说明的是 EEPROM 的页写问题。

E2PROM 支持页写或多字节连续写操作，实际应用过程中可能出现写操作错误，表现为写入数据没有写入期望地址，同时会将期望地址附近数据破坏。进行页写或多字节连续写操作时，首先需要指定地址，然后连续传输指定地址及跟随其后的地址对应的数据。EEPROM 硬件在进行写操作后会自动对操作地址加 1，以方便下一次操作。但是对写操作而言，EEPROM 这种地址自加操作是针对子地址的低几位（具体是几位与 EEPROM 硬件有关，不同厂家的 EEPROM 有所区别），当参与自加的低几位地址都加到二进制的"1"时，再次操作完毕后自加的结果将会使低几位地址变为"0"，即操作地址指针跳回本页的起始地址，而不是继续增加。如可以进行 16 字节页写的 EEPROM，即参与自加的子地址为低 4 位，如果从 0x010 开始连续写不超过 16 字节数据将不会出错；而从 0x011 开始连续写 16 字节数据将会出错，EEPROM 内部地址自加电路将会把前 15 个字节数据写入 0x011～0x01f 中，这部分为正确的，而第 16 个字节的数据将会写入 0x010 中，而不是预期的 0x020 中。

解决办法是：当需要进行页写或连续多字节写入时，首先需要对数据长度和起始写入地址进行判断，如果可能存在 EEPROM 地址自加出错现象，需要将需要操作的数据分为两部分，先将前面数据通过连续多字节写操作写入 EEPROM 的自加地址结束处，然后再循环进行页写操作或多字节连续写操作。简单来说，如果进行多页写，则循环页操作的方法是，将页地址加 1，即换一页，如在 0x10 后再进行页写操作即可。主要克服的问题就是数据地址不能自动自增到高 4 位，因为 AT24WC02 每页的字节数为 16，就是说低 4 位是循环自增的。

**任务二**：熟悉 ZLG7290 键盘和 LED 驱动芯片的使用，为路口交通灯的倒计时显示做提前演练，主要实现数字和字母的显示和闪烁功能。

参考示例程序见程序清单 3.4。

## 程序清单 3.4　任务二参考程序

```
/************************************************************
* 文件名：I2Cex1.c
* 功　　能：使用硬件 I²C 对 ZLG7290 进行操作,利用中断方式操作。
* 说　　明：将跳线器 JP5 短接。
************************************************************/
#include    "config.h"


#define   ZLG72900x70                    //定义器件地址
#define   Glitter_COM   0x70  //闪烁控制的第一个字节数据,为了向命令缓冲区写数据


/************************************************************
* 名　　称：I2C_Init()
* 功　　能：主模式 I2C 初始化,包括中断初始化,其中断为向量 IRQ 中断。
* 入口参数：fi2c     初始化 I2C 总线速率,最大值为 400 K
* 出口参数：无
************************************************************/
void   I2C_Init(uint32 fi2c)
{
    if(fi2c > 400000)
        fi2c = 400000;
    PINSEL0 = (PINSEL0&0xFFFFFF0F) | 0x50；   //设置 I2C 控制口有效

    I2SCLH = (Fpclk/fi2c + 1)/2；            //设置 I2C 时钟为 fi2c
    I2SCLL = (Fpclk/fi2c)/2；
    I2CONCLR = 0x2C；
    I2CONSET = 0x40；                        //使能主 I2C

    /*设置 I2C 中断允许*/
    VICIntSelect = 0x00000000；              //设置所有通道为 IRQ 中断
    VICVectCntl0 = 0x29；                    // I2C 通道分配到 IRQ slot 0,即优先级最高
    VICVectAddr0 = (int)IRQ_I2C；            //设置 I2C 中断向量地址
```

```
    VICIntEnable = 0x0200;                    //使能 I2C 中断
}


/ *****************************************************************
* 名      称: DelayNS( )
* 功      能: 长软件延时。
* 入口参数: dly      延时参数,值越大,延时越久
* 出口参数: 无
*****************************************************************/
void   DelayNS( uint32   dly)
{
    uint32   i;
    for( ; dly > 0; dly − − )
      for( i = 0; i < 5000; i + + );
}


/ *****************************************************************
* 名      称: main( )
* 功      能: 对 ZLG7290 进行操作。
* 说      明: 在 STARTUP. S 文件中使能 IRQ 中断(清零 CPSR 中的 I 位);
*             在 CONFIG. H 文件中包含 I2CINT. H、ZLG7290. H。
*****************************************************************/
int   main( void)
{
    uint8   disp_buf[ 8 ];
    uint8   key;
    uint8   i;

    PINSEL0 = 0x00000000;                    //设置管脚连接,使用 I2C 口
    PINSEL1 = 0x00000000;
    DelayNS( 10 );
    I2C_Init( 30000 );                       // I2C 配置及端口初始化

    / * 进行全闪测试 * /
```

```
for(i = 0; i < 8; i + +)
    disp_buf[i] = 0xC8;
ZLG7290_SendBuf(disp_buf,8);   //最终是向命令缓冲区07H 和08H 写入控制命令实现
                                //段寻址,下载显示数据和实现闪烁
DelayNS(150);

/* 显示"8 7 6 5 4 3 2 1" */
for(i = 0; i < 8; i + +) disp_buf[i] = i + 1;
ZLG7290_SendBuf(disp_buf,8);
DelayNS(150);

/* 显示"HELLOLPC" */
disp_buf[7] = 0x11;
disp_buf[6] = 0x0E;
disp_buf[5] = 0x14;
disp_buf[4] = 0x14;
disp_buf[3] = 0x00;
disp_buf[2] = 0x14;
disp_buf[1] = 0x16;
disp_buf[0] = 0x0C;
ZLG7290_SendBuf1(disp_buf,8);

/* 读取按键,设置键值对应的显示位闪烁 */
while(1)
{
    DelayNS(1);
    key = 0;
    IRcvStr(ZLG7290, 0x01, disp_buf, 2);
    if(0 = = disp_buf[1])
    {
        key = disp_buf[0];
    }

    switch(key)
```

```
        {
    case  1:
    case  9:
        ZLG7290_SendCmd( Glitter_COM, 0x01 );
        break;


    case  2:
    case  10:
        ZLG7290_SendCmd( Glitter_COM, 0x02 );
        break;


    case  3:
    case  11:
        ZLG7290_SendCmd( Glitter_COM, 0x04 );
        break;


    case  4:
    case  12:
        ZLG7290_SendCmd( Glitter_COM, 0x08 );
        break;


    case  5:
    case  13:
        ZLG7290_SendCmd( Glitter_COM, 0x10 );
        break;


    case  6:
    case  14:
        ZLG7290_SendCmd( Glitter_COM, 0x20 );
        break;


    case  7:
    case  15:
        ZLG7290_SendCmd( Glitter_COM, 0x40 );
```

```
                break;

        case   8：
        case  16：
                ZLG7290_SendCmd(Glitter_COM, 0x80)；
                break；


        default：
                break；
        }
    }
    return(0)；
}
```

**小结**：实例使用 ARM Executable Image for lpc22xx 工程模板建立工程。实例中的关键点是熟悉 ZLG7290 芯片的控制命令,这可以参考对应的芯片手册。本实例主要是熟悉数码管的操作使用,具体功能表现为：数码管先是逐位进行全闪测试,逐位进行 1~8 数字的闪烁显示,最后显示字符串"HELLOLPC"。程序会一直循环检测通过 $I^2C$ 总线发送给 ARM 处理器的按键消息,使数码管对应位闪烁作为对按键的响应。实例中同样需要使用到硬件 $I^2C$ 软件包和 ZLG7290 芯片的驱动程序,具体详见随书附带电子文档或光盘。

# 3.4 任务实施

## 3.4.1 总体设计

根据任务分析,路口交通灯使用 EasyARM2200 开发实验平台,微控制器为基于 ARM7 构架的 LPC2210。LPC2210 内部集成了 $I^2C$ 接口、SPI 接口和 32 位定时器/计数器。图 3-16 所示为路口交通灯的系统框图,主要包括：以 LPC2210 为核心的 MCU,蜂鸣器驱动模块、LED 显示及驱动模块、数码管显示及驱动模块。其他的外围基本电路,这里就不再重复介绍。处于控制核心的 MCU 分别与各模块相连,整个系统工作时,通过 LED 模块指代交通信号灯,数码管模块显示通信或禁止时间,蜂鸣器模块进行倒计时的提示报警,实时呈现路口的交通状态。系统中各状态的延时时间采用定时器延时实现。

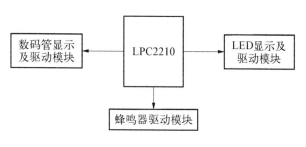

图 3-16 路口交通灯系统框图

图 3 - 17 所示为路口交通灯的模拟场景。由于开发实验平台的外围 LED 灯数目有限,所以不失一般性,这里只呈现南北方向的路口交通信息,因为东西方向的路口交通信息完全与南北方向相反,故很容易根据南北方向的交通状态得到东西方向的交通状态。同时为了便于分析,现将路口的交通状态简化为下面 6 种:

图 3 - 17　路口交通灯场景模拟图

（1）状态 0：行车道红灯,人行道绿灯。

（2）状态 1：行车道红灯闪烁,人行道红灯。

（3）状态 2：行车道黄灯闪烁,人行道红灯。

（4）状态 3：行车道绿灯,人行道红灯。

（5）状态 4：行车道绿灯闪烁,人行道红灯。

（6）状态 5：行车道黄灯闪烁,人行道红灯。

各状态对应的通行时间如表 3 - 14 所示。

表 3 - 14　　　　　　　　　　　交通状态时间对应表

| 时　间 | 50 s | 5 s | 5 s | 50 s | 5 s | 5 s |
|---|---|---|---|---|---|---|
| 行车道 | 红　灯 | 红灯闪烁 | 黄灯闪烁 | 绿　灯 | 绿灯闪烁 | 黄灯闪烁 |
| 人行道 | 绿　灯 | 红　灯 | 红　灯 | 红　灯 | 红　灯 | 红　灯 |

## 3.4.2　硬件设计

实现该任务的硬件电路主要模块中,蜂鸣器驱动模块采用 PNP 三极管,LED 驱动模块采用 74HC595 芯片,其具有 8 位移位寄存器和一个存储器。数码管驱动模块使用 ZLG7290 芯片,显示模块采用共阴型数码管。其他的外设基本元器件不做展开。蜂鸣器的驱动为引脚 P0.7 控制。8 位 LED 的驱动由引脚 P0.4,P0.6,P0.8 分别控制,其中 P0.4 为 74HC595 的时钟输入口,

P0.6 为 74HC595 的"主输出从输入"数据口,P0.8 为 74HC595 的片选。LPC2210 发出的串行数据经过 74HC595 的移位寄存器等的串并转换同时控制 8 位 LED 的显示。8 位 LED 灯从左往右表示意义如图 3-18 所示,其中人行道表示横穿南北道路的斑马线。

图 3-18　LED 灯的指代示意图

### 3.4.3　软件设计

前面已经对任务进行了由浅入深地分析,并在相关的子设计上给出了基础实例,下面结合项目的任务要求进行路口交通灯完整的程序设计。

路口交通灯软件流程图如图 3-19 和图 3-20 所示:

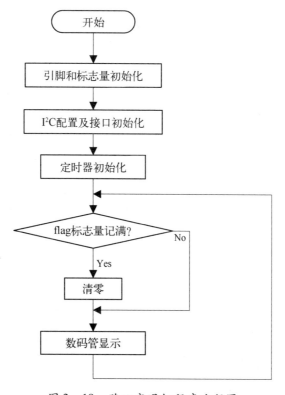

图 3-19　路口交通灯程序流程图

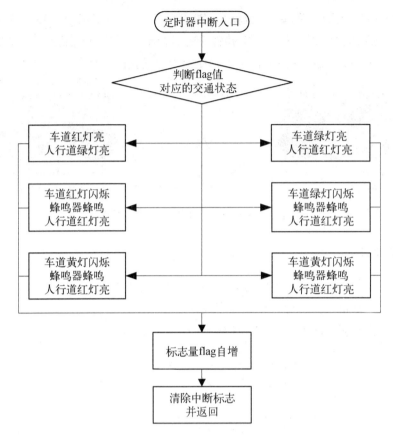

图 3-20  定时器中断服务程序

各路口交通灯的循环状态如图 3-21 所示,其中设定的初始状态为状态 0。

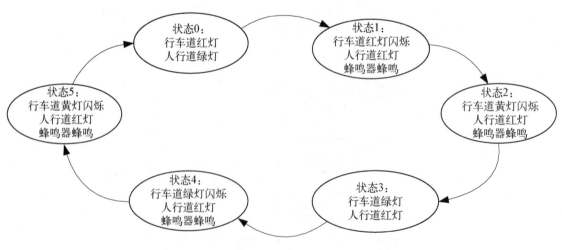

图 3-21  路口交通灯的交通状态循环图

总体设计程序参见程序清单 3.5。

### 程序清单 3.5　路口交通灯参考程序

main. c

```
#include    " config. h"

#define SPI_CS        0x00000100        //P0. 8 为 74HC595 的片选
#define SPI_DATA      0x00000040        //P0. 6 为 74HC595 的"主输出从输入"数据口
#define SPI_CLK       0x00000010        //P0. 4 为 74HC595 的时钟输入口
#define BEEP          0x00000080        //P0. 7 为蜂鸣器控制

uint32 rg,h,flag;
uint32 flg1 = 0,flg2 = 0,flg3 = 0,flg4 = 0;
uint8 dat1[2],dat[1];


/ ******************************************************
* 名      称: HC595_SendDat( )
* 功      能: 向 SPI 从设备发送数据;
            使用 IO 口线模拟 SPI 功能,没有使用 SPI 的寄存器。
* 入口参数: 无
* 出口参数: 无
*******************************************************/
void    HC595_SendDat( uint32 dat)
{
    uint8   i;
    IO0CLR = SPI_CS;                //SPI_CS = 0
    for( i = 0; i < 8; i + + )        //发送 8 位数据
    {
      IO0CLR = SPI_CLK;             //SPI_CLK = 0
      / * 设置 SPI_DATA 输出值 * /
      if( ( dat&0x80) !  = 0)
        IO0SET = SPI_DATA;
      else
        IO0CLR = SPI_DATA;
```

```
        dat << = 1;
        IO0SET = SPI_CLK;                    //SPI_CLK = 1
      }
      IO0SET = SPI_CS;                       //SPI_CS = 1,输出显示数据
}
```

```
/ ************************************************************
* 名      称:LED_Display( )
* 功      能:LED 数码管显示,显示交通状态中的通信或禁止时间。
* 入口参数:无
* 出口参数:无
************************************************************/
void LED_Display( )
{
    if( ( ( flag < 55 ) || ( ( 60 < = flag ) && ( flag < 115 ) ) ) )
        {
            / * 显示红灯或绿灯倒计时间 * /
            dat1[ 0 ] = rg%10;               //显示 10 位数据
            dat1[ 1 ] = rg/10;               //显示个位数据
            ZLG7290_SendBuf( dat1 ,2 );
        }
    else if( ( ( ( 55 < = flag ) && ( flag < 60 ) ) || ( ( 115 < = flag ) && ( flag < 120 ) ) ) )
        {
            / * 显示黄灯倒计时间 * /
            dat[ 0 ] = h;                    //显示个位数据
            ZLG7290_SendBuf( dat ,1 );
        }
}
```

```
/ ************************************************************
* 名      称:IRQ_Time0( )
* 功      能:定时器 0 中断服务程序,呈现实时交通状态。
* 入口参数:无
* 出口参数:无
************************************************************/
```

```
void __irq IRQ_Time0( void )
{
    if( flag < 50 )
        {
            if( flag = = 0 ) rg = 56;
            HC595_SendDat( ~0x99 );          //行车道红灯人行道绿灯
            IO0SET = BEEP;
            rg - - ;                         //行车道红灯时间秒减1
        }
    if( ( flag > = 50 )&&( flag < 55 ) )
        {
            if( flg1 = = 0 )                 //红灯每秒闪烁一次
                {
                    flg1 = 1;
                    HC595_SendDat( ~0x18 );
                    IO0CLR = BEEP;
                }
            else
                {
                    flg1 = 0;
                    HC595_SendDat( ~0x99 );
                    IO0SET = BEEP;
                }

            rg - - ;                         //红灯闪烁时间减1
        }
    if( flag = = 55 )
        {
            HC595_SendDat( ~0x42 );      //行车道黄灯人行道红灯
            IO0SET = BEEP;
            h = 5;
        }
    if( ( 55 < flag )&&( flag < 60 ) )
        {
```

```
        if( flg2 = = 0 )                    //黄灯闪烁
        {
            flg2 = 1;
            HC595_SendDat( ~0x00 );
            IO0CLR = BEEP;
        }
        else
        {
            flg2 = 0;
            HC595_SendDat( ~0x42 );
            IO0SET = BEEP;
        }
        h − − ;                             //黄灯闪烁时间秒减1
    }
if( ( 60 < = flag ) && ( flag < 110 ) )
    {
        if( flag = = 60 )  rg = 56;
        HC595_SendDat( ~0x24 );             //行车道绿灯人行道红灯
        IO0SET = BEEP;
        rg − − ;                            //绿灯时间减1
    }
if( ( 110 < = flag ) && ( flag < 115 ) )
    {
        if( flg3 = = 0 )                    //绿灯闪烁
        {
            flg3 = 1;
            HC595_SendDat( ~0x00 );
            IO0CLR = BEEP;
        }
        else
        {
            flg3 = 0;
            HC595_SendDat( ~0x24 );
            IO0SET = BEEP;
```

```
                }
            rg − − ;                         //绿灯时间减 1
        }
    if( flag = = 115 )
        {
            h = 5 ;
            HC595_SendDat( ~0x42 ) ;         //行车道黄灯人行道红灯
            IO0SET = BEEP ;
        }
    if( ( 115 < flag ) && ( flag < 120 ) )
        {
            if( flg4 = = 0 )                 //黄灯闪烁
            {
                flg4 = 1 ;
                HC595_SendDat( ~0x00 ) ;
                IO0CLR = BEEP ;
            }
            else
            {
                flg4 = 0 ;
                HC595_SendDat( ~0x42 ) ;
                IO0SET = BEEP ;
            }
            h − − ;                          //黄灯时间减 1
        }
    flag + + ;                               //标志量自增
    T0IR = 0x01 ;                            //清除中断标志
    VICVectAddr = 0x00 ;                     //通知 VIC 中断处理结束
}
/ *****************************************************
* 名      称: Time0Init( )
* 功      能:定时器 0 定时初始化,定时时间为 1 s,并使能中断
* 入口参数:无
* 出口参数:无
```

```
                    **********************************************/
void    Time0Init( void)
{
    T0PR = 99;                              //设置定时器 0 为(99 + 1)分频,分频得 110 592 Hz
    T0MCR = 0x03;                           //匹配通道 0 匹配中断并复位 T0TC
    T0MR0 = 110592 - 1;                     //比较值(1 秒定时值)
    T0TCR = 0x03;                           //启动并复位 T0TC
    T0TCR = 0x01;
    VICIntSelect = 0x00;                    //所有中断通道设置为 IRQ 中断
    VICVectCntl0 = 0x24;                    //定时器 0 中断通道分配最高优先级
    VICVectAddr0 = ( int) IRQ_Time0;        //设置定时器中断向量地址
    VICIntEnable = 0x00000010;              //使能定时器 0 中断
}


/ ***********************************************************************
* 名      称: I2C_Init( )
* 功      能: 主模式 I²C 初始化,包括中断初始化,其中断为向量 IRQ 中断。
* 入口参数: fi2c      初始化 I²C 总线速率,最大值为 400 K
* 出口参数: 无
  ************************************************************************/
void    I2C_Init( uint32 fi2c)
{
    if( fi2c > 400000)
        fi2c = 400000;
    PINSEL0 = ( PINSEL0&0xFFFFFF0F) | 0x50;   //设置 I²C 控制口有效
    I2SCLH = ( Fpclk/fi2c + 1)/2;             //设置 I²C 时钟为 fi2c
    I2SCLL = ( Fpclk/fi2c)/2;
    I2CONCLR = 0x2C;
    I2CONSET = 0x40;                          //使能主 I²C

    / * 设置 I²C 中断允许 * /
    VICIntSelect = 0x00000000;                //设置所有通道为 IRQ 中断
    VICVectCntl1 = 0x29;                      //I²C 通道分配到 IRQ slot 1,即优先级第二
    VICVectAddr1 = ( int) IRQ_I2C;            //设置 I²C 中断向量地址
```

```
    VICIntEnable = 0x0200 ;                    //使能 I²C 中断
}


/ ***********************************************
* 名       称：Delay_NS( )
* 功       能：软件延时。
* 入口参数：dly
* 出口参数：无
***************************************************/
void Delay_Ns( uint32 dly )
{
    uint32 j;
    while( dly − − )
    {
        for( j = 0 ; j < = 613 ; j + + ) ;
    }
}


/ ***********************************************
* 名       称：main( )
* 功       能：各种初始化,等待定时器中断,循环实时交通状态。
* 入口参数：dly
* 出口参数：无
***************************************************/
int    main( void )
{
    PINSEL0 = 0x00000000 ;                    //设置所有引脚连接 GPIO
    PINSEL1 = 0x00000000 ;                    //设置管脚连接 GPIO
    IODIR = 0x000001D0 ;                      //设置 SPI 控制口,BEEP 和 nCS 为输出
    IOOSET = BEEP ;                           //设置蜂鸣器初始关闭
    flag = 0 ;
    Delay_Ns( 10 ) ;
    I2C_Init( 30000 ) ;                       //I²C 配置及端口初始化
    Time0Init( ) ;                            //初始化定时器 0
```

```
    while(1)
    {
        if(flag = = 120)
        {
        flag = 0;
        flg1 = 0,flg2 = 0,flg3 = 0,flg4 = 0;
        }
      LED_Display( );
    }
    return(0);
}
```

### 3.4.4　测试与结果

（1）选用 DebugInExram 生成目标,然后编译连接工程。

（2）将 ARM 开发平台上的 JP8 跳线全部短接,JP4 跳线断开,JP6 跳线设置为 Bank0 - RAM、Bank1 - Flash。

（3）打开 H - JTAG,找到目标开发平台,并且打开 H - Flasher 配置好相应的调试设置。注意,在调试之前要在"Program Wizard"下的"Programing"中进行"check",相关操作如图 3 - 22—图 3 - 24 所示。

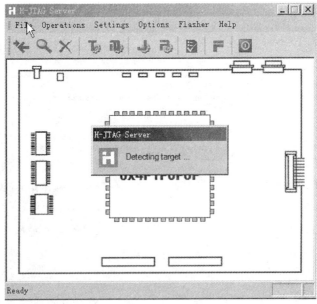

图 3 - 22　H - JTAG 识别开发平台图

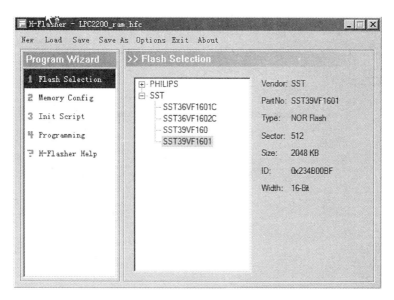

图 3 – 23　H – Flasher 程序下载设置图(a)

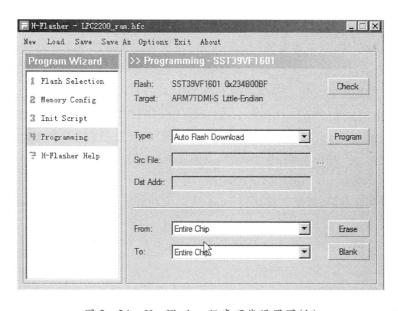

图 3 – 24　H – Flasher 程序下载设置图(b)

（4）选择 Project→Debug,启动 AXD 进行 JTAG 仿真调试。在 configure target 中选择相应的目标,然后就可以加载映像文件了。注意:加载的文件要和之前选择的 debug 方式生成的映像文件一致。比如这里选择了 DebugInExtram,表示使用的是片外 RAM 进行在线调试,那么加载的映像文件必须是工程下的 DebugInExtram 文件夹中的,如图 3 - 25 所示。

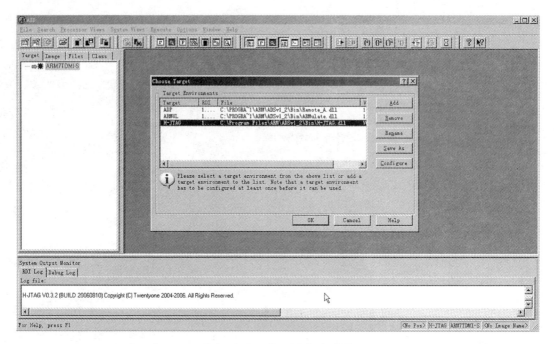

图 3-25　AXD 调试设置图

（5）全速运行程序,观察开发平台上的现象,与预期的效果进行对比。也可采用单步运行（Step）、设置断点等方法调试程序,观察每一条指令运行后 ARM 开发平台上 LED 灯的状态变化和数码管倒计时显示的变化。若与功能不符,建议检查程序,修改功能。

运行显示,指代交通灯的 LED 和显示通行或禁止时间的数码管倒计时,以及具有报警提示的蜂鸣器能够在状态 0—状态 6 之间依次循环,状态过渡明显且稳定。经过长时间的循环,依然能够正确运行。运行结果表明,基于 ARM 开发平台的路口交通灯系统工作正常、状态稳定,达到了设计目标要求。

本项目的可观性良好,效果直接通过 LED、数码管和蜂鸣器的响应呈现出来。

## 3.5　任务拓展

本项目设计的基于 ARM 开发平台的路口交通灯系统相对来说涉及的知识点比较多,主要运用到了定时器及其中断、SPI 通信、$I^2C$ 通信及其中断、蜂鸣器的驱动等。程序设计上关键点在于交通状态的划分及其对应的程序实现,以及对应的交通状态循环的实现。由于实际的硬件平台的外设资源的限制,所以只是实现了单方向的路口交通状态。实际场景中一般还是十字路口的交通状态。当然由于南北方向和东西方向的交通状态正好相反,所以在外设资源（例如 LED 灯）足够的情况下,可以很方便地由单向的路口交通状态扩展到十字路口的交通状态。同时,还可以考虑除了直行以外带有左转交通灯的情况,和红灯和绿灯的时间不一样的情况,等等。

# 项目 4 数字电压表

## 4.1 任务描述

自数字电压表(Digital Voltmeter, DVM)问世以来,显示出强大的生命力,现已成为电子测量领域中应用最广泛的一种仪器。数字电压表显示清晰、直观,准确度高,测量范围广,扩展能力强,集成度高,具有微功耗和抗干扰能力强等优点。数字电压表的高速发展使它已成为实现测量自动化、提高工作效率不可缺少的仪表。随着现代化技术的不断发展,数字电压表的功能和种类将越来越强,越来越多,其实用范围也会越来越广泛。采用智能化的数字仪器也将是必然的趋势,它们能显著提高测量准确度,还可以扩展成各种通用数字仪表、专用数字仪表及各种非电量的数字化仪表(如温度计、湿度计、酸度计、重量仪等),几乎覆盖了电子电工测量、工业测量、自动化仪表等各个领域。目前数字电压表的背部核心部件是 A/D 转换器,转换器的精度很大程度上影响着数字电压表的准确度。图 4-1 和图 4-2 所示均是数字电压表的产品。

图 4-1  数字电压表产品　　　　图 4-2  数字电压表产品

本任务是设计一个数字电压表,具体要求如下:

(1) 对两路模拟输入信号实时循环采集,将每路采集结果转换为电压值后,通过上位机软件进行显示。

(2) 分别设定每一路电压采集的上限值,若采集值超过对应通道的上限值,则蜂鸣器蜂鸣予以报警提示。

(3) 空闲时段,可进入低功耗模式,并且可以通过外部中断唤醒,唤醒后仍然可以再次进入低功耗模式。

## 4.2 任务分析

本设计主要是运用基于 ARM7 的 LPC2210 处理器来设计数字电压表。按照设计要求,完成任务需要解决以下几个问题:① 构建处理器与蜂鸣器、外部中断、电压采集的接口电路;② 了解数字电压表的电压采集原理;③ 上位机软件获取采集对象的电压信息的方式;④ 低功耗模式的进入和唤醒方式。

本项目基于 EasyARM2200 开发板,该开发板控制核心为 ARM7 内核的 LPC2210 处理器。本任务的目的是实现简易的数字电压表功能。蜂鸣器进行过压采集的提示报警,外部中断将数字电压表从低功耗模式唤醒,使用串口通信与上位机软件进行数据的交互,这样实时显示 A/D 采集后转换出的电压数据。每次采集完成后自动进入低功耗模式等待下一次被唤醒。每一组采集对两路通道各采集两次以确保采集的准确性。开发板处理器 LPC2210 中内置 10 位的逐次逼近式 A/D 转换器,且有 8 个引脚复用为 A/D 的输入引脚,所以可以进行多通道的电压采集。由以上的任务分析可知,本项目的外围硬件环境不复杂,主要侧重于 A/D 采集程序的设计和与上位机的通信程序设计。

本项目的硬件方面,主要是设计串口通信电路、蜂鸣器的驱动电路、电压采集节点、外部中断输入电路。串口通信电路与第二个项目中的串口通信电路一致。蜂鸣器的驱动采用三极管放大。电压采集节点设置有两个,分别与处理器的采集 A/D 采集通道相连。电压采集节点取进行电压分压的电位器的抽头。外部中断输入采用跳线帽的合上和断开来模拟按键的按下和释放。其中比较关键的是使用处理器内部的 A/D 模块,这是进行电压采集的和转换的核心部分。软件方面,主要是使用 A/D 进行采集程序的设计,使用串口与上位机进行通信,并且通过串口发送的字符只需符合上位机软件的通信协议即可。另外低功耗的管理,需要使用处理器的功率控制,低功耗的模式不多,所以可以很容易地选择。另外外部中断实现将简易数字电压表从低功耗模式中唤醒。程序设计各部分的难度不一,并且设计到的功能相对分散,程序设计时应合理安排,使各功能协调配合。下面从 A/D 转换器的基本原理开始逐步完成设计目标。

# 4.3 任务基础

## 4.3.1 A/D 转换器

### 1. 概述

A/D 转换器特性:

(1) 10 位逐次逼近式 A/D 转换器。

(2) 8 个引脚复用为 A/D 输入脚。

(3) 测量电压范围 0~3.3 V。

(4) 10 位转换时间≥2.44 μs。

(5) 一路或多路输入的 Burst 转换模式。

(6) 转换触发信号可选择:输入引脚的跳变或定时器的匹配。

(7) 具有掉电模式。

A/D 转换器的基本时钟由 VPB 时钟提供,可编程分频器可将时钟调整至 4.5 MHz(逐步逼近转换的最大时钟),10 位精度要求的转换需要 11 个 A/D 转换时钟。

A/D 引脚描述见表 4－1,A/D 转换器的参考电压来自 $V_{3A}$ 和 $V_{SSA}$ 引脚。

表 4－1　　　　　　　　　　　　　　　　　A/D 引脚描述

| 引脚名称 | CPU 引脚 | 类型 | 引　脚　描　述 |
|---|---|---|---|
| AIN0 | P0. 27 | | |
| AIN1 | P0. 28 | | |
| AIN2 | P0. 29 | | 模拟输入:A/D 转换器可测量 8 个输入信号的电压。 |
| AIN3 | P0. 30 | 输入 | 注意:这些模拟输入是一直连接到引脚上的,即通过 PINSEL$n$($n$ 为 1 或 2)寄存器将它们设定为其他功能引脚。通过将这些引脚设置为 GPIO 口输出来实现 A/D 转换器的简单自检 |
| AIN4 | P2. 30 | | |
| AIN5 | P2. 31 | | |
| AIN6 | P3. 29 | | |
| AIN7 | P3. 28 | | |
| $V_{3A}$ , $V_{SSA}$ | | 电源 | 模拟电源和地:它们分别与标称为 $V_3$ 和 $V_{SSD}$ 的电压相同,但为了降低噪声和出错几率,两者应当隔离。转换器单元的 VrefP 和 VrefN 信号在内部与这两个电源信号相连 |

**2. 寄存器**

A/D 转换器的基址是 0xE0034000,A/D 转换器包含 2 个寄存器,见表 4－2。寄存器功能框图见图 4－3。

表 4－2　　　　　　　　　　　　　　　　　A/D 寄存器

| 名　称 | 描　　述 | 访问 | 复位值 | 地　址 |
|---|---|---|---|---|
| ADCK | A/D 控制寄存器。A/D 转换开始前,必须写入 ADCR 寄存器来选择工作模式 | R/W | 0x0000 0001 | 0xE003 4000 |
| ADDR | A/D 数据寄存器。该寄存器包含 ADC 的 DONE 标志位和 10 位的转换结果(当 DONE 位为 1 时,转换结果才是有效的) | R/W | NA | 0xE003 4004 |

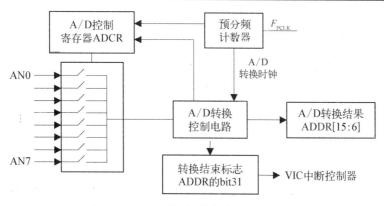

图 4－3　A/D 模块的寄存器功能框图

1）A/D 控制寄存器（ADCR,0xE0034000）

ADCR 寄存器描述见表4－3。

表 4－3　　　　　　　　　　　　　　　　　　A/D 控制寄存器描述

| 位 | 位名称 | 描　　　　　　　　述 | 复位值 |
|---|---|---|---|
| 7:0 | SEL | 在 AIN7 ~ AIN0 中选择采样引脚。SEL 段中的 bit0 ~ bit7 分别对应 AIN0 ~ AIN7 引脚,为 1 表示选中。<br>软件控制模式下,只有一位可被置位。<br>硬件扫描模式下,SEL 可为 1 ~ 0xFF 中的任何一个值,SEL 为 0 时,等效于 0x01 | 0x01 |
| 15:8 | CLKDIV | A/D 转换时钟是通过对 VPB 时钟进行分频得到的,A/D 转换时钟的最大值为 4.5 MHz,A/D 转换时 = PCLK/（CLKDIV + 1） | 0 |
| 16 | BURST | 如果该位为 0,转换由软件控制,需要 11 个时钟方能完成。如果该位为 1,A/D 转换器以 CLKS 字段选择的速率重复执行转换,并从 SEL 字段中为 1 的位对应的引脚开始扫描。A/D 转换器启动后,首先采样的 AIN 通道是编号低的通道（由 SEL 选中）,然后是编号高的通道。例如：SEL 选中了 AIN1、AIN3、AIN5,那么 A/D 转换器的采样顺序是 AIN1、AIN3、AIN5。重复转换通过清零该位终止,但该位清零时并不会中止正在进行的转换 | 0 |
| 19:17 | CLKS | 该字段用来选择 Burst 模式下每次转换使用的时钟数和 A/D 转换结果的有效位数。CLKS 可在 11 个时钟（10 位）~ 4 个时钟（3 位）之间选择：<br>000：11 个时钟,10 位；<br>001：10 个时钟,9 位；<br>010：9 个时钟,8 位；<br>011：8 个时钟,7 位；<br>100：7 个时钟,6 位；<br>101：6 个时钟,5 位；<br>110：5 个时钟,4 位；<br>111：4 个时钟,3 位 | 000 |
| 21 | PDN | 1：A/D 转换器处于正常工作模式<br>0：A/D 转换器处于掉电模式 | 0 |
| 23:22 | TEST [1:0] | 这些位用于器件测试：<br>00 = 正常模式；01 = 数字测试模式；<br>10 = DAC 测试模式；11 = 一次转换测试模式 | 0 |
| 26:24 | START | 当 BURST 为 0 时,这些位控制 A/D 转换的启动时间：<br>000：不启动（PDN 清零时使用该值）；<br>001：立即启动转换；<br>010：当 ADCR 寄存器 bit27 选择的边沿出现在 P0.16/EINT0/ MAT0.2/ CAP0.2 脚时启动转换；<br>011：当 ADCR 寄存器 bit27 选择的边沿出现在 P0.22/CAP0.0/ MAT0.0 脚时启动转换 | 000 |

续表

| 位 | 位名称 | 描　　　述 | 复位值 |
|---|---|---|---|
| 26：24 | START | （注：START 选择 100 ~ 111 时，MAT 信号不必输出到引脚）<br>100：当 ADCR 寄存器 bit27 选择的边沿在 MAT0.1 出现时启动转换；<br>101：当 ADCR 寄存器 bit27 选择的边沿在 MAT0.3 出现时启动转换；<br>110：当 ADCR 寄存器 bit27 选择的边沿在 MAT1.0 出现时启动转换；<br>111：当 ADCR 寄存器 bit27 选择的边沿在 MAT1.1 出现时启动转换 | 000 |
| 27 | EDGE | 该位只有在 START 字段为 010 ~ 111 时有效。<br>0：在所选 CAP/MAT 信号的下降沿启动转换；<br>1：在所选 CAP/MAT 信号的上升沿启动转换 | 0 |

ADC 转换时钟分频值计算如下：

$$CLKDIV = \frac{F_{\text{PCLK}}}{F_{\text{ADCLK}}} - 1$$

其中 $F_{\text{ADCLK}}$ 为所要设置的 ADC 的时钟，其值不能大于 4.5 MHz。

如程序清单 4.1 所示，使用 AIN0 进行 10 位 ADC 转换的初始化程序，转换时钟频率设置为 1 MHz。

### 程序清单 4.1　AIN0 的初始化程序

```
/* ADC 模块设置，其中 x << n 表示第 n 位设置为 x（若 x 超过一位，则向高位顺延） */
PINSEL1 = 0x00400000;          //设置 P0.27 为 AIN0 功能
ADCR = (1 << 0)             | //SEL =1，选择通道 0
       ((Fpclk /1000000 - 1) << 8)
                            | //CLKDIV = Fpclk/1000000 -1，转换时钟为 1 MHz
       (0 << 16)            | //BURST =0，软件控制转换操作
       (0 << 17)            | //CLKS =0，使用 11clock 转换
       (1 << 21)            | //PDN =1，正常工作模式（非掉电转换模式）
       (0 << 22)            | //TEST1：0 =00，正常工作模式（非测试模式）
       (1 << 24)            | //START =1，直接启动 ADC 转换
       (0 << 27);             //EDGE =0（CAP/MAT 引脚下降沿触发 ADC 转换）
```

2）A/D 数据寄存器（ADDR，0xE0034004）

ADDR 寄存器描述见表 4 - 4，其中，ADDR[15：6]为 10 位 A/D 转换结果，bit15 为最高位。

表 4 - 4 A/D 数据寄存器

| 位 | 位名称 | 描 述 | 复位值 |
|---|---|---|---|
| 31 | DONE | A/D 转换完成标志位,当 A/D 转换结束时该位置位。该位在 ADDR 被读出和 ADCR 被写入时清零。如果 ADCR 在转换过程中被写入,该位置位,并启动一次新的转换 | 0 |
| 30 | OVERUN | Burst 模式下,如果有一个或多个转换结果被丢失和覆盖,该位置位。该位通过读 ADDR 寄存器清零 | 0 |
| 29:27 | — | 保留。用户不应将其置位,从这些位读出的结果没有意义 | 0 |
| 26:24 | CHN | 这些位包含的是 A/D 转换通道 | X |
| 23:16 | — | 保留。用户不应将其置位,从这些位读出的结果没有意义 | 0 |
| 15:6 | RESULT | 当 DONE 为 1 时,该字段包含一个二进制数,用来代表 SEL 字段选中的 Ain 脚的电压。该字段根据 VddA 脚上的电压对 Ain 脚的电压进行划分,该字段为 0 表明 Ain 脚的电压小于、等于或接近于 VssA;该字段为 0x3FF 表明 Ain 脚的电压接近、等于或大于 VddA | X |
| 5:0 | — | 保留。用户不应将其置位,从这些位读出的结果没有意义 | 0 |

读取 A/D 结果时,要首先等待转换结束,然后再读取结果。由于 10 位二进制数位于 ADDR[15:6],因此需要进行转换,如程序清单 4.2 所示。

### 程序清单 4.2 采样数据的进制转换

```
uint32   ADC_Data;
while((ADDR & 0x80000000) = =0) ;              //等待转换结束
ADC_Data = ADDR;
ADC_Data = (ADC_Data  >>  6) & 0x3ff;          //处理转换值
```

**3. 使用方法**

1)硬件触发转换

如果 ADCR 的 BURST 位为 0 且 START 字段的值包含在 010~111,所选引脚或定时器匹配信号发生跳变时,A/D 转换器启动一次转换。

2)时钟产生

用于产生 A/D 转换时钟的分频器在 A/D 转换器空闲时保持复位状态,在下面场合会立即启动采样时钟:

(1) 当 ADCR 的 START 字段被写入 001。

(2) 所选引脚或匹配信号发生触发。

这个特性可以节省功率,尤其适用于 A/D 转换不频繁的场合。

3）中断

当 DONE 位为 1 时,将对向量中断控制器(VIC)发送中断请求。通过软件设置 VIC 中 A/D 转换器的中断使能位来控制是否产生中断。DONE 在读 ADDR 操作时清零。

4）精度和引脚设置

当 A/D 转换器用来测量 Ain 脚的电压时,并不理会引脚在引脚选择寄存器中的设置,但是通过选择 Ain 功能(即禁止引脚的数字功能),可以提高转换精度。如图 4-4 所示,以引脚 P0.27 为例,即使 P0.27 引脚设置为 GPIO 功能,可是 P0.27 引脚还是连接到模拟输入引脚 AIN0 上的。但是,此时 P0.27 引脚是数字引脚,因此,输入到 A/D 引脚的电压只有高低电平,即 3.3 V 和 0 V。

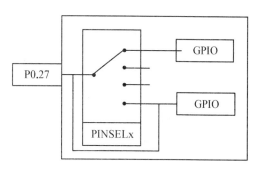

图 4-4    Ain 引脚示意图

5）ADC 使用方法

使用 ADC 模块时,先要将测量通道引脚设置为 AINx 功能,然后通过 ADCR 寄存器设置 ADC 的工作模式、ADC 转换通道、转换时钟(CLKDIV 时钟分频值),并启动 ADC 转换。可以通过查询或中断的方式等待 ADC 转换完毕,转换数据保存在 ADDR 寄存器中。

A/D 没有独立的参考电压引脚,A/D 的参考电压与供电电压连接在一起,即 3.3 V。假定从 ADDR 寄存器中读取到的 10 位 A/D 转换结果为 VALUE,则对应的实际电压为:

$$U = \frac{VALUE}{1\ 024} \times 3.3 \text{ V}$$

**4. ADC 中断**

当 ADC 转换结束后会触发中断,ADC 处于 VIC 的通道 18,中断使能寄存器 VICIntEna-ble 用来控制 VIC 通道的中断使能。当 VICIntEnable[18]=1 时,通道 18 中断使能,即 ADC 中断使能。

中断选择寄存器 VICIntSelect 用来分配 VIC 通道的中断。当某一位为 1 时,对应的通道中断分配为 FIQ;当某一位为 0 时,对应的通道中断分配为 IRQ。VICIntSelect[18]用来控制通道 18,即:

当 VICIntSelect[18]=1 时,ADC 中断分配为 FIQ 中断;

当 VICIntSelect[18]=0 时,ADC 中断分配为 IRQ 中断。

当分配为 IRQ 时,还需要设置对应的通道控制寄存器和地址寄存器。有关寄存器 VICVectCntl n 和 VICVectAddr n 的说明,请参考附录。

注意：A/D 转换器的中断部分与前面介绍的部件会有一些区别,即 A/D 转换器没有专门的中断使能位。

如图 4-5 所示,无论是通过软件还是硬件启动 ADC,ADC 转换结束后,都会置位 DONE 位,此时 ADC 会向 VIC 发送中断有效信号。

图 4-5　ADC 中断示意图

### 4.3.2　外部中断

**1. 概述**

CPU 对外设状态的获取可以使用查询方式、中断方式等。在性能较高的 CPU 中还有 DMA 的方式。中断方式可以让 CPU 一边干着主要的事情,一边还能够监听等待事件是否发生,从而大大提高了工作效率。

中断的触发方式有 2 种类型:边沿触发和电平触发。其中,边沿触发分为上升沿触发和下降沿触发,电平触发分为高电平触发和低电平触发。

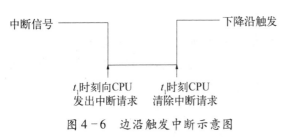

图 4-6　边沿触发中断示意图

图 4-6 介绍了下降沿触发类型中断的请求和清除时序。在 $t_1$ 时刻中断信号有下降沿产生,中断控制器向 CPU 发出中断请求;在 $t_2$ 时刻,CPU 执行完该中断的中断服务程序,清除中断,中断信号恢复到高电平。

图 4-7 介绍了低电平触发类型中断的请求和清除时序。在 $t_1$ 时刻中断信号开始由高电平转为低电平,中断控制器将向 CPU 发出中断请求;在 $t_3$ 时刻 CPU 执行完该中断的中断服务程序后,将清除该中断。

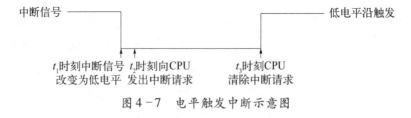

图 4-7　电平触发中断示意图

LPC2000 系列 ARM 可以产生丰富的中断信息,甚至可以说几乎所有的外设部件都可以产生中断,其中“外部中断”就是很重要的中断源。LPC2000 系列 ARM 含有 4 个外部中断输入,也就是说,外部中断可以分为 4 个中断源,如图 4-8 所示。

EINTi 是连接外部引脚的,外部中断信号通过它传递到内部逻辑。与 RST 引脚一样,外部中断输入引脚也是施密特输入,在内部连接了一个干扰滤波器,它可以滤除信号中的干扰脉冲,避免误中断的产生。外部中断逻辑获取的 EINTi 信号,可用来产生中断,或者将处理器从掉电模式唤醒。

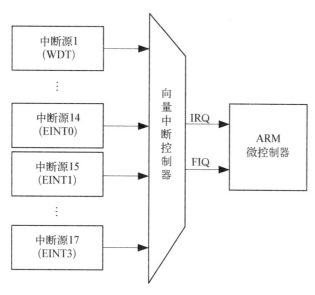

图 4－8  外部中断源

## 2. 外部中断寄存器

LPC2000 系列 ARM 允许一个或多个芯片引脚为外部输入信号端,所以信号首先经过 PINSELx 寄存器控制的引脚连接模块。然后判别输入信号的极性和方式是否符合预设要求,如果都通过了,将作为有效中断信号设置中断标志,还可以把 CPU 从掉电模式唤醒。

外部中断功能具有 4 个相关的寄存器,如表 4－5 所列。其中,EXTINT 寄存器包含中断标志;EXTWAKE 寄存器包含使能唤醒位,可使能独立的外部中断输入将处理器从掉电模式唤醒;EXTMODE 和 EXTPOLAR 寄存器用来指定引脚使用电平或边沿触发方式。

表 4－5                                          外部中断寄存器

| 地　址 | 名　称 | 描　　　　　　　　述 | 访问 |
|--------|--------|------|------|
| 0xE01FC140 | EXTINT | 外部中断标志寄存器包含 EN1T0、EINT1、E1NT2 和 EINT3 的中断标志,见表 4－6 | R/W |
| 0xE01FC144 | EXTWAKE | 外部中断唤醒寄存器包含 4 个用于控制外部中断是否将处理器从掉电模式唤醒的使能位,见表 4－7 | R/W |
| 0xE01FC148 | EXTMODE | 外部中断模式寄存器控制每个引脚的边沿或电平触发中断 | R/W |
| 0xE01FC14C | EXTPOLAR | 外部中断极性寄存器控制由每个引脚的触发电平或边沿 | R/W |

1）外部中断标志寄存器（EXTINT,0xE01F C140）

当一个引脚选择使用外部中断功能时（通过设界 PINSEL0/1 寄存器实现）,若引脚上出现了对应于 EXTPOLAR 和 EXTMODE 寄存器设置的电平或边沿信号,EXTINT 寄存器中的中断标志将置位。然后向 VIC 提出中断请求,如果这个外部中断已使能,则产生中断。

在标志位置"1"后,通过向 EXTINT 寄存器的 EINT0～EINT3 位写入"1"来将其清零,在电平触发方式下,只有在引脚处于无效状态时才有可能将标志位清零,比如设置为低电平中断,则只有在中断引脚恢复为高电平后才能清除中断标志。EXTINT 寄存器描述见表4-6。

操作示例:

while((EXTINT & 0x01) = =0);                    //等待 EINT0 出现中断
EXTINT =0x01;                                   //清除 EINT0 中断标志

表4-6                                外部中断标志寄存器

| 位 | 位名称 | 描　　　　述 | 复位值 |
|---|---|---|---|
| 0 | EINT0 | 如果引脚的外部中断输入功能被选用,并且在该引脚上出现了符合预定要求的中断信号时,该位置位。该位通过写入1清除,但电平触发方式下引脚处于有效状态的情况除外 | 0 |
| 1 | EINT1 | 如果引脚的外部中断输入功能被选用,并且在该引脚上出现了符合预定要求的中断信号时,该位置位。该位通过写入1清除,但电平触发方式下引脚处于有效状态的情况除外 | 0 |
| 2 | EINT2 | 如果引脚的外部中断输入功能被选用,并且在该引脚上出现了符合预定要求的中断信号时,该位置位。该位通过写入1清除,但电平触发方式下引脚处于有效状态的情况除外 | 0 |
| 3 | EINT3 | 如果引脚的外部中断输入功能被选用,并且在该引脚上出现了符合预定要求的中断信号时,该位置位。该位通过写入1清除,但电平触发方式下引脚处于有效状态的情况除外 | 0 |
| 7:4 | — | 保留,用户软件不要向其写入1,从保留位读出的值未定义 | N/A |

2) 外部中断唤醒寄存器(EXTWAKE,0xE01F C144)

EXTWAKE 寄存器中的使能位允许相应的外部中断将处理器从掉电模式唤醒,相关的 EINTn 功能必须连接到引脚才能实现掉电唤醒功能。实现掉电唤醒不需要(在向量中断控制器中)使能相应的中断,这样做的好处是允许外部中断输入,将处理器从掉电模式唤醒,但不产生中断(只是简单地恢复操作)。EXTWAKE 寄存器描述见表4-7。

表4-7                            外部中断唤醒寄存器 EXTWAKE

| 位 | 位名称 | 描　　　　述 | 复位值 |
|---|---|---|---|
| 0 | EXTWAKE0 | 该位为1时,使能 EINT0,将处理器从掉电模式唤醒 | 0 |
| 1 | EXTWAKE1 | 该位为1时,使能 EINT1,将处理器从掉电模式唤醒 | 0 |
| 2 | EXTWAKE2 | 该位为1时,使能 EINT2,将处理器从掉电模式唤醒 | 0 |
| 3 | EXTWAKE3 | 该位为1时,使能 EINT3,将处理器从掉电模式唤醒 | 0 |
| 7:4 | — | 保留,用户软件不要向其写入1,从保留位读出的值未定义 | N/A |

操作示例：

EXTWAKE = 0x01;　　　　　//使能 EINT0,将处理器从掉电模式唤醒

3)外部中断模式寄存器(EXTMODE,0xE01F C148)

EXTMODE 寄存器中的位用来选择每个 EINT 脚是电平触发还是边沿触发。只有选择用作 EINT 功能的引脚,并已通过 VICIntEnable 使能相应中断,才能产生外部中断。EXTMODE 寄存器描述见表 4-8。

表 4-8　　　　　　　　　　　　外部中断模式寄存器 EXTMODE

| 位 | 位名称 | 描　　　　述 | 复位值 |
|---|---|---|---|
| 0 | EXTMODE0 | 设置为 0 时,该外部中断为电平触发;设置为 1 时,该外部中断为边沿触发 | 0 |
| 1 | EXTMODE1 | 设置为 0 时,该外部中断为电平触发;设置为 1 时,该外部中断为边沿触发 | 0 |
| 2 | EXTMODE2 | 设置为 0 时,该外部中断为电平触发;设置为 1 时,该外部中断为边沿触发 | 0 |
| 3 | EXTMODE3 | 设置为 0 时,该外部中断为电平触发;设置为 1 时,该外部中断为边沿触发 | 0 |
| 7:4 | — | 保留,用户软件不要向其写入 1,从保留位读出的值未定义 | N/A |

操作示例：

EXTMODE = (1 << 2) | (1 << 3);　　　//EINT0 和 EINT1 设置为电平触发

　　　　　　　　　　　　　　　　　　//EINT2 和 EINT3 设置为边沿触发

4)外部中断极性寄存器(EXTPOLAR,0xE01F C14C)

在电平触发方式中,EXTPOLAR 寄存器用来选择相应引脚是高电平有效还是低电平有效;在边沿触发方式中,EXTPOLAR 寄存器用来选择引脚是上升沿有效还是下降沿有效。只有选择用作 EINT 功能的引脚,并已通过 VICIntEnable 使能相应中断,才能产生外部中断。EXTPOLAR 寄存器描述见表 4-9。

表 4-9　　　　　　　　　　　　外部中断极性寄存器 EXTPOLAR

| 位 | 位名称 | 描　　　　述 | 复位值 |
|---|---|---|---|
| 0 | EXTPOLAR0 | 该位为 0 时,本外部中断由低电平或下降沿触发(由 EXTMODE 的对应位决定);该位为 1 时,本外部中断由高电平或上升沿触发(由 EXTMODE 的对应位决定) | 0 |

续表

| 位 | 位名称 | 描述 | 复位值 |
|---|---|---|---|
| 1 | EXTPOLAR1 | 该位为 0 时,本外部中断由低电平或下降沿触发(由 EXTMODE 的对应位决定);该位为 1 时,本外部中断由高电平或上升沿触发(由 EXTMODE 的对应位决定) | 0 |
| 2 | EXTPOLAR2 | 该位为 0 时,本外部中断由低电平或下降沿触发(由 EXTMODE 的对应位决定);该位为 1 时,本外部中断由高电平或上升沿触发(由 EXTMODE 的对应位决定) | 0 |
| 3 | EXTPOLAR3 | 该位为 0 时,本外部中断由低电平或下降沿触发(由 EXTMODE 的对应位决定);该位为 1 时,本外部中断由高电平或上升沿触发(由 EXTMODE 的对应位决定) | 0 |
| 7:4 | — | 保留,用户软件不要向其写入 1,从保留位读出的值未定义 | N/A |

操作示例:

EXTPOLAR = (1 << 2) | (1 << 3);     //EINT0 和 EINT1 设置为电平触发
　　　　　　　　　　　　　　　　 //EINT2 和 EINT3 设置为边沿触发

中断方式和中断极性两个寄存器组合设置可以准确描述中断信号的波形,所有可能的波形组合如表 4－10 所示。

表 4－10　　　　　　　　　　中断信号波形与设置方式

| 设置说明 | 相应位设置值 | | 信号波形 |
|---|---|---|---|
| | 极性控制寄存器(EXPOLAR) | 方式控制寄存器(EXTMODE) | |
| 低电平触发 | 0(低) | 0(电平) | |
| 高电平触发 | 1(高) | 0(电平) | |
| 下降沿触发 | 0(下降) | 1(边沿) | |
| 上升沿触发 | 1(上升) | 1(边沿) | |

### 3. 引脚设置

LPC2000 系列 ARM 中,可以作为外部中断输入功能的引脚如表 4-11 所列。中断输入引脚的安排看似没有规律,但如果仔细研究外部中断输入引脚的安排,会发现设计者的良苦用心。由表 4-11 可以看出,大部分具有外部中断输入功能的引脚同时还作为通信上的一个功能引脚。虽然通信功能和中断输入功能不能同时复用,但是通过程序的合理设置可以让两者高效配合。

如一个从 UART1 串口接收数据并进行处理的低功耗设备,多数时候串口是空闲的,而且无法得知下一个串口数据何时到达。为了节约能耗,可以让 CPU 处于休眠状态。在该状态下系统时钟仍然在工作,并且 UART 处于可接收状态,但这不是最优的设计方案。最佳方案是让处理器处于掉电模式,此时系统时钟停止工作,芯片功耗降到了最低。而为了不错过 UART 上的数据,在让处理器进入掉电模式之前,把串口的接收引脚(P0.9/RXD1)切换到外部中断输入功能,并使能其掉电唤醒功能。这样串口数据就能唤醒处理器,处理器工作后马上把 P0.9 切换为串口接收功能(RXD),这时就可以接收当前的数据,从而比较完美地实现了系统的最低功耗。

LPC2000 系列 ARM 的外部中断还有一个特色,即允许多个引脚同时作为一个外部中断的输入引脚。如表 4-11 中,具有外部中断 1 功能的引脚有两个,分别为 P0.3 和 P0.14,那么可以把这两个引脚同时作为 EINT1 的信号输入引脚。这样做的好处是,外部多个中断信号可以共用一个芯片的中断源,而不需要外扩逻辑器件。当多个引脚同时设置为相同外部中断时,根据其方式位和极性位的不同,外部中断逻辑处理如下:

(1) 低电平触发方式中:选用 EINT 功能的全部引脚的状态都连接到一个正逻辑"与"门,即任何一个输入引脚出现低电平信号就产生中断。

(2) 高电平触发方式中:选用 EINT 功能的全部引脚的状态都连接到一个正逻辑"或"门,即任何一个输入引脚出现高电平信号就产生中断。

(3) 边沿触发方式中:不允许采用多个引脚输入。如果存在多引脚输入,那么使用 GPIO 端口号最低的引脚,这与引脚的极性设置无关。边沿触发方式中选择使用多个 EINT 引脚被看作编程出错。

当多个 EINT 引脚为逻辑或时,如果发生了中断,那么可在中断服务程序中通过 IO0PIN 和 IO1PIN 寄存器从 GPIO 端口读出引脚状态,以此来判断产生中断的引脚。

实际使用外部中断功能时还应注意以下几点:

(1) 如果要产生外部中断,除了引脚连接模块的设置,还需设置 VIC 模块,否则外部中断只能反映在 EXTINT 寄存器中。

(2) 要使器件进入掉电模式并通过外部中断唤醒,软件应该正确设置引脚的外部中断功能,再进入掉电模式。

表 4-11                                                  具有外部中断功能的引脚

| 外部中断名称 | 引　脚　名 | 该引脚其他功能 |
|---|---|---|
| 外部中断 0（EINT0） | P0.1 | RXD0 |
|  | P0.16 | — |
| 外部中断 1（EINT1） | P0.3 | SDA0 |
|  | P0.14 | DCD |
| 外部中断 2（EINT2） | P0.7 | SSEL0 |
|  | P0.15 | RI |
| 外部中断 3（EINT3） | P0.9 | RXD1 |
|  | P0.20 | SSEL1 |
|  | P0.30 | — |

### 4. 中断设置

LPC2000 系列 ARM 含有 4 个外部中断源,每个中断源可以产生 2 种类型的中断:电平中断和边沿中断。

外部中断 0～3 分别处于 VIC 的通道 14～17,中断使能寄存器 VICIntEnable 用来控制 VIC 通道的中断使能。

当 VICIntEnable[14] =1 时,通道 14 中断使能,即外部中断 0 中断使能;

当 VICIntEnable[15] =1 时,通道 15 中断使能,即外部中断 1 中断使能;

当 VICIntEnable[16] =1 时,通道 16 中断使能,即外部中断 2 中断使能;

当 VICIntEnable[17] =1 时,通道 17 中断使能,即外部中断 3 中断使能。

中断选择寄存器 VICIntSelect 用来分配 VIC 通道的中断。当某一位为 1 时,对应的通道中断分配为 FIQ;当某一位为 0 时,对应的通道中断分配为 IRQ。VICIntSelect[14] ～ VICIntSelect[17]分别用来控制外部中断 0～3。

当 VICIntSelect[14] =1 时,EINT0 中断分配为 FIQ 中断;

当 VICIntSelect[14] =0 时,EINT0 中断分配为 IRQ 中断;

当 VICIntSelect[15] =1 时,EINT1 中断分配为 FIQ 中断;

当 VICIntSelect[15] =0 时,EINT1 中断分配为 IRQ 中断;

当 VICIntSelect[16] =1 时,EINT2 中断分配为 FIQ 中断;

当 VICIntSelect[16] =0 时,EINT2 中断分配为 IRQ 中断;

当 VICIntSelect[17] =1 时,EINT3 中断分配为 FIQ 中断;

当 VICIntSelect[17] =0 时,EINT3 中断分配为 IRQ 中断。

当分配为 IRQ 时,还需要设置对应的通道控制寄存器和地址寄存器。有关寄存器

VICVectCntIn 和 VICVectAddrn 的说明,请参考附录。

1) 电平中断

LPC2000 系列 ARM 外部中断可以设置为电平触发中断:高电平触发和低电平触发。以 EINT0 为例来介绍如何设置电平触发中断。模式寄存器(EXTMODE)在"边沿中断"和"电平中断"之间进行选择;极性寄存器(EXTPOLAR)用来选择中断的极性:低电平中断、高电平中断、上升沿中断和下降沿中断。

对于 EINT0 来说,EXTMODE[0]=0 时,EINT0 为电平中断:

EXTPOLAR[0]=0 时,EINT0 为低电平中断;

EXTPOLAR[0]=1 时,EINT0 为高电平中断。

2) 边沿中断

LPC2000 系列 ARM 外部中断除了可以电平触发外,还可以设置为边沿触发:下降沿触发和上升沿触发。仍然以 EINT0 为例来介绍如何设置边沿触发中断。当 EXTMODE[0]=1 时,EINT0 为边沿中断:

EXTPOLAR[0]=0 时,EINT0 为下降沿中断;

EXTPOLAR[0]=1 时,EINT0 为上升沿中断。

LPC2000 系列 ARM 具有 4 路外部中断,当外部中断触发时,会置位对应的中断标志位,中断标志位写"1"清零。如外部中断 0/1/2/3 触发时,EXINT[0/1/2/3]会置位。

**5. 应用示例**

将相应引脚设置为外部中断功能时,引脚为输入模式,由于没有内部上拉电阻,用户需要外接一个上拉电阻,确保引脚不会悬空。

(1)初始化 EINT0 为低电平中断,同时将 EINT0 中断分配为向量 IRQ 通道 0,中断服务程序地址为 EINT0_ISR。设置 EINT0 为低电平中断的初始化程序如程序清单 4.3 所示。

### 程序清单 4.3    EINT0 低电平中断初始化

```
PINSEL1 = (PINSEL1&0xFFFFFFFC) | 0x01;          //选择 P0.16 为 EINT0
EXTMODE = EXTMODE & 0x0E;                        //电平触发
EXTPOLAR = EXTPOLAR & 0x0E;                      //低电平中断
/*设置向量中断控制器*/
VICIntSelect = VICIntSelect & (~(1 << 14));      //EINT0 中断分配为 IRQ 中断
VICVectCntl0 = 0x20 | 14;                        //EINT0 中断分配为向量 IRQ 通道 0
VICVectAddr0 = (unit32)EINT0_ISR;                //向量 IRQ 通道 0 的中断服务程序地
                                                   址为 EINT0_ISR
VICIntEnable = (1 << 14);                        //EINT0 中断使能
```

(2)初始化 EINT0 为下降沿中断,设置 EINT0 为下降沿中断的初始化程序如程序清单 4.4

所示。

程序清单 4.4　EINT0 下降沿中断初始化

PINSEL1 = ( PINSEL1&0xFFFFFFFC ) | 0x01;

EXTMODE = EXTMODE | 0x01;

EXTPOLAR = EXTPOLAR & 0x0E;

（3）清除所有的外部中断标志。

EXTINT = 0x0F;

任务一：设置 P0.14 脚为 EINT1 功能，初始化为非向量中断，并设置为电平触发方式，然后等待外部中断。中断服务程序将蜂鸣器控制输出信号取反，然后等待中断信号的撤销，最后清除中断标志并退出中断。

参考示例程序见程序清单 4.5。

程序清单 4.5　任务一参考程序

```
/***********************************************************************
* 文件名: EINT1_def. c
* 功　能:使用外部中断 1 进行 B1 的控制,每当有一次中断时,即取反 B1 控制口,以便指
         示中断输入。使用非向量中断方式。
* 说　明:将跳线器 JP9 短接,JP4 断开,然后短接/断开 JP1(使 EINT1 为低/高电平)。
***********************************************************************/
#include   "config. h"
#define   BEEPCON   0x00000080              /* P0.7 引脚控制 B1,低电平蜂鸣 */


/***********************************************************************
* 名　　称: IRQ_Eint1( )
* 功　　能:外部中断 EINT1 服务函数,取反 B1 控制口。
* 入口参数:无
* 出口参数:无
***********************************************************************/
void  __irq IRQ_Eint1( void )
{
    uint32  i;
    i = IO0SET;                 //读取当前 B1 控制值
```

```
    if((i&BEEPCON)==0)          //控制 B1 输出取反
    {
        IO0SET=BEEPCON;
    }
    else
    {
        IO0CLR=BEEPCON;
    }


    //等待外部中断信号恢复为高电平(若信号保持为低电平,中断标志会一直置位)
    while((EXTINT&0x02)!=0)
    {
        EXTINT=0x02;                //清除 EINT1 中断标志
    }
    VICVectAddr=0;                  //向量中断结束
}


/ ***************************************************************
* 名      称: main()
* 功      能:初始化外部中断 1(EINT1)为非向量中断,并设置为电平触发模式,然后等待
            外部中断。
* 说      明:在 STARTUP. S 文件中使能 IRQ 中断(清零 CPSR 中的 I 位)。
****************************************************************/
int   main(void)
{
    PINSEL0=0x20000000;             //设置管脚连接,P0.14 设置为 EINT1
    IO0DIR=BEEPCON;                 //设置 B1 控制口为输出,其他 I/O 为输入

    EXTMODE=0x00;                   //设置 EINT1 中断为电平触发模式
    EXTPOLAR=0x00;                  //设置 EINT1 中断为低电平触发

    /*打开 EINT1 中断(使用非向量 IRQ) */
    VICIntSelect=0x00000000;        //设置所有中断分配为 IRQ 中断
    VICDefVectAddr=(int)IRQ_Eint1;  //设置中断服务程序地址
```

```
        EXTINT = 0x02;                      //清除 EINT1 中断标志
        VICIntEnable = 0x00008000;          //使能 EINT1 中断

        while(1);                           //等待中断
        return(0);
}
```

**小结:** 实例使用 ARM Executable Image for lpc22xx 工程模板建立工程。程序比较简单,流程即为端口初始化设置、外部中断 1 初始化、等待中断以及中断服务程序处理。需要注意的是,中断服务程序的函数名需要使用_irq 修饰,因为 IRQ 中断时微控制器切换到了 IRQ 模式,所以中断返回需要同时回复 CPSR 寄存器。另外程序中,外部电平变低产生中断后,硬件对 EXTINT 的相应位置 1。程序里不断检测 EXTINT 相应位是否为 1,如果为 1,那么软件进行的写操作 "EXTINT = 0x02",将其中的位清零。这里的写操作实际上是将寄存器相应位清零。P0. 3 和 P0. 14 引脚均具有 EINT1 功能,这里使用 P0. 14 引脚是因为开发平台上外部中断的测试端口连接的引脚是 P0. 14。理论上分析,若两个引脚同时使用 EINT1 的功能,此时若设置为低电平中断,则两个引脚状态与中断是"与"的关系;若设置为高电平中断,则两个引脚状态与中断是"或"的关系。

**任务二:** 设置 P0. 14 脚为 EINT1 功能,初始化为向量中断,并设置为下降沿触发方式,然后等待外部中断。中断服务程序将蜂鸣器控制输出信号取反,然后清除中断标志并退出中断。

参考示例程序见程序清单 4.6。

### 程序清单 4.6    任务二参考程序

```
/ ***********************************************************************
* 文件名: EINT1_vect. c
* 功    能: 使用外部中断 1 进行 B1 的控制,每当有一次中断时,即取反 B1 控制口,以便指
          示中断输入。使用向量中断方式。
* 说    明: 将跳线器 JP9 短接,JP4 断开,然后短接/断开 JP1(使 EINT1 为低/高电平)。
***********************************************************************/
#include   "config. h"
#define    BEEPCON   0x00000080     /* P0. 7 引脚控制 B1,低电平蜂鸣 * /

/ ***********************************************************************
* 名     称: IRQ_Eint1()
* 功     能: 外部中断 EINT1 服务函数,取反 B1 控制口
* 入口参数: 无
```

\* 出口参数：无

\*\*\*\*\*\*\*\*\*\*\*\*\*\*\*\*\*\*\*\*\*\*\*\*\*\*\*\*\*\*\*\*\*\*\*\*\*\*\*\*\*\*\*\*\*\*\*\*\*\*\*\*\*\*\*\*\*\*\*\*\*\*\*\*\*\*/

```c
void    __irq IRQ_Eint1(void)
{
    uint32    i;
    i = IO0SET;                        //读取当前 B1 控制值
    if((i&BEEPCON) = =0)               //控制 B1 输出取反
    {
        IO0SET = BEEPCON;
    }
    else
    {
        IO0CLR = BEEPCON;
    }

    EXTINT = 0x02;                     //清除 EINT1 中断标志
    VICVectAddr = 0;                   //向量中断结束
}


/ *************************************************************
* 名      称：main()
* 功      能：初始化外部中断 1(EINT1)为向量中断,并设置为下降沿触发模式,然后等待
             外部中断。
* 说      明：在 STARTUP. S 文件中使能 IRQ 中断(清零 CPSR 中的 I 位)。
***********************************************************/
int    main(void)
{
    PINSEL0 = 0x20000000;              //设置管脚连接,P0. 14 设置为 EINT1
    IO0DIR = BEEPCON;                  //设置 B1 控制口为输出,其他 I/O 为输入

    EXTMODE = 0x02;                    //设置 EINT1 中断为边沿触发模式
    EXTPOLAR = 0x00;                   //设置 EINT1 中断为下降沿触发

    / *打开 EINT1 中断(设置向量控制器,即使用向量 IRQ) * /
```

```
    VICIntSelect = 0x00000000;              //设置所有中断分配为 IRQ 中断
    VICVectCntl0 = 0x2F;                    //分配 EINT1 中断到向量中断 0
    VICVectAddr0 = (int) IRQ_Eint1;         //设置中断服务程序地址
    EXTINT = 0x02;                          //清除 EINT1 中断标志
    VICIntEnable = 0x00008000;              //使能 EINT1 中断

    while(1);                               //等待中断
    return(0);
}
```

**小结**：实例使用 ARM Executable Image for lpc22xx 工程模板建立工程。程序与任务一的区别即为采用的是向量中断和边沿触发。程序的流程为：端口初始化设置、外部中断 1 初始化、等待中断及中断服务程序。通过任务一与任务二将外部中断的使用情况做了较详细的说明，唯一没有举例的是关于外部中断的掉电唤醒，这个是功率控制的内容。在使用掉电唤醒时，最好将程序固化在片外存储器中，因为如果是使用片外调试模式，由于 CPU 掉电则会与 PC 上的调试软件断开，那么此时就不能继续调试，故在进行掉电测试时，应将程序烧写固化到片外存储器。烧写到片外存储器的方法可以参考附录。

### 4.3.3  功率控制

#### 1. 概述

LPC2210 支持两种节电模式：空闲模式和掉电模式。

（1）在空闲模式下，处理器停止执行指令。所以此时处理器、存储器系统和相关控制器以及内部总线不再消耗功率，使芯片功耗最低降至 1～2 mA 电流（与芯片应用有关，具体请参看芯片数据手册）。整个系统的时钟仍然有效，外设也能在空闲模式下继续工作并产生中断使处理器恢复运行，比如定时器唤醒。

（2）在掉电模式下，振荡器关闭，这样芯片没有任何内部时钟。处理器状态和寄存器、外设寄存器、内部 SRAM 值以及芯片引脚的逻辑电平在掉电模式下被保持不变。复位或特定部件的中断事件可终止掉电模式并使芯片恢复正常运行。这些特定外设是一些不需要系统时钟或者自带时钟源的部件，它们在处理器处于掉电模式时仍能工作，比如外部中断和 LPC2130 系列中的实时时钟（RTC）。由于掉电模式使芯片所有的动态操作都挂起，因此芯片的功耗降低到几乎为零。

掉电或空闲模式的进入是与程序的执行同步进行的。通过中断唤醒掉电模式不会使指令丢失、不完整或重复。

除了控制处理器和系统时钟外，LPC2210ARM 还允许程序对某个外设进行关闭控制。外设的功率控制特性允许独立关闭应用中不需要的外设，从而进一步降低了功耗。

关于功耗管理的实现原理如图 4‒9 所示。

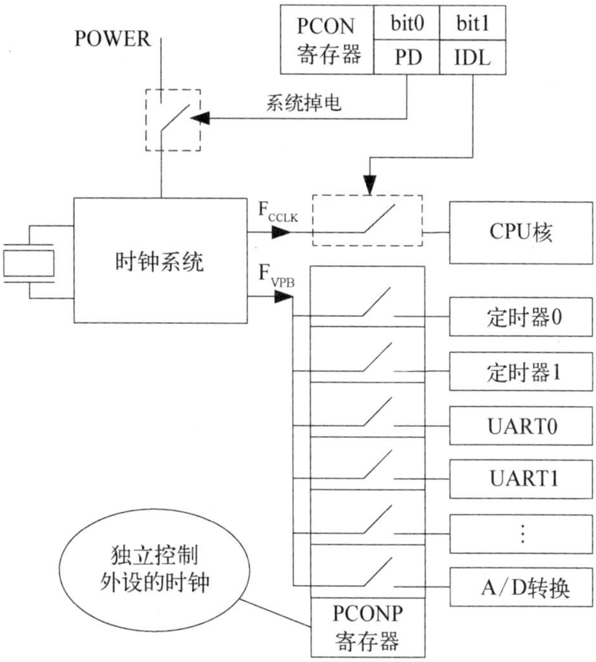

图 4‒9　功耗管理结构

## 2. 寄存器概述

功率控制功能包含两个寄存器,如表 4‒12 所列。

表 4‒12　　　　　　　　　　　　功率控制寄存器映射

| 地　　　址 | 名　　称 | 描　　　　　　述 | 访　　问 |
|---|---|---|---|
| 0xE01F C0C0 | PCON | 功率控制寄存器:该寄存器包含两种节电模式的控制位 | R/W |
| 0xE01F C0C4 | PCONP | 外设功率控制寄存器:该寄存器包含使能和禁止单个外设功能的控制位,且可使未使用的外设不消耗功率 | R/W |

1)功率控制寄存器(PCON,0xE01F C0C0)

PCON 寄存器包含两个位。置位 IDL 位,将会进入空闲模式;置位 PD 位,将会进入掉电模式。如果两位都置位,则进入掉电模式。PCON 寄存器描述见表 4‒13。

操作示例:

PCON = 0x12;　　　　　　　　　　　//CPU 进入空闲模式

PCON = 0x02;　　　　　　　　　　　//CPU 进入掉电模式

2）外设功率控制寄存器（PCONP,0xE01F C0C4）

PCONP 寄存器允许将所选的外设功能关闭以实现节电的目的。有少数外设功能不能被关闭,如看门狗定时器、GPIO、引脚连接模块和系统控制模块。PCONP 中的每个位都控制一个外设,如表 4－14 和表 4－15 所列。

表 4－13　　　　　　　　　　　　功率控制寄存器 PCON

| 位 | 位名称 | 描　　　　述 | 复位值 |
|---|---|---|---|
| 0 | IDL | 空闲模式:当该位置位时,处理器停止执行程序,但外围功能保持工作状态,外设或外部中断源所产生的任何中断都会使处理器恢复运行 | 0 |
| 1 | PD | 掉电模式:当该位置位时,振荡器和所有片内时钟都停止。外部中断所产生的唤醒条件可使振荡器重新启动并使 PD 位清零,处理器恢复运行 | 0 |
| 7:2 | — | 保留,用户软件不要向其写入1,从保留位读出的值未定义 | N/A |

表 4－14　　　　　　　　LPC2112/2114 外设功率控制寄存器 PCONP

| 位 | 位名称 | 描　　　　述 | 复位值 |
|---|---|---|---|
| 0 | — | 保留,用户软件不要向其写入1,从保留位读出的值定义 | 0 |
| 1 | PCTIM0 | 为1时,定时器0使能;为0时,定时器0关闭以实现节电 | 1 |
| 2 | PCTIM1 | 为1时,定时器1使能;为0时,定时器1关闭以实现节电 | 1 |
| 3 | PCURT0 | 为1时,UART0使能;为0时,UART0关闭以实现节电 | 1 |
| 4 | PCURT1 | 为1时,UART1使能;为0时,UART1关闭以实现节电 | 1 |
| 5 | PCPWM0 | 为1时,PWM0使能;为0时,PWM0关闭以实现节电 | 1 |
| 6 | — | 用户软件不要向其写入1,从保留位读出的值未定义 | 0 |
| 7 | PCI2C | 为1时,$I^2C$接口使能;为0时,$I^2C$接口关闭以实现节电 | 1 |
| 8 | PCSPI0 | 为1时,SPI0接口使能;为0时,SPI0接口关闭以实现节电 | 1 |
| 9 | PCRTC | 为1时,RTC使能;为0时,RTC关闭以实现节电 | 1 |
| 10 | PCSPI1 | 为1时,SPI1接口使能;为0时,SPI1接口关闭以实现节电 | 1 |

| 位 | 位名称 | 描 述 | 复位值 |
|---|---|---|---|
| 11 | — | 用户软件写入 0 来实现节电 | 1 |
| 12 | PCAD | 为 1 时,A/D 转换器使能;<br>为 0 时,A/D 转换器关闭以实现节能 | 1 |
| 31:13 | — | 保留,用户软件不要向其写入 1,从保留位读出的值未定义 | N/A |

表 4-15            **LPC2210 外设功率控制寄存器 PCONP 描述**

| 位 | 位名称 | 描 述 | 复位值 |
|---|---|---|---|
| 0 | — | 保留,用户软件不要向其写入 1,从保留位读出的值未定义 | 0 |
| 1 | PCTIM0 | 为 1 时,定时器 0 使能;<br>为 0 时,定时器 0 关闭以实现节电 | 1 |
| 2 | PCTIM1 | 为 1 时,定时器 1 使能;<br>为 0 时,定时器 1 关闭以实现节电 | 1 |
| 3 | PCURT0 | 为 1 时,UART0 使能;<br>为 0 时,UART0 关闭以实现节电 | 1 |
| 4 | PCURT1 | 为 1 时,UART1 使能;<br>为 0 时,UART1 关闭以实现节电 | 1 |
| 5 | PCPWM0 | 为 1 时,PWM0 使能;<br>为 0 时,PWM0 关闭以实现节电 | 1 |
| 6 | — | 用户软件不要向其写入 1,从保留位读出的值未定义 | 0 |
| 7 | PCI2C | 为 1 时,$I^2C$ 接口使能;<br>为 0 时,$I^2C$ 接口关闭以实现节电 | 1 |
| 8 | PCSPI0 | 为 1 时,SPI0 接口使能;<br>为 0 时,SPI0 接口关闭以实现节电 | 1 |
| 9 | PCRTC | 为 1 时,RTC 使能;<br>为 0 时,RTC 关闭以实现节电 | 1 |
| 10 | PCSPI1 | 为 1 时,SPI1 接口使能;<br>为 0 时,SPI1 接口关闭以实现节电 | 1 |
| 11 | PCEMC | 为 1 时,外部存储器控制器使能;<br>为 0 时,EMC 关闭 | 1 |
| 12 | PCAD | 为 1 时,A/D 转换器使能;<br>为 0 时,A/D 转换器关闭 | 1 |
| 31:13 | — | 保留,用户软件不要向其写入 1,从保留位读出的值未定义 | N/A |

注:若当前运行的是片外存储器中的程序,不要设置 PCEMC 为 0,否则由于 EMC 关闭,会导致程序运行错误。

操作示例：

PCONP = ( PCONP & ~ ( ( 1 < 12 ) | ( 1 << 7 ) ) ) ；　　//关闭 FC 和 ADC 部件的时钟

功率控制注意事项：

复位后，PCONP 的值已经设置成使能所有接口和外围功能，所以用户不需要再去打开某个外设。在需要控制功率的系统中，只要将应用中用到的外围功能对应在 PCONP 寄存器中的位置 1，寄存器的其他"保留"位或当前不需使用的外围功能对应在寄存器中的位都必须清零。

应用小知识：

在实际应用中，低功耗设计分为硬件设计和软件设计，其中硬件的低功耗设计只是降低整个系统的最低功耗，而能不能达到这个最低功耗还要依靠软件设计来实现，就像 LPC2210ARM，虽然具有掉电模式可以实现超低功耗，但是什么时候让处理器进入该模式则是程序设计人员需要仔细考虑的问题。在网络上有很多关于低功耗设计的文章，这里不作过多的研究，只是想说明一点：低功耗的硬件系统未必能达到低功耗的目标，主要工作还是在程序设计上，秉承硬件部件的"按需开启"原则可以让系统接近硬件设计的最低功耗。

### 3. 使用示例

任务一：控制 LPC2210 进入空闲模式，并使用定时器中断唤醒，定时时间为 1 s；中断唤醒后，控制蜂鸣器蜂鸣一声，然后再次进入空闲状态。

参考示例程序见程序清单 4.7。

#### 程序清单 4.7　任务一参考程序

```
/ ***************************************************************
* 文件名：idle_time. c
* 功　能：系统进入空闲状态，并使用定时器中断唤醒。
* 说　明：将跳线器 JP9 短接，JP4 断开。
***************************************************************/
#include   "config. h"
#define   BEEPCON   0x00000080     / * P0. 7 引脚控制 B1，低电平蜂鸣 * /
/ ***************************************************************
* 名　称：DelayNS( )
* 功　能：长软件延时。
* 入口参数：dly    延时参数，值越大，延时越久
* 出口参数：无
***************************************************************/
void    DelayNS( uint32    dly)
```

```
{
    uint32   i;
    for( ; dly > 0 ; dly − − )
        for( i = 0 ; i < 5000 ; i + + ) ;
}
```

```
/ ***************************************************************
 *名      称 : IRQ_Time0( )
 *功      能 : 定时器 0 中断服务程序。
 *入口参数 : 无
 *出口参数 : 无
 ***************************************************************/
void __irq   IRQ_Time0( void )
{
    T0IR = 0x01 ;                        //清除中断标志
    VICVectAddr = 0x00 ;                 //通知 VIC 中断处理结束
}
```

```
/ ***************************************************************
 *名      称 : Time0Init( )
 *功      能 : 初始化定时器 0 , 定时时间为 0.5 s , 并使能中断。
 *入口参数 : 无
 *出口参数 : 无
 ***************************************************************/
void   Time0Init( void )
{
    T0PR = 0 ;                           //设置定时器, 时钟输入不分频
    T0MCR = 0x03 ;                       //匹配通道 0 , 匹配中断并复位 T0TC
    T0MR0 = Fpclk/2 ;                    //比较值(0.5 s 定时值)
    T0TC = 0 ;
    T0TCR = 0x01 ;                       //启动定时器 0

    / * 设置定时器 0 中断 IRQ * /
    VICIntSelect = 0x00 ;                //所有中断通道设置为 IRQ 中断
```

```
        VICVectCntl0 = 0x24;                    //定时器 0 中断通道分配最高优先级
        VICVectAddr0 = (uint32)IRQ_Time0;       //设置中断服务程序地址向量
        VICIntEnable = 0x00000010;              //使能定时器 0 中断
    }


/ ************************************************************************
*名      称: main( )
*功      能: 初始化 I/O 及定时器,然后等待中断。
*说      明: 在 STARTUP. S 文件中使能 IRQ 中断(清零 CPSR 中的 I 位)。
 *************************************************************************/
int   main( void)
    {
        PINSEL0 = 0x00000000;                   //设置管脚连接 GPIO
        IO0DIR = BEEPCON;                       //设置 I/O 为输出
        IO0SET = BEEPCON;

        Time0Init( );                           //初始化定时器 0 及使能中断
        PCONP = 0x0802;                         //只使能外部存储器控制器和定时器 0
        while(1)                                //等待定时器 0 中断或定时器 1 匹配输出
        {
            PCON = 1;                           //系统进入空闲模式,处理器停止执行程序,
                                                  系统时钟依然存在,外设或外部中断源产生
                                                  的中断可唤醒

            IO0CLR = BEEPCON;
            DelayNS(5);
            IO0SET = BEEPCON;
            DelayNS(5);
        }
        return(0);
    }
```

**小结**: 实例使用 ARM Executable Image for lpc22xx 工程模板建立工程。实现的关键点是定时器的初始化以及空闲模式的设置方式。程序的主要流程包括: 端口定义及初始化、定时器初始化、进入空闲等待定时器中断唤醒。所以流程是比较简单的,思路是比较清晰的,实现起来比较容易。这里对 PCONP 的设置比较有讲究,因为程序使用外部存储器,所以必须是 PCONP 的

第11位置1;同时为了保证定时器的正常工作,以及尽量少的消耗能量,将定时器0对应位置1,其余位可置0,得到最后的结果。那么可以尝试将PCONP设置为0x0002,看看效果会怎样。经过尝试会有更深刻的体验。

任务一中主要是使用了低功耗模式中的空闲模式,下面对低功耗的另一种模式作一个简单的介绍。

任务二:控制LPC2210进入掉电状态,并允许外部中断1唤醒。每唤醒一次,LED1~LED8显示值加1,然后再次进入掉电状态。

参考示例程序见程序清单4.8。

### 程序清单4.8  任务二参考程序

```
/ *****************************************************************
* 文件名:PDRUN. C
* 功    能:系统进入掉电状态,并允许外部中断1唤醒。每唤醒一次,LED1~LED8显示值加1。
* 说    明:将跳线器JP8短接。
*****************************************************************/
#include  "config. h"


#define   SPI_CS   0x00000100          / * P0.8 * /
#define   SPI_DATA   0x00000040        / * P0.6 * /
#define   SPI_CLK   0x00000010         / * P0.4 * /


#define   SPI_IOCON   0x00000150       / *定义SPI接口的I/O设置字 * /


/ *****************************************************************
* 名      称:HC595_SendDat( )
* 功      能:向74HC595发送一字节数据。
* 入口参数:dat    要发送的数据
* 出口参数:无
* 说      明:发送数据时,高位先发送。
*****************************************************************/
void   HC595_SendDat( uint8 dat)
{
    uint8   i;
    IO0CLR = SPI_CS;                     // SPI_CS = 0
```

```
    for( i = 0 ; i < 8 ; i + + )                  //发送 8 位数据
    {
      IO0CLR = SPI_CLK ;                       // SPI_CLK = 0
      / * 设置 SPI_DATA 输出值 * /
      if( ( dat&0x80 ) ! = 0 )
        IO0SET = SPI_DATA ;
      else
        IO0CLR = SPI_DATA ;
      dat << = 1 ;
      IO0SET = SPI_CLK ;                       // SPI_CLK = 1
    }
    IO0SET = SPI_CS ;                          // SPI_CS = 1,输出显示数据
}


/ *********************************************************************
* 名    称: IRQ_EINT1( )
* 功    能:外部中断 1 中断处理程序。
* 入口参数:无
* 出口参数:无
*********************************************************************/
void  __irq   IRQ_EINT1( void )
{
    while( ( EXTINT&0x02 ) ! = 0 )            //等待外部中断信号恢复为高电平
    {
        EXTINT = 0x02 ;                        //清除 EINT1 中断标志
    }
    VICVectAddr = 0x00 ;                       //中断处理结束
}


/ *********************************************************************
* 名    称: InitEint1( )
* 功    能:初始化外部中断 1,使能 IRQ 中断。
* 入口参数:无
* 出口参数:无
```

```
************************************************************/
void    InitEint1(void)
{
    VICIntSelect = 0x00000000;          //设置所有 VIC 通道为 IRQ 中断
    VICVectCntl0 = 0x2F;                // EINT1 通道分配到 IRQ slot 0,即优先级最高
    VICVectAddr0 = (int)IRQ_EINT1;      //设置 EINT1 向量地址
    EXTWAKE = 0x02;                     //允许外部中断 1 唤醒掉电的 CPU
    EXTINT = 0x0F;                      //清除外部中断标志
    VICIntEnable = 0x00008000;          //使能 EINT1 中断
}


/ ************************************************************
* 名      称: main()
* 功      能: 掉电测试。
* 说      明: 在 STARTUP. S 文件中使能 IRQ 中断(清零 CPSR 中的 I 位)。
 ************************************************************/
int    main(void)
{
  uint8   count;
    PINSEL0 = 0x20000000;               //设置 I/O 口连接,P0. 14 设置为 EINT1
    PINSEL1 = 0x00000000;
    IO0DIR = SPI_IOCON;

    InitEint1();                        //初始化外部中断 1,使能 IRQ 中断
    PCONP = 0x800;                      //关闭片内外设(使用外部程序存储器,PCEMC 为 1)
    count = 0;
    while(1)
    {
        HC595_SendDat( ~count);
        PCON = 0x02;                    //系统进入掉电模式,系统时钟关闭,外部中断源
                                        产生的中断可唤醒

        count + +;
    }
    return(0);
}
```

　　**小结：** 实例使用 ARM Executable Image for lpc22xx 工程模板建立工程。实现的关键点是外部中断的设置，LED 灯的控制显示以及掉电模式的配置。LED 的控制显示在前面的项目中已有介绍，这里依然采用 GPIO 口来模拟 SPI 总线的功能。外部中断这里需要详细了解外部寄存器的设置。程序的流程即：端口定义及初始化、外部中断初始化、进入掉电等待外部中断唤醒。总的来说，流程和任务一类似，主要是熟悉低功耗模式的具体操作方式，为本次的项目功能做准备。

### 4.3.4　上位机软件

　　为了给系统提供更友好的人机界面，我们可以通过上位机软件实现各种显示输出或操作输入。EasyARM 软件就是为 EasyARM2200 开发板而开发的上位机人机界面软件，通过 RS232 串口通信完成各种功能控制。

　　**1. EasyARM 软件窗口介绍**

　　全仿真的 DOS 字符窗口是具有 25 行 80 列的字符显示窗(显示字符的前景/背景颜色可设置)，具有 8 个仿真 LED 数码管和 8 个仿真发光二极管，还有 20 个模拟按键(按键名可重新定义)。串口模式可设置，具有单独的数据发送/接收调试窗，方便监视串口接收到的数据或调试串口。另外，具有一个万年历的界面，可用于 LPC2000 系列微控制器的实时时钟实验。EasyARM 软件主窗口如图 4-10 所示。

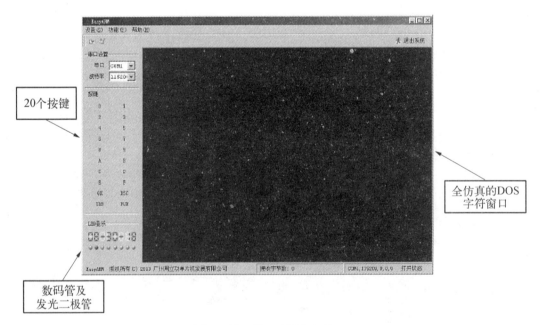

图 4-10　EasyARM 主窗口

打开菜单"功能"中的"万年历",即弹出仿真万年历窗口,用于 RTC 显示等,如图 4-11 所示。

图 4-11 仿真万年历窗口

打开菜单"设置"中的"串行口设置",即弹出串行口设置对话框,用于设置串口工作模式,如图 4-12 所示。

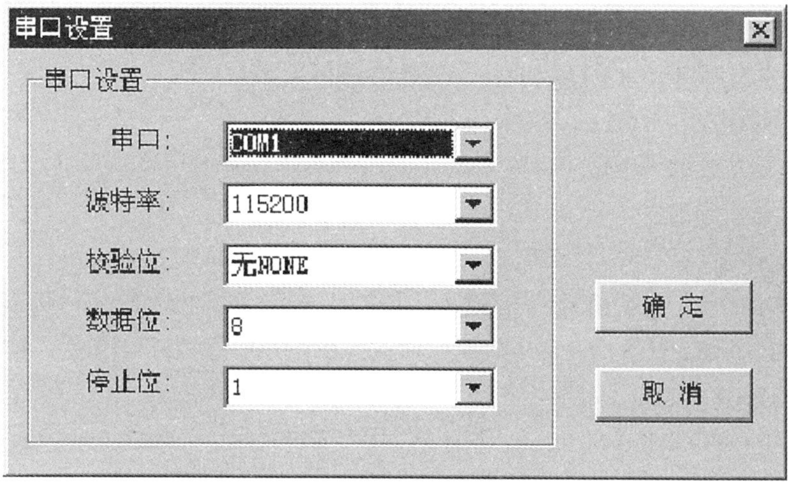

图 4-12 EasyARM 串口设置

打开菜单"设置"中的"发送数据",即可打开串口发送/接收窗口,用于串口调试,如图 4-13 所示。

图 4－13　EasyARM 串口发送/接收窗口

### 2. EasyARM 软件通信协议

1）全仿真的 DOS 字符窗口显示

发送数据格式为：0xff x y chr color　　　　（先发送 0xff，最后发送 color）

0xff：　起始字节

x：　　显示位置的纵坐标，0～79

y：　　显示位置的横坐标，0～24

chr：　显示的字符，不能为 0xff

color：　显示的状态包括前景色、背景色、闪耀位。它与 DOS 的字符显示状态一样。即 0～3 位：前景色，4～6 位：背景色，7 位：闪耀位。color 的颜色取值参考程序清单 4.9。

2）仿真的 LED 数码显示器显示

发送数据格式为：0xff 0x80 x data 0

0xff：　起始字节

0x80：　表明在 LED 上显示

x：　　显示位置 0～8，其中 8 为 LED 灯

data：　显示的笔画，其中 1 为点亮，0 为熄灭

0：　　仅避免出现 0xff

3）仿真的万年历显示器显示

发送数据格式为：0xff 0x81 x data 0

0xff：  起始字节

0x81：  表明在 LED 上显示

x：  显示位置 0~14，分别对应于年、月、日、星期、时、分、秒

data：  显示的笔画，其中 1 为点亮，0 为熄灭

0：  仅避免出现 0xff

4）模拟键盘输入

PC 直接向串口发送键盘编码 0~19(1 个字节)。

按键名可在 EasyARM. exe 文件所在目录下的 EasyARM. ini 文件定义，即在［KeyName］项下更改对应的键名，如 Key10 = A，Key11 = B，等等。

5）仿真的 DOS 字符窗口字符颜色

程序清单 4.9 定义了各种颜色值的常量。

### 程序清单 4.9  仿真 DOS 窗口字符颜色

```
/*******************************************************************
* 文件名：color. h
* 功  能：DOS 窗口字符显示颜色定义。
* 说  明：
*******************************************************************/
/* 前景颜色 */
#define        DISP_FGND_BLACK              0x00
#define        DISP_FGND_BLUE               0x01
#define        DISP_FGND_GREEN              0x02
#define        DISP_FGND_CYAN               0x03
#define        DISP_FGND_RED                0x04
#define        DISP_FGND_PURPLE             0x05
#define        DISP_FGND_BROWN              0x06
#define        DISP_FGND_LIGHT_GRAY         0x07
#define        DISP_FGND_DARK_GRAY          0x08
#define        DISP_FGND_LIGHT_BLUE         0x09
#define        DISP_FGND_LIGHT_GREEN        0x0A
#define        DISP_FGND_LIGHT_CYAN         0x0B
#define        DISP_FGND_LIGHT_RED          0x0C
```

| #define | DISP_FGND_LIGHT_PURPLE | 0x0D |
|---------|------------------------|------|
| #define | DISP_FGND_YELLOW | 0x0E |
| #define | DISP_FGND_WHITE | 0x0F |

/* 背景颜色 */

| #define | DISP_BGND_BLACK | 0x00 |
|---------|-----------------|------|
| #define | DISP_BGND_BLUE | 0x10 |
| #define | DISP_BGND_GREEN | 0x20 |
| #define | DISP_BGND_CYAN | 0x30 |
| #define | DISP_BGND_RED | 0x40 |
| #define | DISP_BGND_PURPLE | 0x50 |
| #define | DISP_BGND_BROWN | 0x60 |
| #define | DISP_BGND_LIGHT_GRAY | 0x70 |

/* 闪烁控制 */

| #define | DISP_BLINK | 0x80 |
|---------|-----------|------|

## 4.4 任务实施

### 4.4.1 总体设计

根据任务分析,数字电压表使用 EasyARM2200 开发实验平台,处理器为基于 ARM7 构架的 LPC2210。处理器内部集成了 10 位逐次逼近式 A/D 转换器,串口通信以及功率控制功能模块。图 4-14 所示为数字电压表的系统框图,系统主要包括: 两个通过滑动变阻器分压得到的电压采样点、外部触发模块、ARM 微控制器、PC 及上位机显示软件。其他的外围基本电路,这里就

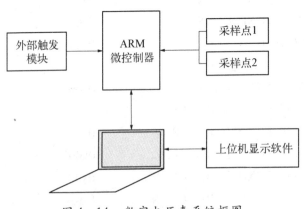

图 4-14 数字电压表系统框图

不重复介绍。处于控制核心的 ARM 微控制器分别与各模块相连。整个系统工作时通过外部触发模块产生外部中断,使 ARM 微控制器对两个电压采样点轮流采样,并将采样结果经过转化后通过与 PC 的串口连接线发送给 PC,上位机显示软件收到固定协议格式的数据后进行解析并将有效信息显示出来。系统中使用了功率控制,在一次采样结束后立即进入空闲状态,等待下一次被唤醒。串口通信等部分参考前面几个项目,不是本项目主要说明的内容。

### 4.4.2　硬件设计

实现本项目的硬件电路主要模块中,外部触发模块使用 P0.14 引脚,所以尽管 P0.3 也具有外部中断 1 的功能,但是在程序中选择的外部中断引脚只能使用 P0.14。两个电压采样点连接到电位器的中间抽头,通过旋转电位器改变抽头位置,改变采样点电压。电位器的两端分别与电源电压和地相连,所以采样电压的范围是: 0 ~ 3.3 V。主要也是考虑到 A/D 转换器的电压测量范围是 0 ~ 3.3 V。如果采样电压可能超过测量范围,那么在将采样电压输入到微控制器前,应先对采样电压做一个衰减,以保证 A/D 转换器处理的是安全的输入电压。A/D 转换器集成在了芯片内部,采样后通过转换产生的数据经过串口通信模块传输到 PC,串口通信模块依然采用项目 1 中的电路。所以本项目中硬件电路比较简单,涉及的硬件电路如图 4-15 和图 4-16 所示。

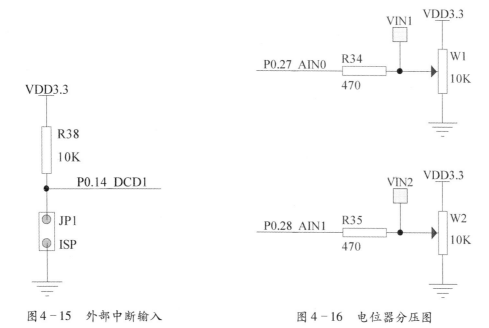

图 4-15　外部中断输入　　　　　　　　图 4-16　电位器分压图

### 4.4.3 软件设计

前面已经对任务进行了由浅入深地分析,并在相关的子设计上给出了基础示例,下面结合项目的任务要求进行数字电压表的完整的程序设计。

数字电压表的程序流程如图4-17和图4-18所示。

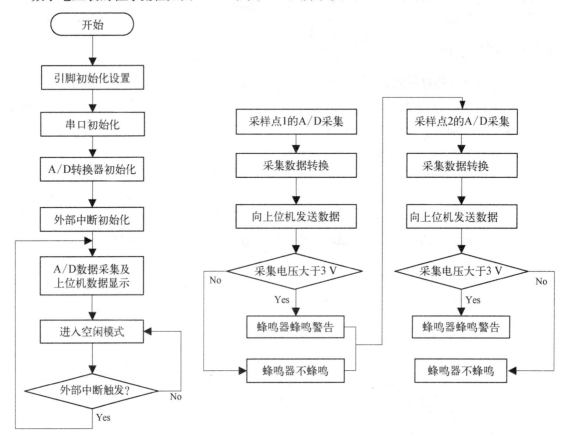

图4-17 数字电压表的
程序流程图

图4-18 A/D数据采集的程序流程图

数字电压表的参考程序见程序清单4.10。

### 程序清单4.10 数字电压表参考程序

```
/ ****************************************************************
* 文件名:dvm.c
* 功    能:通道0、1进行电压的测量,转换结果从串口输出,上位机软件显示;
          超过预警电平(设置为3 V)蜂鸣器会报警;
          空闲时进入低功耗模式,可有外部中断唤醒。
```

* 说　　明：电位器 W1、W2 可调节测量电压值；

* 通讯格式：8 位数据位，1 位停止位，无奇偶校验，波特率为 115 200。

```
************************************************************/
#include    "config. h"

#define    BEEP        0x00000080        //P0. 7 引脚控制 Beep 低电平蜂鸣
#define    UART_BPS    115200            //定义通讯波特率
/************************************************************
*名      称：DelayNS( )
*功      能：软件延时。
*入口参数：dly      延时参数,值越大,延时越久
*出口参数：无
************************************************************/
void    DelayNS(uint32    dly)
{
    uint32   i;
    for( ; dly > 0 ; dly − − )
        for( i = 0 ; i < 5000 ; i + + ) ;
}


/************************************************************
*名      称：IRQ_EINT1( )
*功      能：外部中断 1 中断处理程序。
*入口参数：无
*出口参数：无
************************************************************/
void    __irq    IRQ_EINT1(void)
{
    while((EXTINT&0x02)！ = 0)        //等待外部中断信号恢复为高电平
    {
        EXTINT = 0x02;              //清除 EINT1 中断标志
    }

    VICVectAddr = 0x00;            //中断处理结束
```

```
    }


/ *********************************************************************
 * 名    称: InitEint1()
 * 功    能: 初始化外部中断 1, 使能 IRQ 中断。
 * 入口参数: 无
 * 出口参数: 无
 ********************************************************************* /
void   InitEint1(void)
{
    VICIntSelect = 0x00000000;          //设置所有 VIC 通道为 IRQ 中断
    VICVectCntl0 = 0x2F;                //EINT1 通道分配到 IRQ slot 0, 即优先级最高
    VICVectAddr0 = (int)IRQ_EINT1;      //设置 EINT1 向量地址
    EXTWAKE = 0x02;                     //允许外部中断 1 唤醒掉电的 CPU
    EXTINT = 0x0F;                      //清除外部中断标志
    VICIntEnable = 0x00008000;          //使能 EINT1 中断
}



/ *********************************************************************
 * 名    称: UART0_Ini()
 * 功    能: 初始化串口 0。
            设置为 8 位数据位, 1 位停止位, 无奇偶校验, 波特率为 115 200
 * 入口参数: 无
 * 出口参数: 无
 *********************************************************************/
void   UART0_Ini(void)
{
    uint16   Fdiv;

    U0LCR = 0x83;                       //DLAB = 1, 可设置波特率
    Fdiv = (Fpclk/16)/UART_BPS;         //设置波特率
    U0DLM = Fdiv/256;
    U0DLL = Fdiv % 256;
    U0LCR = 0x03;
```

```
/ ************************************************************
 *  名    称：UART0_SendByte( )
 *  功    能：向串口发送字节数据,并等待发送完毕。
 *  入口参数：data    要发送的数据
 *  出口参数：无
 ************************************************************/
void    UART0_SendByte(uint8 data)
{
    U0THR = data;                  //发送数据
    while((U0LSR&0x40) = =0);      //等待数据发送完毕
}


/ ************************************************************
 *  名    称：ADCInit( )
 *  功    能：ADC 模块初始化设置。
 *  入口参数：无
 *  出口参数：无
 ************************************************************/
void    ADCInit( )
{
    / * ADC 模块设置,x << n 表示第 n 位设置为 x(若 x 超过一位,则向高位顺延) * /
    ADCR = (1 <<0)                 | //SEL = 1,选择通道 0
          ((Fpclk/1000000 - 1) <<8)| //CLKDIV = Fpclk/1000000 - 1,
                                       转换时钟为 1 MHz
          (0 <<16)                 | //BURST = 0,软件控制转换操作
          (0 <<17)                 | //CLKS = 0,使用 11clock 转换
          (1 <<21)                 | //PDN = 1,正常工作模式(非掉电转换模式)
          (0 <<22)                 | //TEST1:0 = 00,正常工作模式(非测试模式)
          (1 <<24)                 | //START = 1,直接启动 ADC 转换
          (0 <<27);                //EDGE = 0(CAP/MAT 引脚下降沿触发 ADC 转换)
    DelayNS(10);
}
```

161

```
/ ************************************************************************
*名      称: PC_DispChar( )
*功      能: 向 PC 机发送显示字符。
*入口参数: x        显示位置的纵坐标,0 - 79
*          y        显示位置的横坐标,0 - 24
*          chr      显示的字符,不能为 0xff
*          color    显示状态包括前景色、背景色、闪耀位。它与 dos 的字符显示状态一
*                   样,即 0 ~ 3 位: 前景色,4 ~ 6 位: 背景色,7 位: 闪耀位。
*出口参数: 无
************************************************************************/
void   PC_DispChar( uint8 x, uint8 y, uint8 chr, uint8 color)
{
    UART0_SendByte( 0xff) ;              //发送起始字节
    UART0_SendByte( x) ;                 //发送字符显示坐标(x,y)
    UART0_SendByte( y) ;
    UART0_SendByte( chr) ;               //发送显示字符
    UART0_SendByte( color) ;
}


/ ************************************************************************
*名      称: ISendStr( )
*功      能: 向 PC 机发送字符串,以便显示。
*入口参数: x        显示位置的纵坐标,0 - 79
*          y        显示位置的横坐标,0 - 24
*          color    显示的状态包括前景色、背景色、闪耀位。它与 dos 的字符显示
*                   状态一样,即 0 ~ 3 位: 前景色,4 ~ 6 位: 背景色,7 位: 闪耀位。
*          str      要发送的字符串,字符串以' \0' 结束
*出口参数: 无
************************************************************************/
void   ISendStr( uint8 x, uint8 y, uint8 color, char * str)
{
    while( 1)
    {
        if( * str = = ' \0 ')
```

```
            break;                                    //若为'\0',则退出
        PC_DispChar(x++, y, *str++, color);    //发送显示数据
        if(x>=80)
        {
            x=0;
            y++;
        }
    }
}


/*****************************************************************************
* 名      称: main()
* 功      能: 进行通道 0、1 电压 ADC 转换,并把结果转换成电压值,然后发送到串口等。
* 说      明: 在 CONFIG.H 文件中包含头文件: stdio.h。
*****************************************************************************/
int   main(void)
{
    uint32   ADC_Data;
    char     str[20];

    PINSEL0 = 0x20000005;        //设置 P0.0、P0.1,连接到 UART0 的 TXD、RXD
    PINSEL1 = 0x01400000;        //设置 P0.27、P0.28,连接到 AIN0、AIN1
    IO0DIR = BEEP;               //设置 I/O 为输出
    IO0SET = BEEP;               //关闭蜂鸣器
    UART0_Ini();                 //初始化 UART0
    ADCInit();
    ADC_Data = ADDR;             //读取 ADC 结果,并清除 DONE 标志位
    InitEint1();                 //初始化外部中断 1,使能 IRQ 中断

    while(1)
    {
        ADCR = (ADCR&0xFFFFFF00)|0x01|(1<<24); //切换通道并进行第一次转换
        while((ADDR&0x80000000)==0);           //等待转换结束
        ADCR = ADCR | (1<<24);                 //再次启运转换
```

163

```
    while((ADDR&0x80000000) ==0);
    ADC_Data = ADDR;                          //读取 ADC 结果
    ADC_Data = (ADC_Data >>6) & 0x3FF;
    ADC_Data = ADC_Data * 3300;
    ADC_Data = ADC_Data/1024;
    sprintf(str, "%4dmV at VIN1", ADC_Data);
    ISendStr(60, 23, 0x30, str);

    if( ADC_Data > =3000)
    {
        uint32 i;
        for(i =0;i <2;i + +)
        {
            IO0SET = BEEP;
            DelayNS(15);
            IO0CLR = BEEP;                     //BEEP = 0
            DelayNS(15);
        }
    }
    else
    {
        IO0SET = BEEP;                         //BEEP = 0
    }

    ADCR = (ADCR&0xFFFFFF00)|0x02|(1 << 24);   //切换通道并进行第一次转换
    while((ADDR&0x80000000) ==0);              //等待转换结束
    ADCR = ADCR | (1 << 24);                   //再次启运转换
    while((ADDR&0x80000000) ==0);
    ADC_Data = ADDR;                           //读取 ADC 结果
    ADC_Data = (ADC_Data >>6) & 0x3FF;
    ADC_Data = ADC_Data * 3300;
    ADC_Data = ADC_Data/1024;
    sprintf(str, "%4dmV at VIN2", ADC_Data);
    ISendStr(60, 21, 0x30, str);
```

```
if(ADC_Data > = 3000)
{
    uint32 i;
    for(i = 0;i < 2;i + + )
    {
        IO0SET = BEEP;
        DelayNS(15);
        IO0CLR = BEEP;                      //BEEP = 0
        DelayNS(15);
    }
}
else
{
    IO0SET = BEEP;                          //BEEP = 0
}

PCON = 0x01;            //系统进入空闲模式,外部中断源产生的中断可唤醒
DelayNS(10);
}
return(0);
}
```

### 4.4.4　测试与结果

（1）选用 DebugInExram 生成目标,然后编译连接工程。

（2）将 ARM 开发平台上的 JP8 跳线全部短接,JP4 跳线断开,JP6 跳线设置为 Bank0 -RAM、Bank1 - Flash。

（3）使用串口延长线把 EasyARM2200 开放实验平台的 UART0 与 PC 机相连,如果 PC 上没有串口则需要使用 USB 转串口线。PC 机运行 EasyARM 上位机软件,设置串口为相应的 COM 口,具体方法为通过"计算机"→"管理"→"设备管理器"→"端口"来具体查看此时设备使用的端口号。在上位机软件商设置好端口号后,将波特率设置为 115 200,与程序串口初始化中设置的参数一致。

（4）打开 H - JTAG,找到目标开发平台,并且打开 H - Flasher 配置好相应的调试设置。注意在调试之前要在"Program Wizard"下的"Programing"中进行"check",相关操作如图 4 - 19—图 4 - 21 所示。

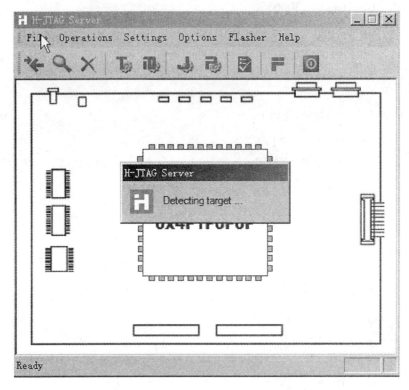

图 4-19　H-JTAG 识别开发平台图

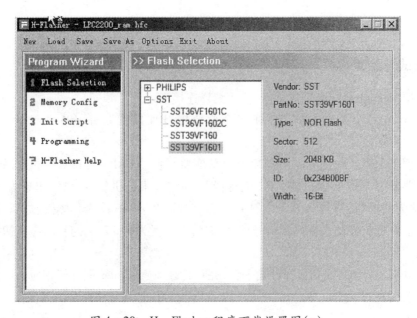

图 4-20　H-Flasher 程序下载设置图(a)

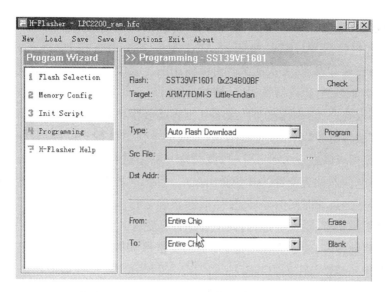

图4-21　H-Flasher 程序下载设置图(b)

（5）选择 Project→Debug，启动 AXD 进行 JTAG 仿真调试。在 configure target 中选择相应的目标，然后就可以加载映像文件了。注意：加载的文件要和之前选择的 debug 方式生成的映像文件一致，如这里选择了 DebugInExtram，表示使用的是使用片外 RAM 进行在线调试，那么加载的映像文件必须是工程下的 DebugInExtram 文件夹中的，如图4-22 所示。

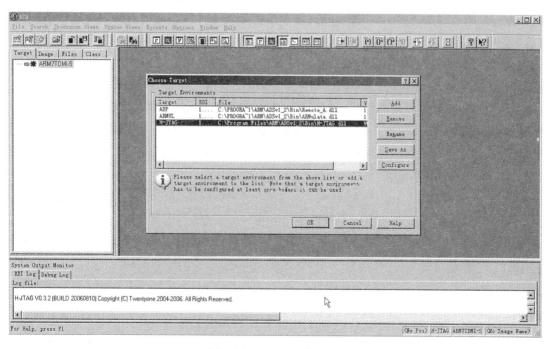

图4-22　AXD 调试设置图

（6）全速运行程序,观察开发平台上的现象,与预期的效果进行对比。调整开发实验平台上的电位器 W1 和电位器 W2,观察 AIN0 和 AIN1 测量值的变化(在 PC 机上的上位机软件上观察)。为便于进行比较和参照,每次测试时可以使用电压表的测量值和上位机软件上显示的值进行对比。若与功能不符,建议检查程序,修改功能。

运行显示,当没有进入空闲模式时,数字电压表能够很比较准确地测量出此时两个电压采样点的值,并具有四位有效数字,单位使用 mV。改变电位器的抽头位置,上位机软件显示的值会发生变化。当采样点的电压大于 3 V 时,此时蜂鸣器会进行蜂鸣报警提示;当进入空闲模式后,则系统不会对电位器抽头位置的改变做出反应,系统进入低功耗模式。等待系统被外部低电平触发唤醒,程序经过长时间的循环,依然能够正确运行。运行结果表明,基于 ARM 开发平台的数字电压表工作正常、状态稳定,达到了设计目标要求。

本项目的可观性良好,效果直接通过 PC 上的上位机软件显示出实时的电压测量值并具有一定的低功耗考虑和测量范围的自我保护。

## 4.5  任务拓展

本项目设计的基于 ARM 开发平台的数字电压表相对来说功能比较简单,主要是实现对模拟电压的采集和显示,同时考虑到能耗的问题,进行了一定的低功耗设计。同时为防止测量的模拟电压超过 A/D 转换器的测量范围,进行了一个上限值的设定,如果当前的测量值超过上限值,则进行蜂鸣器的报警提示。总的来说,基本功能得到了实现。运用的知识基础也包括前面项目中的串口通信,且为保证上位机软件能得到可识别的有效数据,对数据的发送格式进行了约定。但是反过来思考,本项目的低功耗并没有达到足够低,仍然可以使用掉电模式来达到更低的功耗。同时 A/D 采集时,采集的次数单一,可能不具有一般性,可以考虑测量时多次测量再取平均值。由于硬件设备的同时定时测量,相对来说就是增加一个定时器,通过达到预定时间间隔开启 A/D 采集和转换。同时若已知采样点的电压可能超过 A/D 转换器的测量范围,则应该先对采样点电压进行一个固定的衰减,之后再进行转换。总的来说,充分与实际的使用环境结合起来,增加其现实意义。

# 项目5    摆球碰撞实验

## 5.1    任务描述

随着嵌入式系统的发展,32 位嵌入式处理器及图形显示设备的广泛应用,目标产品对 GUI 的需求越来越多。GUI 为 Graphics User Interface 的简写,即图形用户界面。这是用于提高人机交互友好性、易操作性的计算机程序,它是建立在计算机图形学基础上的产物。图形用户界面是当今计算机技术的重大成就之一,它极大地方便了非专业用户的使用,人们不再需要死记硬背大量的命令,而是通过窗口菜单方便地进行操作。图形用户界面一般是基于液晶显示屏,液晶显示屏(LCD)是用于数字型钟表和许多便携式计算机的一种显示器类型。LCD 显示使用了两片极化材料,在它们之间是液体水晶溶液,电流通过该液体时会使水晶重新排列,以使光线无法透过它们。因此,每个水晶就像百叶窗,既能允许光线穿过又能挡住光线。液晶显示器依驱动方式来分可分为静态驱动(Static)、单纯矩阵驱动(Simple Matrix)以及主动矩阵驱动(Active Matrix)三种。LCD 只是一显示器,而 LCM 是 LCD 显示模组(LCD Module)的简称,是指将液晶显示器件、连接件、控制与驱动等外围电路、PCB 电路板、背光源、结构件等装配在一起的组件。比如在使用 51 系列单片机时,使用的 1602 字符型液晶模块,它通过点阵来显示字符和图形等,操作方式比较简单,但液晶功能十分有限。之后的液晶有了较大发展,具有的功能也日新月异。图形用户界面的效果也是越来越人性化,操作体验也越来越好。图 5-1 和图 5-2 均是常见的 LCM 和图形用户界面。

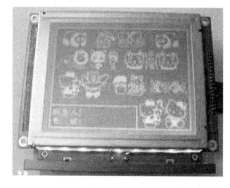

图 5-1    LCM 模块及显示界面

图 5-2    液晶显示器的界面

本任务是基于 LCM 实现制作一个动画演示,具体功能如下:

(1)通过液晶动画模拟出高中物理"摆球碰撞实验",摆球总共 5 个,高度自定。

(2)动画演示界面包括标题栏,状态栏,中央动画区,文字说明区。中央动画区包括摆球运动画布边框。

（3）摆球运动必须尽可能符合物理原理和实际情况。摆球运动近似认为是无能量损耗，工作在理想状态，能够持续进行摆动。

由于嵌入式系统的资源有限，所以对 GUI 的要求是可裁剪的、高速度的。ZLG/GUI 是占用资源小、使用方便的嵌入式系统简易的图形用户界面软件。ZLG/GUI 提供了最基本的画点线、圆形、圆弧、椭圆形、矩形、正方形填充等功能，较高级的接口功能有 ASCII 显示、汉字显示、图标显示、窗口、菜单等支持单色、灰度、伪彩、真彩等图形显示设备。

## 5.2　任务分析

本设计主要是运用基于 ARM7 的 LPC2210 处理器在点阵图形液晶模块 SMG240128A 上设计摆球碰撞实验，主要功能是物理实验的动画演示。按照设计要求，完成任务需要解决以下几个问题：① 构建处理器与 LCD 显示模组的接口电路；② 了解液晶显示各种各样图形的原理和对应型号液晶的绘图接口函数；③ 了解液晶上动画的实现方法；④ 熟悉"摆球碰撞"这一物理实验的基本原理。

本项目基于 EasyARM2200 开发板，该开发板控制核心为 ARM7 内核的 LPC2210 处理器。本任务的目的是实现摆球碰撞物理实验的动画演示。摆球碰撞实验主要的物理原理就是能量守恒。这一演示装置中有 5 个质量相同的小球由吊绳牵引彼此紧密排列，在忽略空气阻力和小球振动等因素后，理想情况下，将最右边的小球拉起并释放后，在小球下降并与其他小球发生碰撞后，速度减为零。最左边的小球将弹出，并能上升至刚才最右边小球被拉起的同样高度，然后此小球在下降并与底部的小球发生碰撞后，最右边的小球将再次弹出。依次不断循环，可以发现在实验过程中运动的部分是 5 个小球中最外边的 2 个小球以及牵引小球的吊绳，中间的 3 个小球及其吊绳可以认为是静止的。这个过程即为程序的最终结果，动画的演示将遵循这一物理过程。

本项目的硬件方面，由于 LCD 显示模组已经包含了液晶显示器件、连接件、控制与驱动等外围电路、PCB 电路板、背光源、结构件，所以主要就是完成这一 LCM 模块与处理器的应用连接电路设计。电路的连接相对简单，可以参考液晶模块 SMG240128A 的应用手册。仔细阅读 T6963C 液晶驱动器的数据手册，了解液晶模块的驱动电路。这一部分是模块已经实现好的。本项目的软件方面是本次任务的重点。液晶能够显示几何图形的基础是各像素点按照一定规律和顺序的组合。比如动画演示中的小球，我们需要先得到画圆的函数，并且对圆的填充色可以控制，那么函数的输入至少有圆心位置、圆的半径、圆填充色。小球的运动可以通过"画小球，擦除小球，再画小球"这样的过程实现。可以事先根据小球的运动轨迹，取出某些圆心位置，然后沿着运动轨迹的圆心位置数组画一个小球，再随着时间的推移擦除这个小球，并同时画下一个位置的小球即可完成小球的运动。同时根据小球所在运动位置调整画小球和擦除小球的时间，即可体现小球在运动过程中的速度变化。这里，与其连接的吊绳也会发生变化，吊绳在动画中可以用直线来表示。那么这里需要实现画任意直线的函数,此函数的输入至少包括端点 1 的位置和端点 2 的位置这两个参数。至此,就可以实现摆球碰撞的动画演示过程了。标题栏的显示、状态栏的显示和文字说明等均是通过数字、字母、汉字等字符来显示,这部分的实现需要根据提供的字库来完成。同时汉字的显示可能需要借助文字取模软件,得到汉字在液晶程序中的十六进制数据。程序设计是本次任务的重点,涉及的点比较多,必须对画图函数运用熟练,并对碰撞过程十分熟悉。下面从 LCM 模块应用开始逐步完成设计目标。

## 5.3 任务基础

### 5.3.1 液晶模块描述

SMG240128A 点阵图形液晶模块的点像素为 240×128 点,黑色字/白色底,STN 液晶屏,视角为 6:00,内嵌控制器为东芝公司的 T6963C,外部显示存储器为 32 K 字节,模块的电路原理框图如图 5-3 所示。

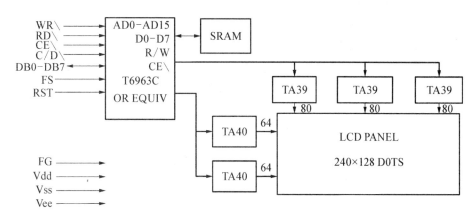

图 5-3　SMG240128A 点阵图形液晶模块原理框图

图形点阵液晶显示控制器 T6963C 的主要特点如下:

T6963C 专用于图形点阵显示的液晶显示控制器,外接 SRAM 及液晶显示驱动器,可控制显示 240×128,192×64,128×64 多种显示方式,用户只需要向 T6963C 的显示 RAM 中送数据,T6963C 就会自动扫描并将显示 RAM 的数据自动在 LCD 液晶显示器上显示出来。标准 8080 系列总线接口,显示 RAM 的数据写入读出方便,多页图形显示。

内置字符发生器及字符显示 RAM,可实现字符和图形的混合显示,但字符显示的点为 8×8 点,显示的比例不协调,建议不要采用字符显示方式。

图形点阵液晶显示控制器 T6963C 的主要功能:

与单片机连接为 8 位数据线 +4 根控制线的连接方式。

外接显示 RAM:最大支持 64 K 字节。

171

外接液晶驱动电路:最大支持128×640图形点。

可设置显示首地址,从而实现显示多页的分页显示。

液晶模块采用8位总线接口与微控制器连接,内部集成了负压DC－DC电路(LCD驱动电压),使用时只需提供单5V电源即可。

液晶模块上装有LED背光,使用5V电源供电,显示字符或图形时LED背光可点亮或熄灭。

液晶模块引脚说明如表5－1所示。

表5－1　　　　　　　　　SMG240128A点阵图形液晶模块引脚说明

| 引脚 | 符号 | 说明 | 备注 |
|---|---|---|---|
| 1 | FG | 显示屏框架外壳地 | 接地 |
| 2 | VSS | 电源地 | |
| 3 | VDD | 电源(＋5V) | |
| 4 | VO | LCD驱动电压 | |
| 5 | WR | 写操作信号,低电平有效 | |
| 6 | RD | 读操作信号,低电平有效 | |
| 7 | CE | 片选信号,低电平有效 | |
| 8 | C/D | C/D＝H时,WR＝L:写命令;RD＝L:读状态<br>C/D＝L时,WR＝L:写数据;RD＝L:读数据 | |
| 9 | Reset | 复位,低电平有效 | |
| 10 | DB0 | 数据总线位0 | |
| 11 | DB1 | 数据总线位1 | |
| 12 | DB2 | 数据总线位2 | |
| 13 | DB3 | 数据总线位3 | |
| 14 | DB4 | 数据总线位4 | |
| 15 | DB5 | 数据总线位5 | |
| 16 | DB6 | 数据总线位6 | |
| 17 | DB7 | 数据总线位7 | |
| 18 | FS | 字体选择,为高时6×8字体,为低时8×8字体 | |
| 19 | VOUT | DC－DC负电源输出 | |
| 20 | LED＋ | 背光灯电源正端 | |
| 21 | LED－ | 背光灯电源负端 | |

SMG240128A液晶显示模块的主要技术参数见表5－2。

表 5 - 2　　　　　　　　　　　　液晶显示模块的主要技术参数

| 技术参数 | 参数内容 | 技术参数 | 参数内容 |
|---|---|---|---|
| 显示类型 | STN | 工作电压 | 4.8 ~ 5.2 V |
| 显示模式 | 黄绿模 | 工作电流 | 15 mA,5.0 V |
| 工作温度 | 宽温 − 20℃ ~ + 60℃ | 背光颜色 | 黄绿 |
| 存储温度 | − 30℃ ~ + 70℃ | 背光电流 | 260 mA |

## 5.3.2　控制器说明(T6963C 及兼容芯片)

### 1. 基本操作时序

控制器基本操作时序见表 5 - 3。

表 5 - 3　　　　　　　　　　　　　　基本操作时序

| 时　序 | 输　　　入 | 输　出 |
|---|---|---|
| 读状态 | C/D = H,CE = L,RD = L,WR = H | D0 ~ D7 = 状态字 |
| 写指令 | C/D = H,CE = L,RD = H,WR = L,D0 ~ D7 = 指令码 | 无 |
| 读数据 | C/D = L,CE = L,RD = L,WR = H | D0 ~ D7 = 数据 |
| 写数据 | C/D = L,CE = L,RD = H,WR = L,D0 ~ D7 = 数据 | 无 |

### 2. 状态字说明

控制器的状态字说明见表 5 - 4。

表 5 - 4　　　　　　　　　　　　　　状 态 字 说 明

| 状态字 | 含　　义 | 备　　注 |
|---|---|---|
| STA0 | 指令读写使能 | 1：允许;0：禁止 |
| STA1 | 数据读写使能 | 1：允许;0：禁止 |
| STA2 | 数据连续读使能 | 1：允许;0：禁止 |
| STA3 | 数据连续写使能 | 1：允许;0：禁止 |
| STA4 | 未用 | |
| STA5 | 未用 | |
| STA6 | 未用 | |
| STA7 | 液晶屏当前显示状态 | 1：显示;0：关闭 |

控制器可处于两种工作状态：指令数据读写状态和连续数据读写状态。

（1）指令数据读写状态：在此状态下,对控制器每次进行操作之前,都必须进行读写检测,以确保 STA0 和 STA1 都为 1。

（2）连续数据读写状态：在此状态下，对控制器每次进行操作之前，都必须进行连续读写检测，以确保 STA2 和 STA3 都为1。

**3. 指令写入方式**

指令写入方式分为三种：无参数指令、单参数指令、双参数指令。

（1）无参数指令：开始→读写检测→写指令→结束。

（2）单参数指令：开始→读写检测→写数据→读写检测→写指令→结束。

（3）双参数指令：开始→读写检测→写数据（参数一）→读写检测→写数据（参数二）→读写检测→写指令→结束。

**4. RAM 地址映射图**

控制器内部带有 32 K 字节的 RAM 缓冲区，其中显示缓冲区首地址寄存器对应的后续 30 × 128 字节的内容映射到 LCD 显示屏上，如图 5-4 所示，通过改变显示缓冲区首地址可实现屏幕滚动、屏幕换页等功能。

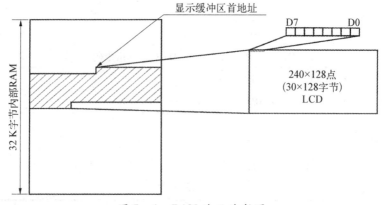

图 5-4　RAM 地址映射图

**5. 指令说明**

初始化设置包括显示模式设置、显示开/关设置、显示缓冲区设置，分别如表 5-5—表 5-7 所示。

表 5-5　　　　　　　　　　　　　　　　显示模式设置

| 参数 1 | 参数 2 | 指令码 | 功　　能 |
|--------|--------|--------|----------|
| 无 | 无 | 80H | 设置显示模式为 OR |

表 5-6　　　　　　　　　　　　　　　　显示开/关设置

| 参数 1 | 参数 2 | 指令码 | 功　　能 |
|--------|--------|--------|----------|
| 无 | 无 | 90H | 关显示 |
| 无 | 无 | 98H | 开显示 |

表 5 - 7　　　　　　　　　　　　　　显示缓冲区设置

| 参数 1 | 参数 2 | 指令码 | 功　　能 |
|---|---|---|---|
| 地址低字节 | 地址高字节 | 42H | 设置显示缓冲区首地址 |
| 1EH | 无 | 43H | 设置显示每行字节数 |

控制器内部设有一个数据地址指针,用户可通过它来访问内部的全部 32 K RAM。数据控制包括数据指针设置、数据读写、数据连续读写、位写入,分别如表 5 - 8—表 5 - 11 所示。

表 5 - 8　　　　　　　　　　　　　　数据指针设置

| 参数 1 | 参数 2 | 指令码 | 功　　能 |
|---|---|---|---|
| 地址低字节 | 地址高字节 | 24H | 设置数据地址指针 |

表 5 - 9　　　　　　　　　　　　　　数　据　读　写

| 参数 1 | 参数 2 | 指令码 | 功　　能 |
|---|---|---|---|
| 数据字节 | 无 | C0H | 写数据且数据地址指针加一 |
| 无 | 无 | C1H | 读数据且数据地址指针加一 |
| 数据字节 | 无 | C2H | 写数据且数据地址指针减一 |
| 无 | 无 | C3H | 读数据且数据地址指针减一 |
| 数据字节 | 无 | C4H | 写数据且数据地址指针不变 |
| 无 | 无 | C5H | 读数据且数据地址指针不变 |

在连续指令开始后,控制器进入连续数据读写状态,以后每读写一次数据,数据地址指针自动加一,直到向控制器发出连续读写结束指令后,才能退出此状态。

表 5 - 10　　　　　　　　　　　　　　数据连续读写

| 参数 1 | 参数 2 | 指令码 | 功　　能 |
|---|---|---|---|
| 无 | 无 | B0H | 连续写开始 |
| 无 | 无 | B1H | 连续读开始 |
| 无 | 无 | B2H | 连续读写结束 |

注:

① 在连续数据读写状态,每次读写之前必须进行连续读写检测。

② 在连续数据读写状态,建议不要用除连续读写结束指令外的其他指令。

③ 在连续数据读写以后,务必向控制器发送连续读写结束指令,退出连续数据读写状态。

表 5 - 11                                位 写 入

| 参数 1 | 参数 2 | 指令码 | 功　　能 |
|---|---|---|---|
| 无 | 无 | F0H | 设置 D0 |
| 无 | F1H | 设置 D1 | 为 0 |
| 无 | F2H | 设置 D2 | 为 0 |
| 无 | F3H | 设置 D3 | 为 0 |
| 无 | F4H | 设置 D4 | 为 0 |
| 无 | F5H | 设置 D5 | 为 0 |
| 无 | F6H | 设置 D6 | 为 0 |
| 无 | F7H | 设置 D7 | 为 0 |
| 无 | F8H | 设置 D0 | 为 1 |
| 无 | F9H | 设置 D1 | 为 1 |
| 无 | FAH | 设置 D2 | 为 1 |
| 无 | FBH | 设置 D3 | 为 1 |
| 无 | FCH | 设置 D4 | 为 1 |
| 无 | FDH | 设置 D5 | 为 1 |
| 无 | FEH | 设置 D6 | 为 1 |
| 无 | FFH | 设置 D7 | 为 1 |

**6. 控制器接口时序说明（T6963C 及兼容芯片）**

（1）读写操作时序，如图 5 - 5 所示。

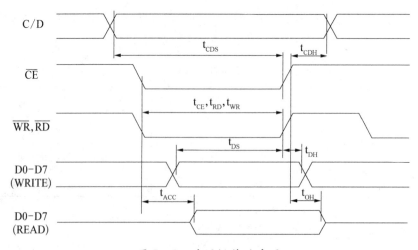

图 5 - 5　读写操作时序图

（2）时序参数,如表 5－12 所示。

表 5－12　　　　　　　　　　　　　时 序 参 数

| 时 序 参 数 | 符 号 | 极 限 值 | | | 单位 | 测试条件 |
|---|---|---|---|---|---|---|
| | | 最小值 | 典型值 | 最大值 | | |
| C/D 建立时间 | $t_{CDS}$ | 100 | — | — | ns | 引脚 C/D |
| C/D 保持时间 | $t_{CDH}$ | 10 | — | — | ns | |
| 片选、读、写脉冲宽度 | $t_{CE}$、$t_{RD}$、$t_{WR}$ | 80 | — | — | ns | — |
| 数据建立时间(写操作) | $t_{CDS}$ | 80 | — | — | ns | 引脚 DB0 ~ DB7 |
| 数据保持时间(写操作) | $t_{CDS}$ | 40 | — | — | ns | |
| 数据建立时间(读操作) | $t_{CDS}$ | — | — | 150 | ns | |
| 数据保持时间(读操作) | $t_{CDS}$ | 10 | — | 50 | ns | |

注: 液晶的详细说明只是为了大致了解其工作过程,为了节省开发周期,不必过多深入了解液晶的底层部分,熟练使用相关的软件支持包即可。

### 5.3.3　应用示例

在进行最终设计之前,我们先尝试使用 ZLG/GUI 软件支持包提供的函数接口。

任务一:在液晶上画一条任意直线;画一个封闭多边形再进行填充;显示字符串“hello world!”;显示汉字“你好”。

参考程序见程序清单 5.1。

**程序清单 5.1　任务一参考程序**

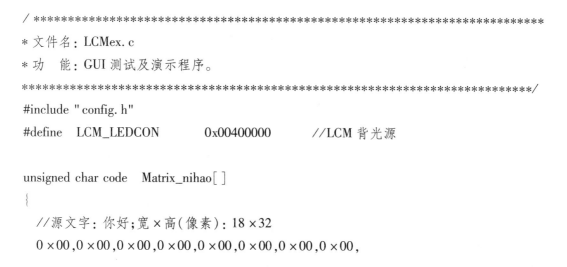

```
/ *************************************************************
* 文件名: LCMex. c
* 功　能: GUI 测试及演示程序。
*************************************************************/
#include " config. h"
#define   LCM_LEDCON          0x00400000      //LCM 背光源

unsigned char code   Matrix_nihao[ ]
{
   //源文字:你好;宽×高(像素):18×32
     0 ×00,0 ×00,0 ×00,0 ×00,0 ×00,0 ×00,0 ×00,0 ×00,
```

```
   0×09,0×00,0×10,0×00,0×09,0×00,0×11,0×F8,
   0×0B,0×FC,0×10,0×08,0×12,0×04,0×7C,0×10,
   0×14,0×08,0×24,0×20,0×30,0×40,0×24,0×20,
   0×50,0×40,0×25,0×FC,0×11,0×50,0×44,0×20,
   0×11,0×48,0×24,0×20,0×12,0×48,0×18,0×20,
   0×12,0×44,0×08,0×20,0×14,0×44,0×14,0×20,
   0×10,0×40,0×24,0×20,0×11,0×C0,0×40,0×E0,
   0×00,0×00,0×00,0×00,0×00,0×00,0×00,0×00,
};
//封闭多边形的各个顶点
uint32   const polygon7[ ] = {30,15, 170,15, 170,90, 190,110, 10,110, 30,90, 30,15};
/ ************************************************************
* 名    称: main( )
* 功    能: 主程序,用于 GUI 测试及演示。
*************************************************************/
int   main( void)
{
    PINSEL1 = 0x00000000;
    IO1DIR = LCM_LEDCON;
    IO1SET = LCM_LEDCON;

    GUI_Initialize( );                          //初始化 LCM
    GUI_SetColor(1,0);                          //设置前景色及背景色
    GUI_LineS( polygon7,7,1);                   //画封闭的多边形
    GUI_FloodFill(160,100,1);                   //填充多边形
    GUI_PutString(30,100,"hello,world!");       //显示字符串
    GUI_PutHZ(200,20,Matrix,32,18);             //显示汉字

    while(1);
    return(0);
}
```

**小结:** 示例中主要是使用软件支持包中的 API 函数进行了简单的显示操作。这里只展示了主要的函数文件,另外需要对软件支持包中的头文件和宏定义进行配置,可参考软件支持包的说明文档,具体见随书的电子文档。

## 5.4　任务实施

### 5.4.1　总体设计

根据任务分析,摆球碰撞实验动画演示使用 EasyARM2200 开发实验平台,处理器为基于 ARM7 构架的 LPC2210。图 5 - 6 是本任务的系统框图,主要包括两个部分:一个是 ARM 微控制器,另外一个是 LCM 模块。由于 LCM 模块集成了液晶显示器件、连接件、控制与驱动等外围电路、PCB 电路板、背光源、结构件等,使得整个系统显得格外简单,同时也降低了程序设计的复杂性。ARM 微控制器作为控制核心,向 LCM 模块传输数据和控制命令。LCM 模块进行分析后,在液晶上显示出动画的效果。正如任务分析中所述,整体的硬件没有太大难度,使用的均是现成的模块。重点是基于 LCD 的应用,涉及的点很多,注意分析碰撞的过程。

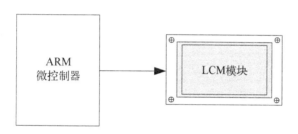

图 5 - 6　摆球碰撞动画演示系统框图

### 5.4.2　硬件设计

实现该任务的硬件电路主要模块中,主要包括两个部分,即 ARM 微控制器和 LCM 模块。EasyARM2200 教学实验平台可以直接支持 SMG240128A 点阵图形液晶模块或相兼容的液晶模块,硬件连接的接口为 J1,其应用连接电路如图 5 - 7 所示。采用 8 位总线方式连接,SMG240128A 点阵图形点阵液晶模块没有地址总线,显示地址和显示数据均通过 DB0 ~ DB7 接口实现。液晶模块的数据操作地址为 0x83000000,命令操作地址为 0x83000002。如图 5 - 7 所示,这里省略了与处理器芯片的引脚连接,只是标明了液晶模块的外围基本电路和与处理器连接的引脚标号。

使用 LPC2210 的总线对 SMG240128A 点阵图形液晶模块操作控制前,先要设置芯片的外部存储器控制器(EMC),如程序清单 5.2 所示。SMG240128A 点阵图形液晶模块驱动程序在下一节的软件设计中有列出。在 ADS1.2 集成开发环境、系统时钟 Fcclk = 44.2 368 MHz 条件下通过测试。

179

### 程序清单 5.2　存储器接口 Bank3 总线配置——SMG240128A

```
……
LDR     R0, = BCFG3
LDR     R1, = 0x10000CA0
STR     R1, [R0]
……
```

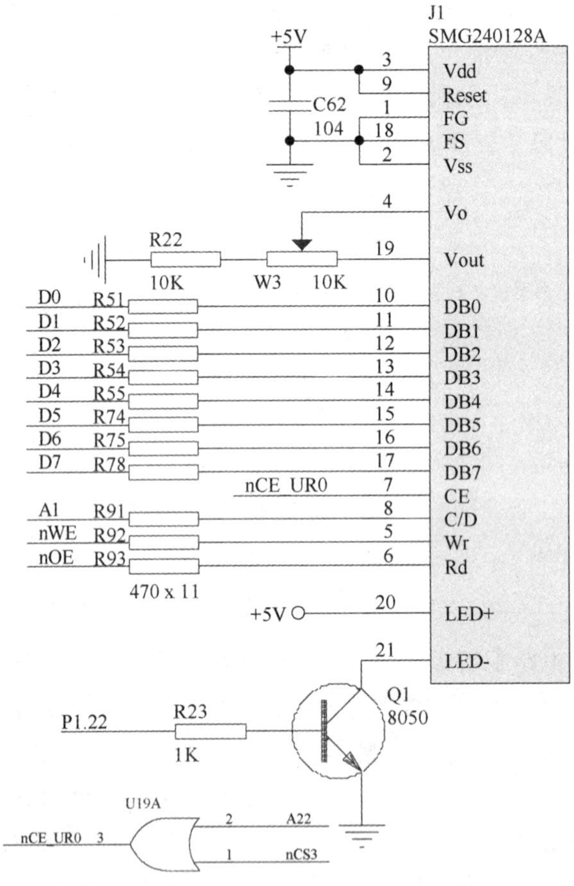

图 5-7　SMG240128A 点阵图形液晶模块应用连接电路

## 5.4.3　软件设计

　　前面已经对任务进行了由浅入深地分析,并在相关的子设计上给出了基础实例,下面结合项目的任务要求进行摆球碰撞的动画演示完整的程序设计。在任务分析中,我们已经知道了可以通过"画小球,擦除小球,在新的位置再画小球"这样的过程来体现小球的运动。

摆球碰撞动画的软件流程如图5-8和图5-9所示。

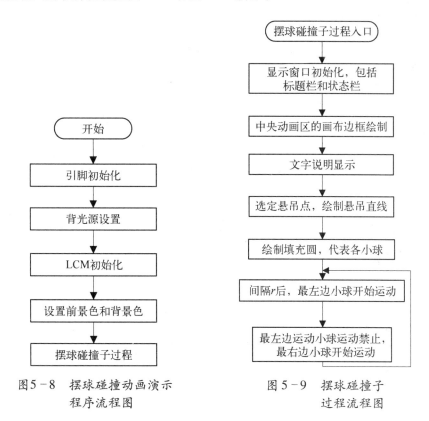

图5-8　摆球碰撞动画演示
　　　　程序流程图

图5-9　摆球碰撞子
　　　　过程流程图

摆球碰撞试验的参考程序见程序清单5.3。

### 程序清单5.3　摆球碰撞试验参考程序

```
/*****************************************************************
* 文 件 名：pendulum_Ball. c
* 功     能：基于 LCD 的图形动画：摆球碰撞实验。
*****************************************************************/
#include "config. h"
#define   LCM_LEDCON        0x00400000      //LCM 背光源
/*****************************************************************
* 名     称：DelayNS( )
* 功     能：长软件延时。
* 入口参数：dly    延时参数,值越大,延时越久
* 出口参数：无
```

```
*********************************************************************/
void   DelayNS( uint32   dly)
{
    uint32   i;
    for( ; dly > 0; dly - - )
        for( i = 0; i < 5000; i + + );
}


int EndX[ 18 ] = { 120,128,135,141,146,150,153,155,
            156,156,155,153,150,146,141,135,128,120 };
int EndY[ 18 ] = { 98,96,93,91,88,84,81,78,76,76,78,81,84,88,91,93,96,98 };
int  * AX = &EndX[ 0 ];
int  * AY = &EndY[ 0 ];
int v_r = 0,r;


int EndX1[ 18 ] = { 80,72,65,59,54,50,47,45,44,44,45,47,50,54,59,65,72,80 };
int EndY1[ 18 ] = { 98,96,93,91,88,84,81,78,76,76,78,81,84,88,91,93,96,98 };
int  * AX1 = &EndX1[ 0 ];
int  * AY1 = &EndY1[ 0 ];
int v_l = 0,l;
uint32   const frameline[ ] = { 30,15,  170,15,  170,90,  190,110,  10,110,  30,90,  30,15 };


unsigned char Matrix[ ] =
{
    //源文字:"摆球碰撞试验";宽×高(像素):18×96
    0 ×00,0 ×00,0 ×00,0 ×00,0 ×00,0 ×00,0 ×00,0 ×00,
    0 ×00,0 ×00,0 ×00,0 ×00,0 ×00,0 ×00,0 ×00,0 ×00,
    0 ×00,0 ×00,0 ×00,0 ×00,0 ×00,0 ×00,0 ×00,0 ×00,
    0 ×20,0 ×08,0 ×00,0 ×40,0 ×01,0 ×10,0 ×20,0 ×80,
    0 ×00,0 ×40,0 ×00,0 ×40,0 ×23,0 ×FC,0 ×00,0 ×50,
    0 ×08,0 ×90,0 ×20,0 ×40,0 ×40,0 ×50,0 ×F8,0 ×40,
    0 ×22,0 ×A8,0 ×F8,0 ×48,0 ×FC,0 ×A0,0 ×23,0 ×F8,
    0 ×20,0 ×48,0 ×08,0 ×A0,0 ×FA,0 ×A8,0 ×27,0 ×FC,
    0 ×23,0 ×FC,0 ×F9,0 ×10,0 ×2F,0 ×FC,0 ×48,0 ×A0,
```

$0\times23,0\times F8,0\times20,0\times40,0\times20,0\times A0,0\times20,0\times A0,$

$0\times00,0\times40,0\times49,0\times10,0\times20,0\times40,0\times22,0\times48,$

$0\times40,0\times A0,0\times27,0\times FC,0\times00,0\times40,0\times4A,0\times0C,$

$0\times28,0\times40,0\times F9,0\times48,0\times7A,0\times A4,0\times22,0\times50,$

$0\times E7,0\times C0,0\times49,0\times F0,0\times33,0\times F8,0\times21,0\times50,$

$0\times CA,0\times A4,0\times3B,0\times F0,0\times21,0\times20,0\times7C,0\times00,$

$0\times E0,0\times40,0\times20,0\times E0,0\times4A,0\times A8,0\times E2,0\times50,$

$0\times21,0\times20,0\times06,0\times90,0\times27,0\times FC,0\times29,0\times50,$

$0\times49,0\times B0,0\times23,0\times F0,0\times21,0\times20,0\times35,0\times50,$

$0\times20,0\times80,0\times36,0\times48,0\times48,0\times A0,0\times20,0\times40,$

$0\times21,0\times14,0\times C5,0\times50,0\times21,0\times10,0\times C0,0\times44,$

$0\times78,0\times A0,0\times27,0\times F8,0\times29,0\times D4,0\times05,0\times20,$

$0\times A3,0\times F8,0\times01,0\times40,0\times48,0\times A8,0\times A0,0\times40,$

$0\times36,0\times0C,0\times28,0\times20,0\times42,0\times08,0\times00,0\times80,$

$0\times07,0\times FC,0\times4F,0\times FC,0\times20,0\times04,0\times17,0\times FC,$

$0\times00,0\times00,0\times00,0\times00,0\times00,0\times00,0\times00,0\times00,$

$0\times00,0\times00,0\times00,0\times00,0\times00,0\times00,0\times00,0\times00,$

$0\times00,0\times00,0\times00,0\times00,0\times00,0\times00,0\times00,0\times00,$

```
};


/********************************************************************
* 名    称：pendulum_Ball ()
* 功    能：近似模拟 5 个小球的摆球碰撞，实现动画操作。
* 入口参数：无
* 出口参数：无
********************************************************************/
void    pendulum_Ball( void)
{
    WINDOWS    mywindows;
    int flag = 0;

    //显示窗口
    mywindows. x = 0;              //窗口位置 x
    mywindows. y = 0;              //窗口位置 y
```

```
mywindows. with = 240;                //窗口宽度
mywindows. hight = 128;               //窗口高度
mywindows. title = (uint8 *) "This is a physical experiment!";   //窗口标题
mywindows. state = (uint8 *) "The ball is running well!";        //窗口状态栏显示字符

GUI_WindowsDraw(&mywindows);                        //显示窗口 mywindows
GUI_LineS(frameline, 7, 1);                         //画封闭的多边形
GUI_Line(100,20,80,98,1);
GUI_CircleFill(80,98,5,1);
GUI_Line(100,20,120,98,1);
GUI_CircleFill(120,98,5,1);

GUI_PutHZ(140,20,Matrix,96,18);

for( ; ; )
{
    if( flag = = 0)
    {
        GUI_Line(100,20, * AX, * AY,1);
        GUI_CircleFill( * AX, * AY,5,1);
        r = 16 - v_r;
        DelayNS(r);
        GUI_CircleFill( * AX, * AY,5,0);
        GUI_Line(100,20, * AX, * AY,0);
        AX + +;AY + +;v_r + +;
        if( AX = = &EndX[17])
            AX = AX - 17;
        if( AY = = &EndY[17])
        {
            AY = AY - 17;
            flag = 1;
            GUI_Line(100,20,120,98,1);
            GUI_CircleFill(120,98,5,1);
        }
```

```
        if( v_r = = 8)
            v_r = 0;
        GUI_CircleFill(100,100,5,1);
        GUI_CircleFill(90,99,5,1);
        GUI_CircleFill(110,99,5,1);
        GUI_Line(100,20,100,100,1);
        GUI_Line(100,20,90,99,1);
        GUI_Line(100,20,110,99,1);
    }
else
    {

        GUI_Line(100,20, * AX1, * AY1,1);
        GUI_CircleFill( * AX1, * AY1,5,1);
        l = 16 - v_l;
        DelayNS(1);
        GUI_CircleFill( * AX1, * AY1,5,0);
        GUI_Line(100,20, * AX1, * AY1,0);
        AX1 + + ;AY1 + + ;v_l + + ;
        if( AX1 = = &EndX1[17])
            AX1 = AX1 - 17;
        if( AY1 = = &EndY1[17])
        {
            AY1 = AY1 - 17;
            flag = 0;
            GUI_Line(100,20,80,98,1);
            GUI_CircleFill(80,98,5,1);
        }
        if( v_l = = 8)
            v_l = 0;
        GUI_CircleFill(100,100,5,1);
        GUI_CircleFill(90,99,5,1);
        GUI_CircleFill(110,99,5,1);
        GUI_Line(100,20,100,100,1);
        GUI_Line(100,20,90,99,1);
```

```
            GUI_Line(100,20,110,99,1);
          }
       }
}
```

```
/ **********************************************************
 *名      称：main( )
 *功      能：主程序,用于 GUI 测试及演示。
 **********************************************************/
int   main(void)
{
    PINSEL1 = 0x00000000;
    IO1DIR = LCM_LEDCON;
    IO1SET = LCM_LEDCON;

    GUI_Initialize( );              //初始化 LCM
    GUI_SetColor(1, 0);             //设置前景色及背景色
    pendulum_Ball( );
    return(0);
}
```

LCD 的驱动程序见程序清单 5.4。

### 程序清单 5.4　LCD 的驱动程序

```
/ **********************************************************
 *文 件 名：LCDDRIVE. C
 *功      能：图形液晶 240 × 128 驱动(型号为 SMG240128A)。32 K 显示存,0000H ~
             7FFFH 地址。显示是横向字节,高位在前。
 *说      明：图形液晶采用 T6963C LCD 控制芯片,内带负压产生器,单 5 V 供电,并行接口
             (使用 LPC2210 驱动)。
 *硬件连接：     D0 - - D7    <===>     D0 - - D7
 *              /WR          <===>     nWE
 *              /RD          <===>     nOE
 *              /CE          <===>     nCS3_1
```

```
*              C/D         <===>      A1
*              /RST        <===>      VCC
******************************************************************/
#include "config. h"


//声明 GUI 显示缓冲区
TCOLOR   gui_disp_buf[GUI_LCM_YMAX][GUI_LCM_XMAX/8];
/*定义 LCM 地址*/
#define   TG240128_COM        (*((volatile unsigned short *) 0x83000002))
#define   TG240128_DAT        (*((volatile unsigned short *) 0x83000000))


/******************************************************************
*名      称:LCD_WriteCommand()
*功      能:写命令子程序。(发送命令前,不检查液晶模块的状态)
*入口参数:command      要写入 LCM 的命令字
*出口参数:无
*说      明:函数会设置 LCM 数据总线为输出方式。
******************************************************************/
#define   LCD_WriteCommand(command)   TG240128_COM = (uint16)command


/******************************************************************
*名      称:LCD_WriteData()
*功      能:写数据子程序。(发送数据前,不检查液晶模块的状态)
*入口参数:dat     要写入 LCM 的数据
*出口参数:无
*说      明:函数会设置 LCM 数据总线为输出方式。
******************************************************************/
#define   LCD_WriteData(dat)     TG240128_DAT = (uint16)dat


/******************************************************************
*名      称:LCD_ReadState()
*功      能:读取状态字子程序。
*入口参数:无
*出口参数:返回值即为读出的状态字
```

```
*说      明: 函数会设置 LCM 数据总线为输入方式。
**********************************************************************/
#define   LCD_ReadState( )   TG240128_COM
/***********************************************************************
*名      称: LCD_ReadData( )
*功      能: 读取数据子程序。
*入口参数: 无
*出口参数: 返回值即为读出的数据
*说      明: 函数会设置 LCM 数据总线为输入方式。
**********************************************************************/
#define   LCD_ReadData( )        TG240128_DAT
```

/* 以下为 LCM 的驱动层,主要负责发送 T6963 的各种命令,提供设置显示地址等功能,在发送命令前会检测其状态字。带参数命令模式: 先参数,后命令;操作模式: 先命令,后数据 */

```
/* T6963C 命令定义 */
/* 光标位置设置(只有设置到有效显示地址并打开显示时才看到) */
#define   LCD_CUR_POS       0x21
/* CGRAM 偏置地址设置(可以增加自己的符号) */
#define   LCD_CGR_POS       0x22
/* 地址指针位置(设置读写操作指针) */
#define   LCD_ADR_POS       0x24
/* 文本区首址(从此地址开始向屏幕左上角显示字符) */
#define   LCD_TXT_STP       0x40
/* 文本区宽度(设置显示宽度,N/6 或 N/8,其中 N 为 x 轴的点数) */
#define   LCD_TXT_WID       0x41
/* 图形区首址(从此地址开始向屏幕左上角显示点) */
#define   LCD_GRH_STP       0x42
/* 图形区宽度(设置显示宽度,N/6 或 N/8,其中 N 为 x 轴的点数) */
#define   LCD_GRH_WID       0x43
/* 显示方式: 逻辑或 */
#define   LCD_MOD_OR        0x80
/* 显示方式: 逻辑异或 */
#define   LCD_MOD_XOR       0x81
```

```
/*显示方式:逻辑与*/
#define    LCD_MOD_AND        0x82
/*显示方式:文本特征*/
#define    LCD_MOD_TCH        0x83
/*显示开关:D0 = 1/0,光标闪烁启用/禁用*/
/*         D1 = 1/0,光标显示启用/禁用*/
/*         D2 = 1/0,文本显示启用/禁用(打开后再使用)*/
/*         D3 = 1/0,图形显示启用/禁用(打开后再使用)*/
#define    LCD_DIS_SW         0x90
/*光标形状选择:0xA0 - 0xA7 表示光标占的行数*/
#define    LCD_CUR_SHP        0xA0
/*自动写设置*/
#define    LCD_AUT_WR         0xB0
/*自动读设置*/
#define    LCD_AUT_RD         0xB1
/*自动读/写结束*/
#define    LCD_AUT_OVR        0xB2
/*数据一次写,地址加1*/
#define    LCD_INC_WR         0xC0
/*数据一次读,地址加1*/
#define    LCD_INC_RD         0xC1
/*数据一次写,地址减1*/
#define    LCD_DEC_WR         0xC2
/*数据一次读,地址减1*/
#define    LCD_DEC_RD         0xC3
/*数据一次写,地址不变*/
#define    LCD_NOC_WR         0xC4
/*数据一次读,地址不变*/
#define    LCD_NOC_RD         0xC5
/*屏读*/
#define    LCD_SCN_RD         0xE0
/*屏拷贝*/
#define    LCD_SCN_CP         0xE8
/*位操作:D0 - D2 - - 定义 D0 - D7 位,D3 - - 1 为置位,0 为清除*/
```

```
#define    LCD_BIT_OP              0xF0


/ ********************************************************************
* 名      称：LCD_TestStaBit01( )
* 功      能：判断读写指令和读写数据是否允许。
* 入口参数：无
* 出口参数：返回 0 表示禁止,否则表示允许
********************************************************************/
uint8    LCD_TestStaBit01( void )
{
    uint8 i;
    for( i = 100; i > 0; i - - )
    {
        if( ( LCD_ReadState( ) &0x03 ) = = 0x03 ) break;
    }
    return( i ) ;
}


/ ********************************************************************
* 名      称：LCD_TestStaBit3( )
* 功      能：数据自动写状态是否允许。
* 入口参数：无
* 出口参数：返回 0 表示禁止,否则表示允许
********************************************************************/
uint8    LCD_TestStaBit3( void )
{
    uint8 i;
    for( i = 100; i > 0; i - - )
    {
        if( ( LCD_ReadState( ) &0x08 ) = = 0x08 ) break;
    }
    return( i ) ;
}
```

```
/*******************************************************************
* 名　　称：LCD_WriteTCommand1( )
* 功　　能：写无参数命令子程序。会先判断 LCM 状态字。
* 入口参数：command　　要写入 LCM 的命令字
* 出口参数：操作出错返回 0,否则返回 1
*******************************************************************/
uint8　LCD_WriteTCommand1( uint8 command)
{
    if( LCD_TestStaBit01( ) = = 0)
        return( 0) ;
    LCD_WriteCommand( command) ;    //发送命令字
    return( 1) ;
}


/*******************************************************************
* 名　　称：LCD_WriteTCommand3( )
* 功　　能：写双参数命令子程序。会先判断 LCM 状态字。
* 入口参数：command　　要写入 LCM 的命令字
*          dat1          参数 1
*          dat2          参数 2
* 出口参数：操作出错返回 0,否则返回 1。
* 说　　明：先发送两字节参数数据,再发送命令字。
*******************************************************************/
uint8　LCD_WriteTCommand3( uint8 command, uint8 dat1, uint8 dat2)
{
    if( LCD_TestStaBit01( ) = = 0)
        return( 0) ;
    LCD_WriteData( dat1) ;          //发送数据 1

    if( LCD_TestStaBit01( ) = = 0)
        return( 0) ;
    LCD_WriteData( dat2) ;          //发送数据 2

    if( LCD_TestStaBit01( ) = = 0)
```

```
            return(0);
        LCD_WriteCommand(command);    //发送命令字
        return(1);

}


/*******************************************************************
* 名      称: LCD_WriteTCommand2()
* 功      能:写单参数命令子程序。会先判断 LCM 状态字。
* 入口参数: command      要写入 LCM 的命令字
*            dat1         参数 1
* 出口参数:操作出错返回 0,否则返回 1。
* 说      明:先发送参数数据,再发送命令字。
********************************************************************/
uint8   LCD_WriteTCommand2(uint8 command, uint8 dat1)
{
    if(LCD_TestStaBit01() = =0)
        return(0);
    LCD_WriteData(dat1);                //发送数据 1

    if(LCD_TestStaBit01() = =0)
        return(0);
    LCD_WriteCommand(command);          //发送命令字
    return(1);

}


/*******************************************************************
* 名      称: LCD_WriteTData1()
* 功      能:写 1 字节数据子程序。会先判断状态字。
* 入口参数: dat         要写入 LCM 的数据
* 出口参数:操作出错返回 0,否则返回 1。
********************************************************************/
uint8   LCD_WriteTData1(uint8 dat)
{
    if(LCD_TestStaBit3() = =0)
```

```
            return(0);
        LCD_WriteData(dat);                    //发送命令字
        return(1);
    }
```

/* 以下为 LCM 的用户接口层,主要负责解释用户命令,并发送到 LCM,为用户编程提供接口 */

```
/******************************************************************
* 名      称: LCD_Initialize()
* 功      能: LCM 初始化,将 LCM 初始化为纯图形模式,显示起始地址为 0x0000。
* 入口参数: 无
* 出口参数: 无
* 说      明: 函数会设置 LCM 数据总线为输出方式。
******************************************************************/
void    LCD_Initialize(void)
{
    //设置文本方式 RAM 起始地址
    LCD_WriteTCommand3(LCD_TXT_STP, 0x00, 0x00);
    //设置文本模式的宽度,宽度为 N/6 或 N/8,N 为宽度点数,如 240
    LCD_WriteTCommand3(LCD_TXT_WID, 30, 0x00);
    //设置图形方式 RAM 起始地址
    LCD_WriteTCommand3(LCD_GRH_STP, 0x00, 0x00);
    //设置图形模式的宽度,宽度为 N/6 或 N/8,N 为宽度点数,如 240
    LCD_WriteTCommand3(LCD_GRH_WID, 30, 0x00);
    //设置显示方式为"或"
    LCD_WriteTCommand1(LCD_MOD_OR);
    //设置纯图形显示模式
    LCD_WriteTCommand1(LCD_DIS_SW|0x08);
}


/******************************************************************
* 名      称: LCD_FillAll()
* 功      能: LCD 填充。以图形方式进行填充,起始地址为 0x0000。
```

```
* 入口参数: dat      要填充的数据
* 出口参数: 无
*********************************************************************/
void    LCD_FillAll( uint8 dat )
{
    uint32   i;
    LCD_WriteTCommand3( LCD_ADR_POS, 0x00, 0x00 );          //置地址指针
    LCD_WriteTCommand1( LCD_AUT_WR );                        //自动写
    for( i = 0; i < 128 * 30; i + + )
    {
        LCD_WriteTData1( dat );                             //写数据
    }
    LCD_WriteTCommand1( LCD_AUT_OVR );                       //自动写结束
    LCD_WriteTCommand3( LCD_ADR_POS, 0x00, 0x00 );          //重置地址指针
}


/ ***********************************************************************
* 名      称: LCD_UpdatePoint( )
* 功      能: 在指定位置上画点,刷新某一点。
* 入口参数: x    指定点所在列的位置
*           y    指定点所在行的位置
* 出口参数: 返回值为 1 时表示操作成功,为 0 时表示操作失败。
* 说      明: 操作失败原因是指定地址超出缓冲区范围。
*********************************************************************/
void    LCD_UpdatePoint( uint32 x, uint32 y )
{
    uint32    addr;
    / * 找出目标地址 * /
    addr = y * ( GUI_LCM_XMAX >> 3 ) + ( x >> 3 );
    LCD_WriteTCommand3( LCD_ADR_POS, addr&0xFF, addr >> 8 ); //置地址指针
    / * 输出数据 * /
    LCD_WriteTCommand2( LCD_INC_WR, gui_disp_buf[ y ][ x >> 3 ] );
}
```

```
/***********************************************************
*              与 LCM 相关的 GUI 接口函数
***********************************************************/


/***********************************************************
*名      称: GUI_FillSCR( )
*功      能:全屏填充。直接使用数据填充显示缓冲区。
*入口参数: dat      填充的数据(对于黑白色 LCM,为 0 的点灭,为 1 的点显示)
*出口参数:无
***********************************************************/
void   GUI_FillSCR(uint8 dat)
{

    uint32   i, j;
    for(i = 0; i < GUI_LCM_YMAX; i + + )              //历遍所有行
    {

        for(j = 0; j < GUI_LCM_XMAX/8; j + + )        //历遍所有列
        {

            gui_disp_buf[i][j] = dat;                //填充数据

        }

    }
    /* 填充 LCM */
    LCD_FillAll(dat);

}


/***********************************************************
*名      称: GUI_Initialize( )
*功      能:初始化 GUI,包括初始化显示缓冲区,初始化 LCM 并清屏。
*入口参数:无
*出口参数:无
***********************************************************/
void   GUI_Initialize(void)
{

    LCD_Initialize( );        //初始化 LCM 模块工作模式,纯图形模式
    GUI_FillSCR(0x00);        //初始化缓冲区为 0x00,并输出屏幕(清屏)
```

```
}


/ * * * * * * * * * * * * * * * * * * * * * * * * * * * * * * * * * * * * * * * * * * * * * * * * * * * * * * * * * * * * * * * *
* 名    称: GUI_ClearSCR( )
* 功    能: 清屏。
* 入口参数: 无
* 出口参数: 无
* 说    明: 用户根据 LCM 的实际情况编写此函数。
* * * * * * * * * * * * * * * * * * * * * * * * * * * * * * * * * * * * * * * * * * * * * * * * * * * * * * * * * * * * * * * * /
void    GUI_ClearSCR( void )
{

    GUI_FillSCR( 0x00 );

}


uint8 const    DCB_HEX_TAB[ 8 ] = {0x80, 0x40, 0x20, 0x10, 0x08, 0x04, 0x02, 0x01};


/ * * * * * * * * * * * * * * * * * * * * * * * * * * * * * * * * * * * * * * * * * * * * * * * * * * * * * * * * * * * * * * * *
* 名    称: GUI_Point( )
* 功    能: 在指定位置上画点。
* 入口参数: x        指定点所在列的位置
*          y        指定点所在行的位置
*          color    显示颜色(对于黑白色 LCM, 为 0 时灭, 为 1 时显示)
* 出口参数: 返回值为 1 时表示操作成功, 为 0 时表示操作失败。(操作失败原因是指定地
            址超出有效范围)
* 说    明: 用户根据 LCM 的实际情况编写此函数。对于单色, 只有一个位有效, 则要使
            用左移的方法实现 point_dat = ( point_dat&MASK_TAB[ i ] ) | ( color << n ), 其
            他位数的一样处理。
* * * * * * * * * * * * * * * * * * * * * * * * * * * * * * * * * * * * * * * * * * * * * * * * * * * * * * * * * * * * * * * * /
uint8    GUI_Point( uint32 x, uint32 y, TCOLOR color )
{
    / * 参数过滤 * /
    if( x > = GUI_LCM_XMAX )
    return( 0 );
    if( y > = GUI_LCM_YMAX )
```

```
        return(0);

        /*设置缓冲区相应的点*/
        if((color&0x01)! =0)
            gui_disp_buf[y][x >> 3] | = DCB_HEX_TAB[x&0x07];
        else
            gui_disp_buf[y][x >> 3] & = ( ~ DCB_HEX_TAB[x&0x07]);
        /*刷新显示*/
        LCD_UpdatePoint(x, y);
        return(1);
}
```

```
/ *****************************************************************
*  名    称: GUI_ReadPoint( )
*  功    能: 读取指定点的颜色。
*  入口参数: x        指定点所在列的位置
*            y        指定点所在行的位置
*            ret      保存颜色值的指针
*  出口参数: 返回0时表示指定地址超出有效范围。
*  说    明: 对于单色,设置 ret 的 d0 位为 1 或 0,4 级灰度则为 d0、d1 有效,8 位 RGB 则
            d0 ~ d7 有效,RGB 结构则 R、G、B 变量有效。
****************************************************************** /
int    GUI_ReadPoint( uint32 x, uint32 y, TCOLOR  * ret)
{
    TCOLOR   bak;
    /*参数过滤*/
    if(x > = GUI_LCM_XMAX)
    return(0);
    if(y > = GUI_LCM_YMAX)
    return(0);

    /*取得该点颜色(用户自行更改) */
    bak = gui_disp_buf[y][x >> 3];
    if((bak&DCB_HEX_TAB[x&0x07])! =0)
```

```
        * ret = 1;
    else
        * ret = 0;
    return(1);
}


/ ***************************************************************
* 名     称: GUI_HLine( )
* 功     能: 画水平线。
* 入口参数: x0        水平线起点所在列的位置
*           y0        水平线起点所在行的位置
*           x1        水平线终点所在列的位置
*           color     显示颜色(对于黑白色 LCM,为 0 时灭,为 1 时显示)
* 出口参数: 无
* 说     明: 操作失败原因是指定地址超出缓冲区范围。
***************************************************************/
void   GUI_HLine(uint32 x0, uint32 y0, uint32 x1, uint8 color)
{
    uint32    bak;
    if(x0 > x1)              //对 x0、x1 大小进行排列,以便画图
    {
        bak = x1;
        x1 = x0;
        x0 = bak;
    }
    if(x0 = = x1)
    {
        GUI_Point(x0, y0, color);
        return;
    }
    do
    {
        /*设置相应的点为 1 */
        if(0! = color)
```

```
        gui_disp_buf[ y0 ][ x0 >> 3 ]  | = DCB_HEX_TAB[ x0&0x07 ];
    else
        gui_disp_buf[ y0 ][ x0 >> 3 ]  & = ( ~ DCB_HEX_TAB[ x0&0x07 ] );
    / * 刷新显示(一次刷新一字节) * /
    if( ( x0&0x07 ) = = 0x07)
        LCD_UpdatePoint( x0 , y0 );
    x0 + + ;
} while( x1 > x0);
/ * 对最后一点显示操作 * /
if( 0 ! = color )
    gui_disp_buf[ y0 ][ x0 >> 3 ]  | = DCB_HEX_TAB[ x0&0x07 ];
else
    gui_disp_buf[ y0 ][ x0 >> 3 ]  & = ( ~ DCB_HEX_TAB[ x0&0x07 ] );
LCD_UpdatePoint( x0 , y0 );
}


/ ********************************************************************
* 名      称: GUI_RLine( )
* 功      能: 画垂直线。
* 入口参数: x0        垂直线起点所在列的位置
*           y0        垂直线起点所在行的位置
*           y1        垂直线终点所在行的位置
*           color     显示颜色(对于黑白色 LCM,为 0 时灭,为 1 时显示)
* 出口参数: 无
* 说      明: 操作失败原因是指定地址超出缓冲区范围。
*********************************************************************/
void   GUI_RLine( uint32 x0 , uint32 y0 , uint32 y1 , uint8 color)
{
    uint32   bak;
    if( y0 > y1)                    //对 y0,y1 大小进行排列,以便画图
    {
        bak = y1;
        y1 = y0;
        y0 = bak;
```

```
    }
    if( y0 = = y1 )
    {
        GUI_Point( x0 , y0 , color) ;
        return ;
    }
    do
    {
        GUI_Point( x0 , y0 , color) ;        //逐点显示,描出垂直线
        y0 + + ;
    } while( y1 > y0) ;
    GUI_Point( x0 , y0 , color) ;
}
```

### 5.4.4　测试与结果

（1）启动 ADS1.2,使用 ARM Executable Image for lpc22xx 工程模板建立一个工程 Pendulum_Ball。

（2）将第三方软件支持包整个 ZLG_GUI 文件夹复制到工程 Pendulum_Ball\SRC 文件夹下,在 ADS1.2 的工程管理窗口中新建一个组 ZLG/GUI,然后将 Pendulum_Ball\SRC\ZLG_GUI 下的所有文件添加进此组。修改 GUI_CONFIG.H 配置文件,配置 ZLG/GUI。主要是需要使用什么函数模块,就将此模块使能。比如:

```
#define    GUI_PutHZ_EN        1        / * 汉字显示函数 * /
#define    GUI_LoadPic_EN      1        / * 单色图形显示函数 * /
#define    FONT5x7_EN          1        / * 5 * 7 字体 * /
#define    GUI_WINDOW_EN       1        / * 窗口管理 * /
#define    GUI_CircleX_EN      1        / * 画圆函数 * /
```

（3）新建源文件 lcddrive.c 和 lcddrive.h,编写 SMG240128A 液晶模块驱动程序,然后将 lcddrive.c 添加到工程的 user 组中。新建源代码文件 pendulum_Ball.c,编写任务程序,然后添加到工程的 user 组中。

（4）修改 config.h,增加包含 LCDDRIVE.H 头文件和 ZLG/GUI 目录下的所有头文件,同时在包含头文件代码之前加入 NULL 宏的定义。

```
#include    "LCDDRIVE.h"
```

（5）在 Startup. s 文件的 ResetInit 子程序中，修改存储器接口 Bank3 的总线配置（因为 SMG240128A 液晶模块接口是使用 Bank3 的地址空间），如程序清单 5.2 所示。为了使程序能更快地执行，更改 Bank0 总线配置为 BCFG0 = 0x10000400。

注意：预先提供的工程模板的默认存储器接口 Bank2 和 Bank3 总线配置的代码是注释掉的，所以应先取消注释。

（6）将 ARM 开发平台上的 JP8 跳线全部短接，JP4 跳线断开，JP6 跳线设置为 Bank0 - RAM、Bank1 - Flash。

（7）将 SMG240128A 液晶模块插入 ARM 开发平台上的 J1 连接器，注意不要放错方向（液晶模块的第 1 脚要与 J1 的第 1 脚对应）。还要确保可靠连接，防止接触不良导致显示错误。

（8）打开 H - JTAG，找到目标开发平台，并且打开 H - Flasher 配置好相应的调试设置。注意：在调试之前要在"Program Wizard"下的"Programing"中进行"check"。

（9）选用 DebugInExram 生成目标，然后编译连接工程。选择 Project→Debug，启动 AXD 进行 JTAG 仿真调试。在 configure target 中选择相应的目标，然后就可以加载映像文件了，注意加载的文件要和之前选择的 debug 方式生成的映像文件一致，比如这里选择了 DebugInExtram，表示使用的是使用片外 RAM 进行在线调试，那么加载的映像必须是工程下的 DebugInExtram 文件夹中的。

（10）全速运行程序，观察开发平台上液晶模块的显示，与预期的效果进行对比。也可采用单步运行（Step）、设置断点等方法调试程序，观察每一条指令运行后液晶模块显示的变化。若与功能不符，建议检查程序，修改功能（通过调节 W3 可以控制显示对比度）。

运行显示，液晶上的动画能够正常稳定显示，摆球碰撞近似模拟能够正常进行，并且能够感觉到摆球在上升过程中速度的变慢，以及下降过程中速度的加快。标题栏和状态栏的字符能够正常显示，文字说明栏的汉字能够正常显示。总体来说，初步达到了演示效果。

## 5.5 任务拓展

本项目设计的基于 LCM 的摆球碰撞模拟动画主要是在 LCM 的各种操作，包括画任意直线、画任意圆、显示标题和状态栏，显示文字说明等。硬件结构已经集成化，主要侧重于液晶模块的驱动程序调用和动画模拟的实现，整个动画的过程是靠"画小球，擦除小球，在新的位置再画小球"步骤。这也是程序设计的关键所在，这里预先设置了摆球经过的近似路经点，并配置了延迟时间变量，通过变化的延迟时间体现小球运动速度的变化。如图 5 - 10 是摆球碰撞的演示图，图中各个球均分别悬吊在两个横栏的中间，摆球静止时，近似认为球与球之间无挤压。而在程序中为了简便，得到了图 5 - 11 的动画演示，造成的结果是在最左边的球下降至碰撞后，中间球的位置会发生改变，而不是固定不变。这样的摆放方式严格来说是不便于演示的，最好是按照实际的实验装置,将每个球用两条绳叉开吊起,这样才能使摆球在碰撞中中间球的位置不改变。增加的程序量是多画几条任意直线,但是能更好地描述摆球的碰撞过程,不用考虑中间球的影响。

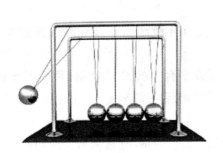　　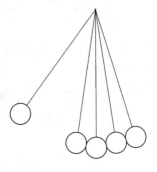

　　图 5－10　实际物理实验中摆球碰撞装置　　　图 5－11　动画演示中的摆球碰撞

# 项目6　液晶电子钟

## 6.1　任务描述

电子钟亦称数显钟（数字显示钟），是一种用数字电路技术实现时、分、秒计时的装置。与机械时钟相比，直观性为其主要显著特点，且因非机械驱动，具有更长的使用寿命。相较石英钟的石英机芯驱动，更具准确性。但是它的弱点是显时较为单调。电子钟已成为人们日常生活必不可少的必需品，广泛用于个人、家庭以及车站、码头、剧院、办公室等公共场所，给人们的生活、学习、工作、娱乐带来极大的方便。图6-1和图6-2所示是日常生活中常见的电子钟。

图6-1　液晶电子钟

图6-2　液晶电子钟

本任务是实现基于 LCD 的液晶电子钟，具体要求如下：

（1）通过液晶实时显示设置好的时间，并能够正常计时。

（2）电子钟的显示界面包括标题栏，状态栏，中央显示区。中央显示区是电子钟主要的显示，其显示为 24 小时制。必须能显示"年、月、日、时、秒、星期"的数值及其对应的汉字。另外为了显示的效果，需要再显示一幅时钟的图片。

（3）电子钟的显示必须符合实际情况，比如平年和闰年的区别、每个月天数的不同以及星期的变化等因素。

## 6.2　任务分析

本设计主要是运用基于 ARM7 的 LPC2210 处理器在点阵图形液晶模块 SMG240128A 上设计电子钟。本项目的显示对象为实时时钟，主要功能是显示实时的数据。按照设计要求，完成任务需要解决以下几个问题：① 构建处理器与 LCD 显示模组的接口电路；② 了解液晶显示各种各样图形的原理和对应型号液晶的绘图接口函数；③ 了解实时时钟（RTC）模块原理和应用。

本项目基于 EasyARM2200 开发板,该开发板控制核心为 ARM7 内核的 LPC2210 处理器。本任务的目的是在液晶上实现电子钟的功能。我们知道,通过液晶可以与人进行图形界面的交互,随之带来的良好体验是不言而喻的。在上一个项目中,我们从各方面使用了 LCD 的 GUI 函数,项目的内容主要是纯 LCD 的应用。但是实际中,液晶还赋予了更多的功能,比如实时数据的显示、图形的显示等。从这一目的出发,我们将液晶模块的功能进行拓展,将开发平台上其他模块的数据经过处理后实时显示出来。要显示时钟,那么必须有计时的模块,这里 LPC2210 处理器已经集成了 RTC 的功能,所以不需要再另外详细设计定时器的程序了。集成的 RTC 模块带有日历和时钟的功能,RTC 提供的一套计数器,在系统工作时对时间进行测量,可以提供秒、分、小时、日、月、年和星期的数据。

本项目的硬件方面,由于 LCD 显示模组已经包含了液晶显示器件、连接件、控制与驱动等外围电路、PCB 电路板、背光源和结构件,所以主要就是完成这一 LCM 模块与处理器的应用连接电路设计。电路的连接相对简单,可以参考液晶模块 SMG240128A 的应用手册。仔细阅读 T6963C 液晶驱动器的数据手册,了解液晶模块的驱动电路。这一部分是模块已经实现好的。本项目的软件方面是本次任务的重点,主要进行 RTC 的驱动程序设计。液晶能够显示几何图形的基础是各像素点按照一定规律和顺序的组合。那么这里需要显示的数据是通过读取 RTC 相应的寄存器组后,经过进制转换便于显示的数据,这些数据均是字符串。同时由于星期的数据是汉字"一,二,……,七",那么在程序中得到寄存器数据后应该先进行匹配判断显示对应的汉字。标题栏的显示、状态栏的显示和文字说明等均是通过数字、字母、汉字等字符来显示,这部分的实现需要根据提供的字库来完成。同时汉字的显示可能需要借助文字取模软件,预先得到汉字在液晶程序中的十六进制数据。程序设计是本次任务的重点,涉及的点不多,但是主线明确。必须对 RTC 模块的操作运用十分熟悉。下面从 RTC 模块应用开始逐步完成设计目标。

# 6.3 任务基础

## 6.3.1 RTC 概述

实时时钟的特性:

(1) 带日历和时钟功能。

(2) 超低功耗设计,支持电池供电系统。

(3) 提供秒、分、小时、日、月、年和星期。

(4) 可编程基准时钟分频器允许调节 RTC 以适应不同的晶振频率。

实时时钟(RTC)提供一套计数器,在系统工作时对时间进行测量。RTC 消耗的功率非常低,这使其适合于由电池供电的、CPU 不连续工作(空闲模式)的系统。

说明:由于 LPC2200 系列微控制器的 RTC 没有独立的时钟源,使用的时钟频率是通过对

$F_{PCLK}$ 分频得到,所以,在使用 RTC 的时候,CPU 不能进入掉电模式。

　　RTC 结构如图 6-3 所示,RTC 的时钟源是 PCLK,经过分频,输入到时钟节拍计数器 CTC 的时钟频率是 32.768 kHz。时间计数器与报警寄存器不断地进行比较,当匹配时,可以产生报警中断。此外,时间计数器值的增加也可以产生中断信号。

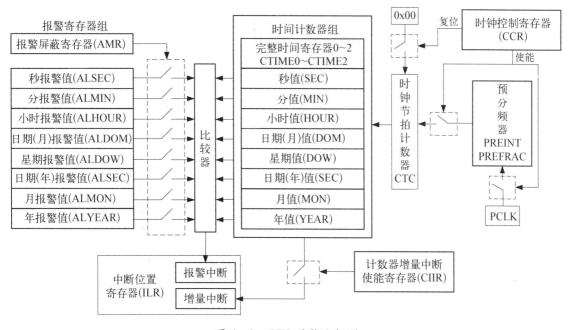

图 6-3　RTC 结构方框图

　　实时时钟含有两类中断——计数器增量中断(CIIR)和报警中断。寄存器 ILR 实际上就是中断标志寄存器,通过读取该寄存器的值,可以判断中断类型。

　　(1) 计数器增量中断。在 RTC 中,含有 8 个时间计数器(如秒计数器、分计数器等)。计数器增量中断寄存器(CIIR)中的每个位都对应一个时间计数器,如果使能其中的某一位,那么该位所对应的时间计数器每增加一次,就产生一次中断。例如:CIIR 寄存器 bit0 对应 RTC 中的秒计数器,如果 CIIR[0] = 1,那么 RTC 每秒就会引发一次中断。增量中断控制原理示意图如图 6 4 所示。

图 6-4　增量中断控制原理示意图

　　(2) 报警寄存器允许用户设定产生中断的时间,当 RTC 的当前时间与报警时间相匹配时,就会引发中断。在 RTC 中,设置了 8 个报警时间寄存器,分别用来存储报警时间值。当前时间是否与对应的报警时间进行比较,是由报警屏蔽寄存器(AMR)进行设定的。AMR 寄存器中的每一位都对应一个报警时间寄存器,如果 AMR 寄存器中的某位为"1",则对应的报警时间寄存器就被屏蔽了。例如:当位 AMRYEAR =1 时,RTC 的年值就不再和报警时间寄存器中的年值比较,年报警寄存器被屏蔽,如图 6-5 所示。

图 6-5    RTC 报警寄存器

如果所有未屏蔽的报警时间寄存器的值与它们对应的当前时间寄存器的值相匹配时,则会产生中断。报警中断控制原理示意图如图 6-6 所示。

图 6-6    报警中断控制原理示意图

RTC 执行一个简单的位比较,观察年计数器的最低 2 位(即 YEAR[1:0])是否为 0,如果为 0,那么 RTC 认为这一年为闰年。RTC 认为所有能被 4 整除(年计数器的最低两位为 0 时,一定被 4 整除)的年份都为闰年。这个算法从 1901 年到 2099 年都是准确的,但在 2100 年出错,2100 年并不是闰年。闰年对 RTC 的影响只是改变 2 月份的长度、日期(月)和年的计数值。

## 6.3.2    寄存器概述

RTC 包含了许多寄存器。地址空间按照功能分成 4 个部分,前 8 个地址为混合寄存器组,第二部分的 8 个地址为定时器计数器组,第三部分的 8 个地址为报警寄存器组,最后一部分为基准时钟分频器。

实时时钟模块所包含的寄存器见表 6-1。

表 6-1 实时时钟寄存器映射

| 名 称 | | 规格 | 描 述 | 访问 | 复位值 | 地 址 |
|---|---|---|---|---|---|---|
| 混合寄存器组 | ILR | 2 | 中断位置寄存器 | R/W | * | 0xE0024000 |
| | CTC | 15 | 时钟节拍计数器 | RO | * | 0xE0024004 |
| | CCR | 4 | 时钟控制寄存器 | R/W | * | 0xE0024008 |
| | CIIR | 8 | 计数器增量中断寄存器 | R/W | * | 0xE002400C |
| | AMR | 8 | 报警屏蔽寄存器 | R/W | * | 0xE0024010 |
| | CTIME0 | (32) | 完整时间寄存器 0 | RO | * | 0xE0024014 |
| | CTIME1 | (32) | 完整时间寄存器 1 | RO | * | 0xE0024018 |
| | CTIME2 | (32) | 完整时间寄存器 2 | RO | * | 0xE002401C |
| 定时寄存器组 | SEC | 6 | 秒寄存器 | R/W | * | 0xE0024020 |
| | MIN | 6 | 分寄存器 | R/W | * | 0xE0024024 |
| | HOUR | 5 | 小时寄存器 | R/W | * | 0xE0024028 |
| | DOM | 5 | 日期(月)寄存器 | R/W | * | 0xE002402C |
| | DOW | 3 | 星期寄存器 | R/W | * | 0xE0024030 |
| | DOY | 9 | 日期(年)寄存器 | R/W | * | 0xE0024034 |
| | MONTH | 4 | 月寄存器 | R/W | * | 0xE0024038 |
| | YEAR | 12 | 年寄存器 | R/W | * | 0xE002403C |
| 报警寄存器组 | ALSEC | 6 | 秒报警值 | R/W | * | 0xE0024060 |
| | ALMIN | 6 | 分报警值 | R/W | * | 0xE0024064 |
| | ALHOUR | 5 | 小时报警值 | R/W | * | 0xE0024068 |
| | ALDOM | 5 | 日期(月)报警值 | R/W | * | 0xE002406C |
| | ALDOW | 3 | 星期报警值 | R/W | * | 0xE0024070 |
| | ALDOY | 9 | 日期(年)报警值 | R/W | * | 0xE0024074 |
| | ALMON | 4 | 月报警值 | R/W | * | 0xE0024078 |
| | ALYEAR | 12 | 年报警值 | R/W | * | 0xE002407C |
| 基准时钟分频器 | PREINT | 13 | 预分频值,整数部分 | R/W | 0 | 0xE0024080 |
| | PREFRAC | 15 | 预分频值,小数部分 | R/W | 0 | 0xE0024084 |

注:RTC 当中除预分频器部分之外的其他寄存器都不受器件复位的影响。如果 RTC 使能,这些寄存器必须通过软件来初始化。

## 1. 混合寄存器组

表 6-2 所列为混合寄存器组的 8 个寄存器。

表 6-2　　　　　　　　　　　　　　　　　混合寄存器

| 地　　址 | 名称 | 规格 | 描　　　　述 | 访问 |
|---------|------|------|-------------|------|
| 0xE0024000 | ILR | 2 | 中断位置寄存器：读出的该位置寄存器的值指示了中断源,向寄存器的一个位写入 1 来清除相应的中断 | R/W |
| 0xE0024004 | CTC | 15 | 时钟节拍计数器：该寄存器的值来自时钟分频器 | RO |
| 0xE0024008 | CCR | 4 | 时钟控制寄存器：控制时钟分频器的功能 | R/W |
| 0xE002400C | CIIR | 8 | 计数器增量中断寄存器：当计数器递增时,选择一个计数器产生中断 | R/W |
| 0xE0024010 | AMR | 8 | 报警屏蔽寄存器：控制报警寄存器的屏蔽 | R/W |
| 0xE0024014 | CTIME0 | 32 | 完整时间寄存器 0 | RO |
| 0xE0024018 | CTIME1 | 32 | 完整时间寄存器 1 | RO |
| 0xE002401C | CTIME2 | 32 | 完整时间寄存器 2 | RO |

1）中断位置寄存器（ILR,0xE002 4000）

中断位置寄存器 ILR 是一个 2 位寄存器,它指出哪些模块产生中断（ILR 寄存器实际就是一个中断标志寄存器）。向一个位写入 1 会清除相应的中断,写入 0 无效。ILR 寄存器描述见表 6-3。

表 6-3　　　　　　　　　　　　　　　　中断位置寄存器 ILR

| 位 | 位名称 | 描　　　　述 |
|----|--------|-------------|
| 0 | RTCCIF | 为 1 时,计数器增量中断模块产生中断,该位写入 1 清除计数器增量中断 |
| 1 | RTCALF | 为 1 时,报警寄存器产生中断,该位写入 1 清除报警中断 |

可以采用如下方法清除中断：首先读取该寄存器,然后将读出的值再回写到寄存器中,这样便可以清除检测到的中断,如程序清单 6.1 所示。

### 程序清单 6.1　RTC 中断位置寄存器清零

Tmp = ILR;　　　//读取中断为该子寄存器 ILR

ILR = Tmp;　　　//将读取出来的值再回写,清除相应的中断

2）时钟节拍计数器（CTC,0xE002 4004）

时钟节拍计数器 CTC 是用于产生秒的时钟节拍计数,这是一个只读寄存器,但它可通过时钟控制寄存器（CCR）复位为 0,如图 6-7 所示。CTC 寄存器描述见表 6-4。

表 6-4                                                  时钟节拍计数器 CTC

| 位 | 功　能 | 描　　　述 |
|---|---|---|
| 0 | 保　留 | 保留,用户软件不要向其写入 1,保留位读出的值未定义 |
| 15:1 | 时钟节拍计数器 | 位于秒计数器之前,CTC 每秒计数 32 768 个时钟。由于 RTC 预分频器的关系,这 32 768 个时间增量的长度可能并不全部相同,见基准时钟分频器(预分频器) |

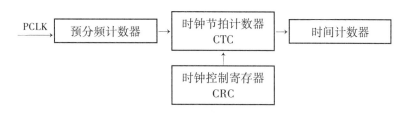

图 6-7   RTC 计数部分原理示意图

3)时钟控制寄存器(CCR,0xE002 4008)

时钟控制器 CCR 是一个 4 位寄存器,它用于时钟分频电路的操作,包括启动 RTC 和复位时钟节拍计数器 CTC 等。CCR 寄存器描述见表 6-5。

操作示例:

CCR = 0x01;       //启动 RTC

表 6-5                                                  时钟控制寄存器 CCR

| 位 | 位名称 | 描　　　述 |
|---|---|---|
| 0 | CLKEN | 时钟使能:该位为 1 时,时间计数器使能;为 0 时,时间计数器都禁止,这时可对其进行初始化 |
| 1 | CTCRST | CTC 复位:为 1 时,时钟节拍计数器复位。在 CCK 的 bitl 变为 0 之前,它将一直保持复位状态 |
| 3:2 | CTTEST | 测试使能:正常操作中,这些位应当全为 0 |

4)计数器增量中断寄存器(CIIR,0xE002 400C)

计数器增量中断寄存器可使计数器每次增加时产生一次中断。例如:当 IMSEC = 1 时,则每秒钟均产生一次中断。在清除增量中断前,该中断一直保持有效。清除增量中断的方法:向 ILR 寄存器的 bit0 写入"1"。CIIR 寄存器描述见表 6-6。

例如:设置 RTC 每秒产生一次中断,则可以采用程序清单 6.2 方式设置。

### 程序清单 6.2   RTC 秒增量中断

ILR = 0x03;       //清除 RTC 中断标志

CIIR = 0x01 ;              //设置秒值的增加产生一次中断

CCR = 0x01 ;              //启动 RTC

5）报警屏蔽寄存器（AMR,0xE002 4010）

报警屏蔽寄存器允许用户屏蔽任意报警寄存器,例如:年报警寄存器。表 6－7 所列为 AMR 位与报警寄存器位之间的关系。对于报警功能来说,若要产生中断,未屏蔽的报警寄存器必须与对应的时间值相匹配,而且只有从不匹配到匹配时才会产生中断。向 AMR 寄存器的 bit1 写入"1"清除相应的中断。如果所有屏蔽位都置位,报警将被禁止。

| 表 6－6 |  | 计数器增 J1 中断寄存器 CIIR |
| --- | --- | --- |
| 位 | 位名称 | 描　　述 |
| 0 | IMSEC | 为 1 时,秒值的增加产生一次中断 |
| 1 | IMMIN | 为 1 时,分值的增加产生一次中断 |
| 2 | IMHOUR | 为 1 时,小时值的增加产生一次中断 |
| 3 | IMDOM | 为 1 时,日期(月)值的增加产生一次中断 |
| 4 | IMDOW | 为 1 时,星期值的增加产生一次中断 |
| 5 | IMDOY | 为 1 时,日期(年)值的增加产生一次中断 |
| 6 | IMMON | 为 1 时,月值的增加产生一次中断 |
| 7 | IMYEAR | 为 10 时,年值的增加产生一次中断 |

| 表 6－7 |  | 报警屏蔽寄存器 AMR |
| --- | --- | --- |
| 位 | 位名称 | 描　　述 |
| 0 | AMRSEC | 为 1 时,秒值不与报警寄存器比较 |
| 1 | AMRMIN | 为 1 时,分值不与报警寄存器比较 |
| 2 | AMRHOUR | 为 1 时,小时值不与报警寄存器比较 |
| 3 | AMRDOM | 为 1 时,日期(月)值不与报警寄存器比较 |
| 4 | AMRDOW | 为 1 时,星期值不与报警寄存器比较 |
| 5 | AMRDOY | 为 1 时,日期(年)值不与报警寄存器比较 |
| 6 | AMRMON | 为 1 时,月值不与报警寄存器比较 |
| 7 | AMRYEAR | 为 1 时,年值不与报警寄存器比较 |

操作示例:

AMR = 0x01 ;              //屏蔽秒报警寄存器

6）完整时间寄存器 0（CTIME0,0xE002 4014）

时间计数器的值可选择以一个完整格式读出,只需执行 3 次读操作即可读出所有的时间计数器值。完整的时间寄存器见表 6－8—表 6－10。每个时间值(比如秒值、分值)的最低位分别位于寄存器的 bit0、bit8、bit16 或 bit24。完整时间寄存器为只读寄存器,完整时间寄存器 0（CTIME0）包含的时间值为秒、分、小时和星期。CTIME0 描述见表 6－8。

表 6 – 8　　　　　　　　　　　完整时间寄存器 0(CTIME0)

| 位 | 功　能 | 描　述 |
|---|---|---|
| 31:27 | 保留 | 保留,用户软件不要向其写入 1,保留位读出的值未定义 |
| 26:24 | 星期 | 星期值:值的范围为 0~6 |
| 23:21 | 保留 | 保留,用户软件不要向其写入 1,保留位读出的值未定义 |
| 20:16 | 小时 | 小时值:值的范围为 0~23 |
| 15:14 | 保留 | 保留,用户软件不要向其写入 1,保留位读出的值未定义 |
| 13:8 | 分 | 分值:值的范围为 0~59 |
| 7:6 | 保留 | 保留,用户软件不要向其写入 1,保留位读出的值未定义 |
| 5:0 | 秒 | 秒值:值的范围为 0~59 |

7)完整时间寄存器 1(CTIME1,0xE002 4018)

完整时间寄存器 1(CTIME1)包含的时间值为日期(月)、月和年。CTIME1 描述见表 6 – 9。

表 6 – 9　　　　　　　　　　　完整时间寄存器(CTIME1)

| 位 | 功　能 | 描　述 |
|---|---|---|
| 31:28 | 保留 | 保留,用户软件不要向其写入 1,保留位读出的值未定义 |
| 27:16 | 年 | 年值:值的范围为 0~4 095 |
| 15:12 | 保留 | 保留,用户软件不要向其写入 1,保留位读出的值未定义 |
| 11:8 | 月 | 月值:值的范围为 1~12 |
| 7:5 | 保留 | 保留,用户软件不要向其写入 1,保留位读出的值未定义 |
| 4:0 | 日期(月) | 日期(月)值:值的范围为 1~28,29,30 或 31(取决于月份以及是否为闰年) |

8)完整时间寄存器 2(CTIME2,0xE002 401C)

完整时间寄存器 2(CTIME2)仅包含日期(年)。使用前需要先初始化 DOY 寄存器,因为 CTIME2 寄存器的值来源于 DOY 寄存器,而 DOY 寄存器需要单独的初始化,即在初始化年、月、日时间计数器时,不会使 DOY 的内容改变。CTIME2 描述见表 6 – 10。

表 6 – 10　　　　　　　　　　　完整时间寄存器 2(CTIME2)

| 位 | 功　能 | 描　述 |
|---|---|---|
| 8:0 | 日期(年) | 日期(年)值:值的范围为 1~365(闰年为 366) |
| 31:9 | 保留 | 保留,用户软件不要向其写入 1,保留位读出的值未定义 |

注意:此处涉及两组"日期值",一组是位于寄存器 CTIME1 中的月日期值,另一组是位于

CTIME2 中的年日期值。

（1）月日期值：当月中的日期值。

（2）年日期值：当年中的日期值。

例如：RTC 的当前时间是 2006 年 10 月 1 日，那么月日期值就是 1（即 10 月份的第 1 天）；年日期值为 274（即 2006 年的第 274 天）。按读完整时间寄存器方式读取 RTC 时钟程序如程序清单 6.3 所示。

**程序清单 6.3  读取 RTC 时钟值——完整时间寄存器**

```
struct DTAE
{
    unit16   year;
    uint8    mon;
    uint8    day;
    uint8    dow;
};
struct TIME
{
    uint8    hour;
    uint8    min;
    uint8    sec;
};
/***********************************************************************
**函数名称: GetTime()
**函数功能: 读取 RTC 的时钟值。
**入口参数: d     保存日期的 DATE 结构变量的指针
**         t     保存时间的 TIME 结构变量的指针
**出口参数: 无
***********************************************************************/
void GetTime(struct DATE *d, struct TIME *t)
{
    uint32 times, dates;
    times = CTIME0;
    dates = CTIME1;
    d -> year = (dates >> 16) & 0xFFF;        //取得年的值
```

　　d → mon = ( dates  >> 8 ) & 0x0F；　　　　　//取得月的值

　　d → day = dates & 0x1F；　　　　　　　　　//取得日的值

　　t → hour = ( times  >> 16 ) & 0x1F；　　　　//取得时的值

　　t → min = ( times  >> 8 ) & 0x3F；　　　　　//取得分的值

　　t → sec = times & 0x3F；　　　　　　　　　//取得秒的值

　　}

**2. 报警寄存器组**

报警寄存器见表 6 - 11。这些寄存器的值与时间计数器相比较,如果所有未屏蔽(见报警屏蔽寄存器)的报警寄存器都与它们对应的时间计数器相匹配,那么将产生一次中断。向中断位置寄存器的 bit1 写入 1 清除中断。

表 6 - 11　　　　　　　　　　　　　报 警 寄 存 器

| 地　址 | 名　　称 | 规格 | 描　述 | 访问 | 地　址 | 名　　称 | 规格 | 描　述 | 访问 |
|---|---|---|---|---|---|---|---|---|---|
| 0xE002 4060 | ALSEC | 6 | 秒报警值 | R/W | 0xE002 4070 | ALDOW | 3 | 星期报警值 | R/W |
| 0xE002 4064 | ALMIN | 6 | 分报警值 | R/W | 0xE002 4074 | ALDOY | 9 | 日期(年)报警值 | R/W |
| 0xE002 4068 | ALHOUR | 5 | 小时报警值 | R/W | 0xE002 4078 | ALMON | 4 | 月报警值 | R/W |
| 0xE002 406C | ALDOM | 5 | 日期(月)报警值 | R/W | 0xE002 407C | ALYEAR | 12 | 年报警值 | R/W |

定时报警设置示例程序如程序清单 6.4 所示。

### 程序清单 6.4　定时报警设置示例

ILR = = 0x03；　　　//清除 RTC 中断标志

ALHOUR = 12；　　　//报警时间为 12：00：00

ALMIN = 0；

ALSEC = 0；

AMR = 0xF8；　　　//屏蔽日期(月)值、星期值、日期(年)值、月值和年值

**3. 时间寄存器组**

时间值包含 8 个寄存器,见表 6 - 12。表中所列的寄存器是可读写的,如表 6 - 13 所列。其中,DOY 寄存器需要单独初始化,因为在初始化年、月、日时间计数器时,不会使 DOY 的内容改变。

表 6 - 12                          时间计数器寄存器

| 地　　址 | 名　称 | 规格 | 描　　　　　　述 | 访　问 |
|---|---|---|---|---|
| 0xE002 4020 | SEC | 6 | 秒值：值的范围为 0 ~ 59 | R/W |
| 0xE002 4024 | MIN | 6 | 分值：值的范围为 0 ~ 59 | R/W |
| 0xE002 4028 | HOUR | 5 | 小时值：值的范围为 0 ~ 23 | R/W |
| 0xE002 402C | DOM | 5 | 日期(月)值：值的范围为 1 ~ 28、29、30 或 31(取决于月份以及是否为闰年)* | R/W |
| 0xE002 4030 | DOW | 3 | 星期值：值的范围为 0 ~ 6* | R/W |
| 0xE002 4034 | DOY | 9 | 日期(年)值：值的范围为 1 ~ 365(闰年为 366)* | R/W |
| 0xE002 4038 | MONTH | 4 | 月值：值的范围为 1 ~ 12 | R/W |
| 0xE002 403C | YEAR | 12 | 年值：值的范围为 0 ~ 4 095 | R/W |

注意：这些值只能在适当的时间间隔处递增且在定义的溢出点复位。为了使这些值有意义，他们不能进行计算，且必须被正确地初始化。

表 6 - 13                          时间计数器的关系和值

| 计数器 | 规　格 | 计数驱动源 | 最小值 | 最大值 |
|---|---|---|---|---|
| 秒 | 6 | 时钟节拍 | 0 | 59 |
| 分 | 6 | 秒 | 0 | 59 |
| 小时 | 5 | 分 | 0 | 23 |
| 日期(月) | 5 | 小时 | 1 | 28,29,30 或 31 |
| 星期 | 3 | 小时 | 0 | 6 |
| 日期(年) | 9 | 小时 | 1 | 365 或 366(闰年) |
| 月 | 4 | 日期(月) | 1 | 12 |
| 年 | 12 | 月或日期(年) | 0 | 4 095 |

按读时间计数寄存器方式读取 RTC 时钟程序，如程序清单 6.5 所示。

### 程序清单 6.5  读取 RTC 时钟值——时间计数寄存器

```
struct DTAE
{
    unit16   year;
    uint8    mon;
```

```
    uint8    day;
    uint8    dow;
};
struct TIME
{
    uint8    hour;
    uint8    min;
    uint8    sec;
};
/***************************************************************
 * * 函数名称: GetTime(struct DATE * d, struct TIME * t)
 * * 函数功能: 读取 RTC 的时钟值
 * * 入口参数: d      保存日期的 DATE 结构变量的指针
 * *           t      保存时间的 TIME 结构变量的指针
 * * 出口参数: 无
 ***************************************************************/
void GetTime(struct DATE * d, struct TIME * t)
{
    d → year = YEAR;
    d → mon = MONTH;
    d → day = DOM;
    t → hour = HOUR;
    t → min = MIN;
    t → sec = SEC;
}
```

### 4. 基准时钟分频器(预分频器)

RTC 预分频器结构如图 6 - 8 所示,只要外设时钟源的频率高于 65.536 kHz(2×32.768 kHz),那么基准时钟分频器(在下文中称为分频器)就会产生一个 32.768 kHz 的基准时钟。这样,不管外设时钟的频率为多少,RTC 总是以正确的速率运行。预分频器通过一个包含整数和小数部分的值对外设时钟(PCLK)进行分频,这时,输出的时钟频率不是恒定的,有些时钟周期比其他周期多 1 个 PCLK 周期,但是,每秒钟的计数总数都是一致的,即 32 768。

基准时钟分频器包含一个 13 位整数计数器和一个 15 位小数计数器,见表 6 - 14。13 位整数所能支持的最高频率为 268.4 MHz(32 768×8 192),15 位小数的最大值为 32 767。

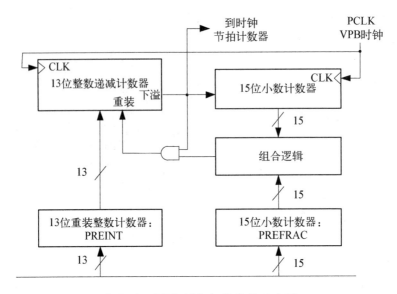

图 6-8  RTC 预分频器结构示意图

表 6-14 基准时钟分频寄存器

| 地 址 | 名 称 | 规 格 | 描 述 | 访 问 |
|---|---|---|---|---|
| 0xE0024080 | PREINT | 13 | 预分频值,整数部分 | R/W |
| 0xE0024084 | PREFRAC | 15 | 预分频值,小数部分 | R/W |

1）预分频整数寄存器（PREINT,0 xE002 4080）

PREINT 寄存器描述见表 6-15。预分频值的整数部分计算式如下：

$$PREINT = \text{int}(PCLK/32\ 768) - 1$$

其中 PREINT 的值必须大于或等于 1。

表 6-15 PREINT 寄存器

| 位 | 功 能 | 描 述 | 复位值 |
|---|---|---|---|
| 15:13 | 保 留 | 保留,用户软件不要向其写入 1,保留位读出的值未定义 | N/A |
| 12:0 | 预分频整数 | 包含 KTC 预分频值的整数部分 | 0 |

2）预分频小数寄存器（PREFRAC,0xE002 4084）

PREFRAC 寄存器描述见表 6-16。预分频值的小数部分计算式如下：

$$PREFRAC = PCLK - PREINT[(PREINT + 1) \times 32\ 768]$$

表 6 - 16                      **PREFRAC 寄存器**

| 位 | 功　能 | 描　　　　述 | 复位值 |
|---|---|---|---|
| 15 | 保　留 | 保留,用户软件不要向其写入1,保留位读出的值未定义 | N/A |
| 14:0 | 预分频小数 | 包含 RTC 预分频值的小数部分 | 0 |

3) 预分频器的使用举例

预分频寄存器值的计数如下:

$$PREINT = \text{int}\left(\frac{PCLK}{32\ 768} - 1\right)$$

$$PREFRAC = PCLK - \left[(PREINT + 1) \times 32\ 768\right]$$

按照上述方法,可以将任何高于 65.536 kHz 的 PCLK 频率(每秒钟的周期数必须是偶数)转换成 RTC 的 32.768 kHz 基准时钟。唯一需要注意的是,如果 PREFRAC 不等于 0,那么每秒当中的 32 768 个时钟长度是不完全相同的,有些时钟会比其他时钟多 1 个 PCLK 周期。虽然较长的脉冲已经尽可能地分配到剩余的脉冲当中,但是在希望直接观察时钟节拍计数器的应用中可能需要注意这种"抖动"。程序清单 6.6 所示为预分频器初始化示例。

### 程序清单 6.6   预分频器初始化示例

PREINT = Fpclk/32768 - 1;                      //设置基准时钟分频器

PREFRAC = Fpclk - (Fpclk/32768) * 32768;

RTC 使用时要注意,由于 RTC 的时钟源为 VPB 时钟(PCLK),时钟出现的任何中断都会导致时间值的偏移。如果 RTC 初始化错误或 RTC 运行时间内出现了一个错误,它们带来的变化都将影响真实的时钟时间。

LPC2210 在断电时不能保持 RTC 的状态。芯片的断电将使 RTC 寄存器的内容完全丢失。进入掉电模式时由于 $F_{PCLK}$ 已停止,会使时间的更新出现误差。在系统操作过程中改变 RTC 的时间基准会使累加时间出现错误,例如,重新配置 PLL、VPB 定时器或 RTC 预分频器。

## 6.3.3   RTC 中断

### 1. RTC 中断与 VIC 的关系

LPC2000 系列 ARM RTC 具有两种类型的中断——增量中断和报警中断,通过读取中断位置寄存器(ILR)来区分中断类型。RTC 处于 VIC 的通道13,中断使能寄存器 VICIntEnable 用来控制 VIC 通道的中断使能。当 VICImEnable[13] = 1 时,通道 13 中断使能,即 RTC 中断使能。

中断选择寄存器 VICIntSelect 用来分配 VIC 通道的中断。当某一位为 1 时,对应的通道中

断分配为 FIQ;当某一位为 0 时,对应的通道中断分配为 IRQ。VICImSelect[13]用来控制通道
13,即:

当 VICIntSelect[13] = 1 时,RTC 中断分配为 FIQ 中断;

当 VICIntSelect[13] = 0 时,RTC 中断分配为 IRQ 中断。

当分配为 IRQ 时,还需要设置对应的通道控制寄存器和地址寄存器。有关寄存器
VICVectCntl n 和 VICVectAddr n 的说明请参考 4.9 节。

**2. 增量中断**

利用 RTC 的增量中断,可以设置当秒、分、时、日期等增加时,产生中断。计数器增量中断
寄存器 CIIR 用来使能增量中断:

当 CIIR[0] = 1 时,若 RTC 秒值增加,产生增量中断;

当 CIIR[1] = 1 时,若 RTC 分值增加,产生增量中断;

当 CIIR[2] = 1 时,若 RTC 小时值增加,产生增量中断;

当 CIIR[3] = 1 时,若 RTC 日期(月)值增加,产生增量中断;

当 CIIR[4] = 1 时,若 RTC 星期值增加,产生增量中断;

当 CIIR[5] = 1 时,若 RTC 日期(年)值增加,产生增量中断;

当 CIIR[6] = 1 时,若 RTC 月值增加,产生增量中断;

当 CIIR[7] = 1 时,若 RTC 年值增加,产生增量中断。

**3. 报警中断**

RTC 的报警中断与前面介绍的定时器匹配中断非常相似,RTC 的当前时间与报警时间比
较,如果匹配,便发生报警中断。

报警屏蔽寄存器 AMR 控制 RTC 的报警中断,报警屏蔽寄存器 AMR 中的每一个位控制着
一个时间值:

当 AMR[0] = 1 时,屏蔽秒值比较;当 AMR[0] = 0 时,使能秒值比较;

当 AMR[1] = 1 时,屏蔽分值比较;当 AMR[1] = 0 时,使能分值比较;

……

## 6.3.4 使用示例

实时时钟(RTC)可用来进行定时间报警,日期及时分秒计时等。RTC 不具备独立时钟源,
其计数时钟由 PCLK 进行分频得到,它的基准时钟分频器允许调节任何频率高于 65.536 kHz 的
外设时钟源产生一个 32.768 kHz 的基准时钟,实现准确计时操作。在微处理器掉电模式下
RTC 是停止的。

实时时钟的时钟源是由 PCLK 通过基准时钟分频器(PREINT、PREF – RAC),调整出 32 768 Hz
的频率,然后供给 CTC 计数器。CTC 是一个 15 位的计数器,它位于秒计数器之前,CTC 每秒
计数32 768 个时钟。当有 CTC 秒进位时,完整时间 CTME0 ~ CTIME2、RTC 时间寄存器(如

SEC、MIN 等)将会更新。RTC 中断有两种,一种是增量中断,由 CIIR 进行控制;另一种为报警中断,由 AMR 寄存器和各报警时间寄存器控制,如 ALSEC、ALMIN 等。报警位置寄存器 ILR 用来产生相应的中断标志。RTC 时钟控制寄存器 CCR 用于使能实时时钟,CTC 复位控制等。

其中,日期寄存器(表示"日")有两个,分别为 DOY 和 DOM。DOY 表示为一年中的第几日,值为 1 ~ 365(闰年为 366);DOM 则为一月中的第几日,值为 1 ~ 28/29/30/31。一般日期计数使用 DOM 即可。

RTC 基本操作方法:

(1) 设置 RTC 基准时钟分频器(PREINT、PREFRAC)。

(2) 初始化 RTC 时钟值,如 YEAR、MONTH、DOM 等。

(3) 报警中断设置,如 CIIR、AMR 等。

(4) 启动 RTC,即 CCR 的 CLKEN 位置位。

(5) 读取完整时间寄存器值,或等待中断。

下面根据 RTC 的描述,实际操作 RTC 日期和时间值的设置及读取。

任务一:初始化并运行 RTC,然后每隔 1 s 读取一次时间值,并通过串口向上位机发送,上位机使用 EasyARM 软件的仿真万年历窗口进行显示。

参考示例程序见程序清单 6.7。

### 程序清单 6.7    任务一的参考程序

```
/ **************************************************************
* 文件名:lcmRTC. C
* 功   能:运行 RTC 进行计时,并将所有时间值不断地通过串口向上位机发送。上位机使
          用 EasyARM 软件,在仿真的万年历显示器上观察结果。
          通讯波特率 115 200,8 位数据位,1 位停止位,无奇偶校验。
* 说   明:
**************************************************************/
#include   "config. h"
/*定义串口模式设置数据结构*/
typedef  struct  UartMode
{
    uint8 datab;        //字长度,5/6/7/8
    uint8 stopb;        //停止位,1/2
    uint8 parity;       //奇偶校验位,0 为无校验,1 奇数校验,2 为偶数校验
} UARTMODE;
```

```
/ ***********************************************************************
* 名      称: UART0_Ini()
* 功      能: 初始化串口 0。设置其工作模式及波特率。
* 入口参数: baud              波特率
              set      模式设置(UARTMODE 数据结构)
* 出口参数: 返回值为 1 时表示初始化成功,为 0 表示参数出错
************************************************************************/
uint8   UART0_Ini(uint32 baud, UARTMODE set)
{
    uint32   bak;
    / * 参数过滤 * /
    if((0 = = baud) || (baud > 115200)) return(0);
    if((set. datab < 5) || (set. datab > 8)) return(0);
    if((0 = = set. stopb) || (set. stopb > 2)) return(0);
    if(set. parity > 4) return(0);

    / * 设置串口波特率 * /
    U0LCR = 0x80;                         // DLAB 位置 1
    bak = (Fpclk >> 4)/baud;
    U0DLM = bak >> 8;
    U0DLL = bak&0xff;

    / * 设置串口模式 * /
    bak = set. datab - 5;                 //设置字长度
    if(2 = = set. stopb) bak |= 0x04;     //判断是否为 2 位停止位

    if(0! = set. parity) {set. parity = set. parity - 1; bak |= 0x08;}
    bak |= set. parity << 4;              //设置奇偶校验

    U0LCR = bak;
    return(1);
}


/ ***********************************************************************
```

\* 名　　称：SendByte( )

\* 功　　能：向串口发送字节数据,并等待发送完毕。

\* 入口参数：data　　　　　　　要发送的数据

\* 出口参数：无

**********************************************************************/

```
void    SendByte(uint8 data)
{

    U0THR = data;                   //发送数据
    while((U0LSR&0x20) = =0);      //等待数据发送

}
```

/ **********************************************************************

\* 名　　称：PC_DispChar( )

\* 功　　能：向 PC 机发送显示字符。

\* 入口参数：no　　　　显示位置

　　　　　　chr　　　　显示的字符,不能为 0xff

\* 出口参数：无

**********************************************************************/

```
void    PC_DispChar(uint8 no, uint8 chr)
{

    SendByte(0xff);
    SendByte(0x81);
    SendByte(no);
    SendByte(chr);
    SendByte(0x00);

}
```

```
uint8    const SHOWTABLE[10] = {0x3F, 0x06, 0x5B, 0x4F, 0x66,
                                0x6D, 0x7D, 0x07, 0x7F, 0x6F};
```

/ **********************************************************************

\* 名　　称：SendTimeRtc( )

\* 功　　能：读取 RTC 的时间值,并将读出的时分秒值由串口发送到上位机显示。

\* 入口参数：无

\* 出口参数：无

```
*************************************************************************/
void    SendTimeRtc( void )
{
    uint32    datas;
    uint32    times;
    uint32    bak;

    times = CTIME0;                         //读取完整时钟寄存器
    datas = CTIME1;

    bak = ( datas >> 16 )&0xFFF;            //取得年值
    PC_DispChar(0, SHOWTABLE[ bak/1000 ]);
    bak = bak%1000;
    PC_DispChar(1, SHOWTABLE[ bak/100 ]);
    bak = bak%100;
    PC_DispChar(2, SHOWTABLE[ bak/10 ]);
    PC_DispChar(3, SHOWTABLE[ bak%10 ]);

    bak = ( datas >> 8 )&0x0F;              //取得月值
    PC_DispChar(4, SHOWTABLE[ bak/10 ]);
    PC_DispChar(5, SHOWTABLE[ bak%10 ]);

    bak = datas&0x1F;                       //取得日值
    PC_DispChar(6, SHOWTABLE[ bak/10 ]);
    PC_DispChar(7, SHOWTABLE[ bak%10 ]);

    bak = ( times >> 24 )&0x07;             //取得星期值
    PC_DispChar(8, SHOWTABLE[ bak ]);

    bak = ( times >> 16 )&0x1F;             //取得时的值
    PC_DispChar(9, SHOWTABLE[ bak/10 ]);
    PC_DispChar(10, SHOWTABLE[ bak%10 ]);

    bak = ( times >> 8 )&0x3F;              //取得分的值
```

```
    PC_DispChar(11, SHOWTABLE[bak/10]);
    PC_DispChar(12, SHOWTABLE[bak%10]);

    bak = times&0x3F;                    //取得秒的值
    PC_DispChar(13, SHOWTABLE[bak/10]);
    PC_DispChar(14, SHOWTABLE[bak%10]);
}


/ ****************************************************************
*名      称：RTCIni()
*功      能：初始化实时时钟。
*入口参数：无
*出口参数：无
****************************************************************/
void    RTCIni(void)
{
    PREINT = Fpclk/32768 – 1;          //设置基准时钟分频器
    PREFRAC = Fpclk – (Fpclk/32768) * 32768;

    YEAR = 2004;                        //初始化年
    MONTH = 2;                          //初始化月
    DOM = 19;                           //初始化日
    DOW = 4;
    HOUR = 8;
    MIN = 30;
    SEC = 0;

    CIIR = 0x01;                        //设置秒值的增量产生一次中断
    CCR = 0x01;                         //启动 RTC
}


/ ****************************************************************
*名      称：main()
*功      能：读取实时时钟的值，并从串口发送出去。
```

```
************************************************************************/
int   main(void)
{
    UARTMODE   uart0_set;

    PINSEL0 = 0x00000005;                  //设置 I/O 连接到 UART0
    PINSEL1 = 0x00000000;

    uart0_set.datab = 8;                   //8 位数据位
    uart0_set.stopb = 1;                   //1 位停止位
    uart0_set.parity = 0;                  //无奇偶校验
    UART0_Ini(115200, uart0_set);          //初始化串口模式
    U0FCR = 0x01;                          //使能 FIFO

    RTCIni();                              //初始化 RTC
    while(1)
    {
        while(0 = = (ILR&0x01));           //等待 RTC 增量中断标志
        ILR = 0x01;                        //清除中断标志
        SendTimeRtc();                     //读取时钟值,并向 UART0 发送
    }
    return(0);
}
```

**小结**：程序中,工作主要包括两个部分：一个部分是串口的初始化设置,另一部分是 RTC 的初始化以及对寄存器数据的处理。串口部分的作用主要是将处理后的 RTC 寄存器数据发送到 PC,使抽象的数据能够通过界面直观显示出来。串口程序部分可以直接使用前面的项目,硬件上的连接也可以参考。同时对 EasyARM 仿真软件的操作前面也有详细介绍,这里不再赘述。程序的编写尽量模块化,主程序结构清晰,并且程序的复用性更强。比如这里就直接使用了前面的串口程序的片段。

## 6.4  任务实施

### 6.4.1  总体设计

根据任务分析,液晶电子钟使用 EasyARM2200 开发实验平台,处理器为基于 ARM7 构架

的 LPC2210。如图 6 - 9 是本任务的系统框图,框图中主要包括三个部分,一个是 ARM 微控制器,一个是 RTC 模块,另外一个是 LCM 模块。由于 LCM 模块集成了液晶显示器件、连接件、控制与驱动等外围电路、PCB 电路板、背光源、结构件等,所以才使得整个系统显得格外简单。这样也降低了程序设计的复杂性。ARM 微控制器作为控制核心,向 LCM 模块传输数据和控制命令。RTC 模块中的时间计数器引发中断后使完整时间寄存器中的值发生改变,LCM 模块获取数据经过分析,在液晶上显示出实时时钟。正如任务分析中谈到,整体的硬件没有太大难度,使用的均是现成的模块。重点是基于 RTC 模块的应用,需要对相应的寄存器比较熟悉。

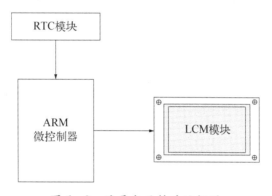

图 6 - 9　液晶电子钟系统框图

## 6.4.2　硬件设计

实现该任务的硬件电路主要模块中,主要包括三个部分,即 ARM 微控制器、RTC 模块和 LCM 模块。实际上 RTC 模块已经集成在了 ARM 微控制器中。EasyARM2200 教学实验平台可以直接支持 SMG240128A 点阵图形液晶模块或相兼容的液晶模块,硬件连接的接口为 J1,其应用连接电路如图 6 - 10 所示。采用 8 位总线方式连接,SMG240128A 点阵图形点阵液晶模块没有地址总线,显示地址和显示数据均通过 DB0 ~ DB7 接口实现。液晶模块的数据操作地址为 0x8300 0000,命令操作地址为 0x8300 0002。图中省略了与处理器芯片的引脚连接,只是标明了液晶模块的外围基本电路和与处理连接的引脚标号。这里的外围硬件电路与上一个项目是一致的。变化是液晶上显示的内容。RTC 模块主要是通过多个时间计数器达到计时的功能,详细的内容可以参考任务基础的 RTC 说明。下面是系统的主要部分的硬件电路图。

使用 LPC2210 的总线对 SMG240128A 点阵图形液晶模块操作控制前,先要设置芯片的外部存储器控制器(EMC),如程序清单 6.8 所示。SMG240128A 点阵图形液晶模块驱动程序在下一节的软件设计中有列出。在 ADS1.2 集成开发环境、系统时钟 Fcclk = 44.2 368 MHz 条件下通过测试。

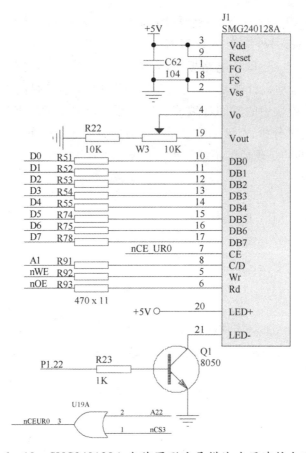

图 6-10　SMG240128A 点阵图形液晶模块应用连接电路

### 程序清单 6.8　存储器接口 Bank3 总线配置——SMG240128A

......

LDR　　R0，= BCFG3

LDR　　R1，= 0x10000CA0

STR　　R1，［R0］

......

## 6.4.3　软件设计

前面已经对任务进行了由浅入深的分析，并在相关的子设计上给出了基础实例，下面结合项目的任务要求进行液晶电子钟的完整程序设计。在任务分析中，我们已经知道了可以通过集成的 RTC 模块得到"年、月、日、时、分、秒、星期"的数据。再由 ZLG/GUI 的软件支持包提供的各种显示函数，就可以在液晶上得到实时时钟的画面。

液晶电子钟的软件流程图如图 6-11 所示。

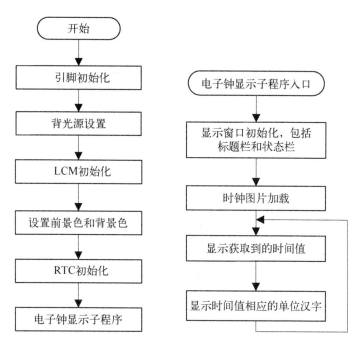

图 6-11  液晶电子钟的软件流程图

液晶电子钟的总体设计参考程序见程序清单6.9。

**程序清单6.9  液晶电子钟的参考程序**

```
/ *******************************************************************
* 文件名：clock. c
* 功  能：基于液晶的电子钟测试及演示程序。
*******************************************************************/
#include " config. h"
#define   LCM_LEDCON    0x00400000

uint8   send_buf5[16];
uint8   send_buf1[16];
uint8   send_buf2[16];
uint8   send_buf3[16];
uint8 * day_HZ;
uint8   send_buf4;
```

```
unsigned char nian_HZ[ ] =
{
    //源文字：年;宽×高(像素)：18×16
    0×00,0×00,0×00,0×00,0×08,0×00,0×08,0×00,
    0×0F,0×F8,0×10,0×80,0×20,0×80,0×4F,0×F0,
    0×08,0×80,0×08,0×80,0×08,0×80,0×7F,0×FC,
    0×00,0×80,0×00,0×80,0×00,0×80,0×00,0×80,
    0×00,0×00,0×00,0×00
};

unsigned char yue_HZ[ ] =
{
    //源文字：月;宽×高(像素)：18×16
    0×00,0×00,0×00,0×00,0×0F,0×F8,0×08,0×08,
    0×08,0×08,0×08,0×08,0×0F,0×F8,0×08,0×08,
    0×08,0×08,0×08,0×08,0×0F,0×F8,0×08,0×08,
    0×08,0×08,0×10,0×08,0×10,0×08,0×20,0×38,
    0×00,0×00,0×00,0×00
};

unsigned char ri_HZ[ ] =
{
    //源文字：日;宽×高(像素)：18×16
    0×00,0×00,0×00,0×00,0×3F,0×F8,0×20,0×08,
    0×20,0×08,0×20,0×08,0×20,0×08,0×20,0×08,
    0×3F,0×F8,0×20,0×08,0×20,0×08,0×20,0×08,
    0×20,0×08,0×20,0×08,0×3F,0×F8,0×20,0×08,
    0×00,0×00,0×00,0×00
};

unsigned char xingqi_HZ[ ] =
{
    //源文字：星期;宽×高(像素)：18×32
```

```
    0×00,0×00,0×00,0×00,0×00,0×00,0×00,0×00,
    0×1F,0×F0,0×22,0×00,0×10,0×10,0×22,0×7C,
    0×1F,0×F0,0×7F,0×44,0×10,0×10,0×22,0×44,
    0×1F,0×F0,0×22,0×44,0×01,0×00,0×3E,0×7C,
    0×11,0×00,0×22,0×44,0×1F,0×F8,0×3E,0×44,
    0×21,0×00,0×22,0×7C,0×41,0×00,0×22,0×44,
    0×1F,0×F0,0×7F,0×44,0×01,0×00,0×00,0×84,
    0×01,0×00,0×22,0×84,0×7F,0×FC,0×41,0×1C,
    0×00,0×00,0×00,0×00,0×00,0×00,0×00,0×00,
};

unsigned char one_HZ[ ] =
{
    //源文字: 一;宽×高(像素): 18×16
    0×00,0×00,0×00,0×00,0×00,0×00,0×00,0×00,
    0×00,0×00,0×00,0×00,0×00,0×00,0×00,0×08,
    0×FF,0×FC,0×00,0×00,0×00,0×00,0×00,0×00,
    0×00,0×00,0×00,0×00,0×00,0×00,0×00,0×00,
    0×00,0×00,0×00,0×00
};

unsigned char two_HZ[ ] =
{
    //源文字: 二;宽×高(像素): 18×16
    0×00,0×00,0×00,0×00,0×00,0×00,0×00,0×00,
    0×00,0×20,0×3F,0×F0,0×00,0×00,0×00,0×00,
    0×00,0×00,0×00,0×00,0×00,0×00,0×00,0×00,
    0×00,0×08,0×FF,0×FC,0×00,0×00,0×00,0×00,
    0×00,0×00,0×00,0×00
};

unsigned char three_HZ[ ] =
{
    //源文字: 三;宽×高(像素): 18×16
```

```
        0×00,0×00,0×00,0×00,0×00,0×00,0×00,0×10,
        0×7F,0×F8,0×00,0×00,0×00,0×00,0×00,0×00,
        0×00,0×20,0×3F,0×F0,0×00,0×00,0×00,0×00,
        0×00,0×00,0×00,0×08,0×FF,0×FC,0×00,0×00,
        0×00,0×00,0×00,0×00
};

unsigned char four_HZ[ ] =
{
        //源文字：四；宽×高（像素）：18×16
        0×00,0×00,0×00,0×00,0×00,0×08,0×7F,0×FC,
        0×44,0×88,0×44,0×88,0×44,0×88,0×44,0×88,
        0×44,0×88,0×44,0×88,0×48,0×88,0×50,0×78,
        0×60,0×08,0×40,0×08,0×7F,0×F8,0×40,0×08,
        0×00,0×00,0×00,0×00
};

unsigned char five_HZ[ ] =
{
        //源文字：五；宽×高（像素）：18×16
        0×00,0×00,0×00,0×00,0×00,0×10,0×7F,0×F8,
        0×02,0×00,0×02,0×00,0×02,0×00,0×02,0×20,
        0×3F,0×F0,0×04,0×20,0×04,0×20,0×04,0×20,
        0×04,0×20,0×04,0×20,0×04,0×28,0×FF,0×FC,
        0×00,0×00,0×00,0×00
};

unsigned char six_HZ[ ] =
{
        //源文字：六；宽×高（像素）：18×16
        0×00,0×00,0×00,0×00,0×02,0×00,0×01,0×00,
        0×01,0×00,0×00,0×08,0×7F,0×FC,0×00,0×00,
        0×00,0×00,0×08,0×40,0×08,0×20,0×10,0×10,
        0×10,0×10,0×20,0×08,0×40,0×08,0×00,0×00,
```

$0 \times 00 , 0 \times 00 , 0 \times 00 , 0 \times 00$
};

//一个单色图标的数据
uint8 const clockbmp[ ] =
{
$0 \times 00 , 0 \times 00 , 0 \times 00 , 0 \times 00 , 0 \times 00 , 0 \times 00 , 0 \times 00 , 0 \times 00 , 0 \times 00 , 0 \times 00 , 0 \times 00 , 0 \times 00 ,$
$0 \times 00 , 0 \times 00 , 0 \times 00 , 0 \times 00 , 0 \times 00 , 0 \times 00 , 0 \times 00 , 0 \times 00 , 0 \times 00 , 0 \times 00 , 0 \times 00 , 0 \times 00 ,$
$0 \times 3F , 0 \times FE , 0 \times 00 , 0 \times 00 , 0 \times 00 , 0 \times 00 , 0 \times 00 , 0 \times 00 , 0 \times 00 , 0 \times 03 , 0 \times FF , 0 \times FF ,$
$0 \times E0 , 0 \times 00 , 0 \times 00 , 0 \times 00 , 0 \times 00 , 0 \times 00 , 0 \times 00 , 0 \times 1F , 0 \times FF , 0 \times FF , 0 \times FC , 0 \times 00 ,$
$0 \times 00 , 0 \times 00 , 0 \times 00 , 0 \times 00 , 0 \times 00 , 0 \times FF , 0 \times FF , 0 \times FF , 0 \times FF , 0 \times 00 , 0 \times 00 , 0 \times 00 ,$
$0 \times 00 , 0 \times 00 , 0 \times 03 , 0 \times FF , 0 \times F8 , 0 \times 0F , 0 \times FF , 0 \times C0 , 0 \times 00 , 0 \times 00 , 0 \times 00 , 0 \times 00 ,$
$0 \times 07 , 0 \times FF , 0 \times 00 , 0 \times 00 , 0 \times 7F , 0 \times F0 , 0 \times 00 , 0 \times 00 , 0 \times 00 , 0 \times 00 , 0 \times 1F , 0 \times F8 ,$
$0 \times 00 , 0 \times 00 , 0 \times 0F , 0 \times FC , 0 \times 00 , 0 \times 00 , 0 \times 00 , 0 \times 00 , 0 \times 3F , 0 \times C0 , 0 \times 0E , 0 \times 3E ,$
$0 \times 01 , 0 \times FE , 0 \times 00 , 0 \times 00 , 0 \times 00 , 0 \times 00 , 0 \times 7F , 0 \times 00 , 0 \times 1E , 0 \times 7F , 0 \times 00 , 0 \times 7F ,$
$0 \times 00 , 0 \times 00 , 0 \times 00 , 0 \times 01 , 0 \times FE , 0 \times 00 , 0 \times 7E , 0 \times FF , 0 \times 80 , 0 \times 3F , 0 \times C0 , 0 \times 00 ,$
$0 \times 00 , 0 \times 01 , 0 \times F8 , 0 \times 00 , 0 \times FE , 0 \times FF , 0 \times 80 , 0 \times 0F , 0 \times E0 , 0 \times 00 , 0 \times 00 , 0 \times 07 ,$
$0 \times F0 , 0 \times 00 , 0 \times FE , 0 \times E7 , 0 \times 80 , 0 \times 07 , 0 \times F0 , 0 \times 00 , 0 \times 00 , 0 \times 0F , 0 \times E0 , 0 \times 00 ,$
$0 \times FE , 0 \times C7 , 0 \times 80 , 0 \times 03 , 0 \times F8 , 0 \times 00 , 0 \times 00 , 0 \times 0F , 0 \times C0 , 0 \times 00 , 0 \times 3E , 0 \times 8F ,$
$0 \times 80 , 0 \times 01 , 0 \times FC , 0 \times 00 , 0 \times 00 , 0 \times 1F , 0 \times 80 , 0 \times 00 , 0 \times 3E , 0 \times 1F , 0 \times 80 , 0 \times 00 ,$
$0 \times FC , 0 \times 00 , 0 \times 00 , 0 \times 3F , 0 \times 00 , 0 \times 00 , 0 \times 3E , 0 \times 1F , 0 \times 80 , 0 \times 00 , 0 \times 7E , 0 \times 00 ,$
$0 \times 00 , 0 \times 3E , 0 \times 00 , 0 \times 00 , 0 \times 3E , 0 \times 3F , 0 \times 00 , 0 \times 00 , 0 \times 3F , 0 \times 00 , 0 \times 00 , 0 \times 7C ,$
$0 \times 00 , 0 \times 00 , 0 \times 3E , 0 \times 3E , 0 \times 00 , 0 \times 00 , 0 \times 1F , 0 \times 00 , 0 \times 00 , 0 \times F8 , 0 \times 00 , 0 \times 00 ,$
$0 \times 3E , 0 \times 7E , 0 \times 00 , 0 \times 00 , 0 \times 0F , 0 \times 80 , 0 \times 00 , 0 \times F8 , 0 \times 00 , 0 \times 00 , 0 \times 3E , 0 \times FC ,$
$0 \times 00 , 0 \times 00 , 0 \times 0F , 0 \times C0 , 0 \times 01 , 0 \times F0 , 0 \times 00 , 0 \times 00 , 0 \times 3E , 0 \times FF , 0 \times 80 , 0 \times 00 ,$
$0 \times 07 , 0 \times C0 , 0 \times 01 , 0 \times E0 , 0 \times 00 , 0 \times 00 , 0 \times 3E , 0 \times FF , 0 \times 80 , 0 \times 00 , 0 \times 03 , 0 \times E0 ,$
$0 \times 03 , 0 \times E0 , 0 \times 00 , 0 \times 00 , 0 \times 3E , 0 \times FF , 0 \times 80 , 0 \times 00 , 0 \times 03 , 0 \times E0 , 0 \times 03 , 0 \times C0 ,$
$0 \times 00 , 0 \times 00 , 0 \times 3E , 0 \times FF , 0 \times 80 , 0 \times 06 , 0 \times 01 , 0 \times E0 , 0 \times 07 , 0 \times C0 , 0 \times 00 , 0 \times 00 ,$
$0 \times 00 , 0 \times 00 , 0 \times 00 , 0 \times 0E , 0 \times 01 , 0 \times F0 , 0 \times 07 , 0 \times 80 , 0 \times 00 , 0 \times C0 , 0 \times 00 , 0 \times 00 ,$
$0 \times 00 , 0 \times 3E , 0 \times 00 , 0 \times F0 , 0 \times 07 , 0 \times 80 , 0 \times 00 , 0 \times F0 , 0 \times 00 , 0 \times 00 , 0 \times 00 , 0 \times 78 ,$
$0 \times 00 , 0 \times F0 , 0 \times 0F , 0 \times 80 , 0 \times 00 , 0 \times F8 , 0 \times 00 , 0 \times 00 , 0 \times 01 , 0 \times E0 , 0 \times 00 , 0 \times F8 ,$
$0 \times 0F , 0 \times 00 , 0 \times 00 , 0 \times 3C , 0 \times 00 , 0 \times 00 , 0 \times 07 , 0 \times C0 , 0 \times 00 , 0 \times 78 , 0 \times 0F , 0 \times 00 ,$
$0 \times 00 , 0 \times 1F , 0 \times 00 , 0 \times 00 , 0 \times 0F , 0 \times 00 , 0 \times 00 , 0 \times 78 , 0 \times 0F , 0 \times 00 , 0 \times 00 , 0 \times 07 ,$
$0 \times 80 , 0 \times 80 , 0 \times 3C , 0 \times 00 , 0 \times 00 , 0 \times 78 , 0 \times 0F , 0 \times 00 , 0 \times 00 , 0 \times 03 , 0 \times C0 , 0 \times 80 ,$

0×F8,0×00,0×00,0×7C,0×1F,0×00,0×00,0×01,0×F0,0×81,0×E0,0×00,

0×00,0×3C,0×1E,0×00,0×00,0×00,0×78,0×87,0×C0,0×00,0×00,0×3C,

0×1E,0×00,0×00,0×00,0×3C,0×9F,0×00,0×00,0×00,0×3C,0×1E,0×00,

0×00,0×00,0×1F,0×BC,0×00,0×00,0×00,0×3C,0×1E,0×00,0×00,0×00,

0×07,0×F8,0×00,0×00,0×00,0×3C,0×1E,0×00,0×00,0×00,0×03,0×E0,

0×00,0×00,0×00,0×3C,0×1E,0×00,0×00,0×00,0×07,0×F0,0×00,0×00,

0×00,0×3C,0×1E,0×00,0×00,0×00,0×1F,0×F8,0×00,0×00,0×00,0×3C,

0×1E,0×00,0×00,0×00,0×1C,0×BC,0×00,0×00,0×00,0×3C,0×1E,0×00,

0×00,0×00,0×10,0×9C,0×00,0×00,0×00,0×3C,0×1E,0×00,0×00,0×00,

0×00,0×80,0×00,0×00,0×00,0×3C,0×1F,0×00,0×00,0×00,0×00,0×80,

0×00,0×00,0×00,0×7C,0×1F,0×00,0×00,0×00,0×00,0×80,0×00,0×00,

0×00,0×7C,0×0F,0×00,0×00,0×00,0×00,0×80,0×00,0×00,0×00,0×78,

0×0F,0×00,0×00,0×00,0×00,0×80,0×00,0×00,0×00,0×78,0×0F,0×80,

0×00,0×00,0×00,0×80,0×00,0×00,0×00,0×F8,0×0F,0×80,0×00,0×00,

0×00,0×80,0×00,0×00,0×00,0×F8,0×07,0×80,0×00,0×00,0×00,0×80,

0×00,0×00,0×00,0×F0,0×07,0×C0,0×00,0×00,0×00,0×80,0×00,0×00,

0×01,0×F0,0×07,0×C0,0×00,0×00,0×00,0×80,0×00,0×00,0×01,0×F0,

0×03,0×E0,0×00,0×00,0×00,0×80,0×00,0×00,0×03,0×E0,0×03,0×E0,

0×00,0×00,0×00,0×80,0×00,0×00,0×03,0×E0,0×01,0×F0,0×00,0×00,

0×00,0×80,0×00,0×00,0×07,0×C0,0×01,0×F0,0×00,0×00,0×00,0×80,

0×00,0×00,0×07,0×C0,0×00,0×F8,0×00,0×00,0×00,0×80,0×00,0×00,

0×0F,0×80,0×00,0×FC,0×00,0×00,0×00,0×80,0×00,0×00,0×1F,0×80,

0×00,0×7E,0×00,0×00,0×00,0×80,0×00,0×00,0×3F,0×00,0×00,0×7E,

0×00,0×00,0×00,0×80,0×00,0×00,0×3E,0×00,0×00,0×3F,0×00,0×00,

0×00,0×80,0×00,0×00,0×7E,0×00,0×00,0×1F,0×80,0×00,0×00,0×80,

0×00,0×00,0×FC,0×00,0×00,0×0F,0×C0,0×00,0×00,0×80,0×00,0×01,

0×F8,0×00,0×00,0×07,0×E0,0×00,0×00,0×80,0×00,0×03,0×F0,0×00,

0×00,0×03,0×F8,0×00,0×00,0×80,0×00,0×0F,0×E0,0×00,0×00,0×01,

0×FC,0×00,0×00,0×80,0×00,0×1F,0×C0,0×00,0×00,0×00,0×FF,0×00,

0×00,0×80,0×00,0×7F,0×80,0×00,0×00,0×00,0×7F,0×C0,0×00,0×00,

0×00,0×FF,0×00,0×00,0×00,0×00,0×3F,0×F0,0×00,0×00,0×07,0×FE,

0×00,0×00,0×00,0×00,0×0F,0×FC,0×00,0×00,0×1F,0×F8,0×00,0×00,

0×00,0×00,0×07,0×FF,0×C0,0×01,0×FF,0×F0,0×00,0×00,0×00,0×00,

0×01,0×FF,0×FF,0×FF,0×FF,0×C0,0×00,0×00,0×00,0×00,0×00,0×7F,

$0 \times FF, 0 \times FF, 0 \times FF, 0 \times 00, 0 \times 00, 0 \times 00, 0 \times 00, 0 \times 00, 0 \times 00, 0 \times 0F, 0 \times FF, 0 \times FF,$
$0 \times F8, 0 \times 00, 0 \times 00, 0 \times 00, 0 \times 00, 0 \times 00, 0 \times 00, 0 \times 00, 0 \times FF, 0 \times FF, 0 \times 80, 0 \times 00,$
$0 \times 00, 0 \times 00, 0 \times 00, 0 \times 00, 0 \times 00, 0 \times 00, 0 \times 07, 0 \times F0, 0 \times 00, 0 \times 00, 0 \times 00, 0 \times 00,$
$0 \times 00, 0 \times 00, 0 \times 00, 0 \times 00, 0 \times 00, 0 \times 00, 0 \times 00, 0 \times 00, 0 \times 00, 0 \times 00, 0 \times 00, 0 \times 00,$
$0 \times 00, 0 \times 00, 0 \times 00, 0 \times 00, 0 \times 00, 0 \times 00, 0 \times 00, 0 \times 00$
};

```
/***************************************************************
* 名      称: SendTimeRtc()
* 功      能: 读取 RTC 的时间值,并进行进制转换。
* 入口参数: 无
* 出口参数: 无
***************************************************************/
void    SendTimeRtc(void)
{
    uint32    datas;
    uint32    times;
    uint32    bak;

    times = CTIME0;                     //读取完整时钟寄存器
    datas = CTIME1;

    bak = (datas >> 16)&0xFFF;          //取得年值
    send_buf1[0] = bak/1000 + '0';
    send_buf1[1] = (bak/100)%10 + '0';
    send_buf1[2] = (bak/10)%10 + '0';
    send_buf1[3] = bak%10 + '0';

    bak = (datas >> 8)&0x0F;            //取得月值
    send_buf2[0] = bak/10 + '0';
    send_buf2[1] = bak%10 + '0';

    bak = datas&0x1F;                   //取得日值
    send_buf3[0] = bak/10 + '0';
```

```
        send_buf3[1] = bak%10 + '0';

        bak = (times >> 24)&0x07;            //取得星期值
        send_buf4 = bak%10;

        switch(send_buf4)
        {
            case 0: day_HZ = one_HZ; break;
            case 1: day_HZ = two_HZ; break;
            case 2: day_HZ = three_HZ; break;
            case 3: day_HZ = four_HZ; break;
            case 4: day_HZ = five_HZ; break;
            case 5: day_HZ = six_HZ; break;
            case 6: day_HZ = ri_HZ; break;
            default: break;
        }
        bak = (times >> 16)&0x1F;             //取得时的值
        send_buf5[0] = bak/10 + '0';
        send_buf5[1] = bak%10 + '0';
        send_buf5[2] = ': ';

        bak = (times >> 8)&0x3F;              //取得分的值
        send_buf5[3] = bak/10 + '0';
        send_buf5[4] = bak%10 + '0';
        send_buf5[5] = ': ';

        bak = times&0x3F;                     //取得秒的值
        send_buf5[6] = bak/10 + '0';
        send_buf5[7] = bak%10 + '0';
    }


/ ****************************************************************
 * 名    称: RTCIni( )
 * 功    能: 初始化实时时钟。
```

```
* 入口参数: 无
* 出口参数: 无
***********************************************************************/
void    RTCIni( void )
{
    PREINT = Fpclk/32768  – 1;                //设置基准时钟分频器
    PREFRAC = Fpclk  – ( Fpclk/32768 )  * 32768;

    YEAR = 2014;                              //初始化年
    MONTH = 10;                               //初始化月
    DOM = 26;                                 //初始化日
    DOW = 6;
    HOUR = 23;
    MIN = 59;
    SEC = 50;

    CIIR = 0x01;                              //设置秒值的增量产生一次中断
    CCR = 0x01;                               //启动 RTC
}


/ ***********************************************************************
* 名      称: clock( )
* 功      能: 绘制液晶电子钟界面,加载图片,并实时显示时间值及相应单位。
* 入口参数: 无
* 出口参数: 无
***********************************************************************/
void clock( void )
{
    WINDOWS   mywindows;
    //显示窗口
    mywindows. x = 0;           //窗口位置 x
    mywindows. y = 0;           //窗口位置 y
    mywindows. with = 240;      //窗口宽度
    mywindows. hight = 128;     //窗口高度
```

```
        mywindows. title = (uint8 * ) "This is a clock!";   //窗口标题
        mywindows. state = (uint8 * ) "The clock is running well!";   //窗口状态栏显示字符

        GUI_WindowsDraw( &mywindows);   //显示窗口 mywindows
        GUI_LoadPic(150,30, (uint8 * )clockbmp, 80, 80);   //显示 40×40 的图标

        while(1)
        {
            SendTimeRtc( );
            GUI_PutString(40,40,send_buf5);        //时分秒
            GUI_PutString(20,55,send_buf1);        //年
            GUI_PutHZ(45,50,nian_HZ,16,18);
            GUI_PutString(60,55,send_buf2);        //月
            GUI_PutHZ(71,50,yue_HZ,16,18);
            GUI_PutString(87,55,send_buf3);        //日
            GUI_PutHZ(98,50,ri_HZ,16,18);
            GUI_PutHZ(75,70,day_HZ,16,18);         //星期
            GUI_PutHZ(42,70,xingqi_HZ,32,18);
        }
}


/ *******************************************************************
* 名      称: main( )
* 功      能: 主程序,用于 GUI 测试及演示。
*******************************************************************/
int   main(void)
{
    PINSEL1 = 0x00000000;
    IO1DIR = LCM_LEDCON;
    IO1SET = LCM_LEDCON;

    GUI_Initialize( );          //初始化 LCM
    GUI_SetColor(1, 0);         //设置前景色及背景色
    RTCIni( );                  //初始化 RTC
```

```
        clock();
        return(0);
}
```

### 6.4.4 测试与结果

（1）启动 ADS1.2,使用 ARM Executable Image for lpc22xx 工程模板建立一个工程 Pendulum_Ball。

（2）将第三方软件支持包整个 ZLG_GUI 文件夹复制到工程 Clock\SRC 文件夹下,在 ADS1.2 的工程管理窗口中新建一个组 ZLG/GUI,然后将 Clock\SRC\ZLG_GUI 下的所有文件添加进此组。修改 GUI_CONFIG.H 配置文件,配置 ZLG/GUI,主要是需要使用什么函数模块,就将此模块使能。比如:

| #define | GUI_PutHZ_EN | 1 | /* 汉字显示函数 */ |
| #define | GUI_LoadPic_EN | 1 | /* 单色图形显示函数 */ |
| #define | FONT5x7_EN | 1 | /* 5×7 字体 */ |
| #define | GUI_WINDOW_EN | 1 | /* 窗口管理 */ |
| #define | GUI_CircleX_EN | 1 | /* 画圆函数 */ |

（3）新建源文件 lcddrive.c 和 lcddrive.h,编写 SMG240128A 液晶模块的驱动程序,然后将 lcddrive.c 添加到工程的 user 组中。新建源代码文件 clock.c,编写任务程序,然后添加到工程的 user 组中。

（4）修改 config.h,增加包含 LCDDRIVE.H 头文件和 ZLG/GUI 目录下的所有头文件,同时,在包含头文件代码之前加入 NULL 宏的定义。

```
#include "LCDDRIVE.h"
```

（5）在 Startup.s 文件的 ResetInit 子程序中,修改存储器接口 Bank3 的总线配置(因为 SMG240128A 液晶模块接口是使用 Bank3 的地址空间),如程序清单3.36所示。为了程序能更快地执行,更改 Bank0 总线配置为 BCFG0 = 0x10000400。

注意:预先提供的工程模板的默认存储器接口 Bank2 和 Bank3 总线配置的代码是注释掉的,所以应先取消注释。

（6）将 ARM 开发平台上的 JP8 跳线全部短接,JP4 跳线断开,JP6 跳线设置为 Bank0 - RAM、Bank1 - Flash。

（7）将 SMG240128A 液晶模块插入 ARM 开发平台上的 J1 连接器,注意不要放错方向(液晶模块的第1脚要与 J1 的第1脚对应)。还要确保可靠连接,防止接触不良导致显示错误。

（8）打开 H - JTAG,找到目标开发平台,并且打开 H - Flasher 配置好相应的调试设置,注意在调试之前要在"Program Wizard"下的"Programing"中进行"check"。

（9）选用 DebugInExram 生成目标，然后编译连接工程。选择 Project→Debug，启动 AXD 进行 JTAG 仿真调试，在 configure target 中选择相应的目标，然后就可以加载映像文件了。注意加载的文件要和之前选择的 debug 方式生成的映像文件一致，比如这里选择了 DebugInExtram，表示使用的是使用片外 RAM 进行在线调试，那么加载的映像必须是工程下的 DebugInExtram 文件夹中的。

（10）全速运行程序，观察开发平台上液晶模块的显示，与预期的效果进行对比。也可采用单步运行（Step）、设置断点等方法调试程序，观察每一条指令运行后液晶模块显示的变化。若与功能不符，建议检查程序，修改功能（通过调节 W3 可以控制显示对比度）。

运行显示，液晶上的动画能够正常稳定显示，电子钟能够正常显示，且时间的数据更新正常。标题栏和状态栏的字符能够正常显示，电子钟图片能够正常加载。总体来说，初步达到了演示效果。

## 6.5　任务拓展

本项目设计的基于 LCM 的液晶电子钟不局限于纯 LCM 的绘图，显示标题和状态栏，显示文字说明等，而是主要侧重于显示实时的数据。这里的显示对象是实时时钟。项目中的硬件结构已经集成化，液晶模块是完整的，RTC 功能模块也几经集成在了 ARM 微控制器中。主要侧重于液晶模块的驱动程序调用和 RTC 时间值的读取和显示，这也是程序设计的关键所在。RTC 的时间值需要预先设置好，并且微控制器不能进入掉电模式，因为 RTC 中时间寄存器的值掉电后不会被保存，所以重新上电后的时间值已不是当前的时间值，所以这是本电子钟的一个缺陷，这是平台本身的局限。可以采取的方案是单独采用晶振内置的高精度时钟芯片，同时可以采用纽扣电池供电，那么这样即使整个系统进入掉电模式，RTC 模块仍然能够正常计时，因为其时钟源独立且具有备用的电池供电。

# 附　录

## 附录 A　EasyARM2200 开发实验平台硬件结构

　　EasyARM2200 开发板是一款功能强大的 32 位 ARM 微控制器开发板,采用了 PHILIPS 公司的 ARM7TDMI－S 核、总线开放的微控制器 LPC2210,具有 JTAG 调试等功能。板上提供了一些键盘、LED、RS232 等常用功能部件,并具有 IDE 硬盘接口、CF 存储卡接口、以太网接口和 Modem 接口,等等,并设计有外设 PACK,极大地方便了用户在 32 位 ARM 嵌入式系统领域进行开发试验。

　　LPC2210/2212/2214/2290/2292/2294 是世界首款可加密的具有外部存储器接口的 ARM 芯片,具有零等待 0K/128K/256K 字节的片内 FLASH(没有片内 FLASH 的芯片不能加密),16K 字节的 SRAM,可简化系统设计,提高性能及可靠性。芯片内部具有 UART、硬件 $I^2C$ 、SPI、PWM、ADC、定时器、CAN( LPC2290/2292/2294 ) 等众多外围部件,功能更强大;144 引脚 LQFP 封装,3.3 V 和 1.8 V 系统电源,内部 PLL 时钟调整,功耗更低。

## A.1　功能特点

　　使用 CPU PACK, 可以使用多种兼容芯片 ( LPC2210/2212/2214/2290/2292/2294/LPC2114/2124/2119/2129/2194 等),标配 LPC2210 CPU PACK 板一块,附送空 CPU PCAK 板一块。支持 JTAG 仿真技术,支持 ADS1.2 集成开发环境。

　　(1) 具有 4 Mbit SRAM,16 Mbit FLASH,方便用户样机开发。

　　(2) 具有 RTL8019AS 网卡芯片,提供 TCP/IP 软件包。

　　(3) 可以与标准 Modem 直接接口,方便远程通信,提供 PPP 协议软件包。

　　(4) 具有 IDE 硬盘接口、CF 存储卡接口,提供 FAT 文件系统软件包。

　　(5) D12 USB PACK,提供移动硬盘软件包。

　　(6) 可选 CAN 接口板,方便组装现场总线。

　　(7) 具有图形液晶显示接口,提供 GUI 软件包。

　　(8) 具有多达 16 个按键,提供汉字字库及输入法软件包。

　　(9) 具有 RS232 转换电路,可与上位机进行通信。

（10）提供基于 PC 的人机界面,方便调试实时时钟、串口通信等功能。

EasyARM2200 开发板功能框图见图 A-1。

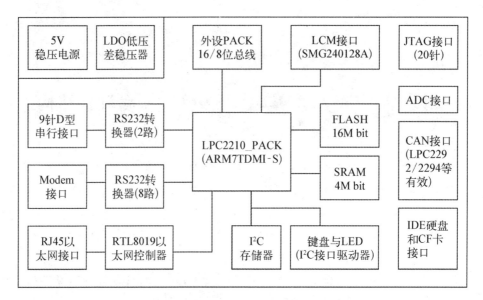

图 A-1　EasyARM2200 教学实验平台功能框图

## A.2　硬件原理

### A.2.1　电路原理图

EasyARM2200 开发板完整电路原理图由于比较大,这里不做展示。

### A.2.2　原理说明

#### 1. 电源电路

LPC2000 系列 ARM7 微控制器均使用两组电源,I/O 口供电电源为 3.3 V,内核及片内外设供电电源为 1.8 V,所以系统设计为 3.3 V 应用系统。首先,由 CZ1 电源接口输入 9 V 直流电源,二极管 D1 防止电源反接,经过 C1、C4 滤波,然后通过 LM7805 将电源稳压至 5 V,再使用 LDO 芯片(低压差电源芯片)稳压输出 3.3 V 及 1.8 V 电压。

原理图上设计的 5 V 稳压电路是使用 LM2575 开关电源芯片,如图 A-2 所示,如果用户在开发板的外设 PACK 及其他用户接口上使用了功率较大的负载,则 LM2575 能提供足够的电流。EasyARM2200 开发板的 5 V 稳压电路可以使用 LM7805 线性稳压芯片,电路原理如图 A-3 所示。

LDO 芯片采用了 SPX1117M3-1.8 和 SPX1117M3-3.3,其特点为输出电流大,输出电压精度高、稳定性高。系统电源电路如图 A-4 所示。

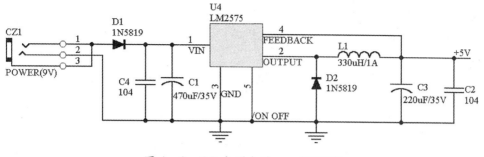

图 A-2   5 V 电源电路——LM2575

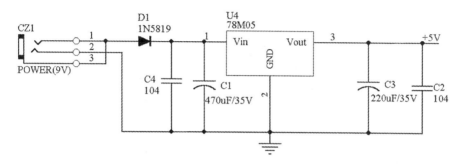

图 A-3   5 V 电源电路——LM7805

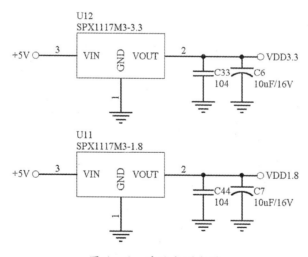

图 A-4   系统电源电路

SPX1117 系列 LDO 芯片输出电流可达 800 mA,输出电压的精度在 ±1% 以内,还具有电流限制和热保护功能,广泛用在手持式仪表、数字家电、工业控制等领域。使用时,其输出端需要一个至少 10 μF 的钽电容来改善瞬态响应和稳定性。

说明:由于开发板对模拟电源/模拟地的噪声要求不是很高,所以没有将模拟电源/模拟地与数字电源/数字地进行隔离,但其 PCB 板采用了大面积敷地,以降低噪声。

注意：EasyARM2200 开发板使用的电源是 9 V 直流电源，由 CZ1 电源接口输入，接头上的电源极性为外正内负。当开发板电源上电后，POWER 指示灯应点亮。

**2. 复位电路**

由于 ARM 芯片的高速、低功耗、低工作电压导致其噪声容限较低，对电源的波纹、瞬态响应性能、时钟源的稳定性、电源监控可靠性等诸多方面也提出了更高的要求。本开发板的复位电路使用了专用微处理器电源监控芯片 SP708S，提高了系统的可靠性。由于在进行 JTAG 调试时，nRST、TRST 是可由 JTAG 仿真器控制复位的，所以使用了三态缓冲门 74HC125 进行驱动，电路如图 A-5 所示。

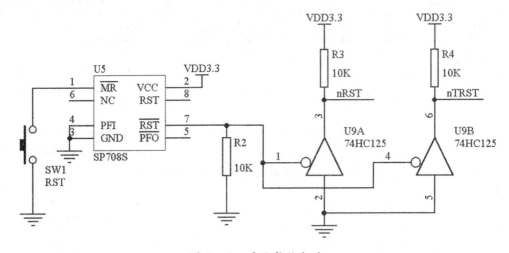

图 A-5　系统复位电路

如图 A-5 中，信号 nRST 连接到 LPC2210 芯片的复位脚 RESET，信号 nTRST 连接到 LPC2210 芯片内部 JTAG 接口电路复位脚 TRST。当复位按键 RST 按下时，SP708S 立即输出复位信号，其引脚 RST 输出低电平导致 74HC125A、74HC125B 导通，信号 nRST、nTRST 将输出低电平使系统复位。平时 SP708S 的 RST 输出高电平，74HC125A、74HC125B 截止，由上拉电阻 R3、R4 将信号 nRST、nTRST 上拉为高电平，系统可正常运行或 JTAG 仿真调试。

**3. 系统时钟电路**

LPC2000 系列 ARM7 微控制器可使用外部晶振或外部时钟源，内部 PLL 电路可调整系统时钟，使系统运行速度更快（CPU 最大操作时钟为 60 MHz）。倘若不使用片内 PLL 功能或 ISP 下载功能，则外部晶振频率范围是 1～30 MHz，外部时钟频率范围是 1～50 MHz；若使用了片内 PLL 功能或 ISP 下载功能，则外部晶振频率范围是 10～25 MHz，外部时钟频率范围是 10～25 MHz。

EasyARM2200 开发板使用了外部 11.0592 MHz 晶振，电路如图 A-6 示，用 1 MΩ 电阻 R45 并接到晶振的两端，使系统更容易起振。用 11.0592 MHz 晶振的原因是使串口波特率更精确，同时能够支持 LPC2000 系列 ARM7 微控制器芯片内部 PLL 功能及 ISP 功能。

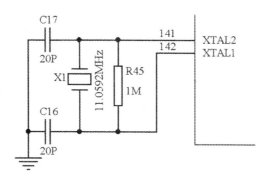

图 A-6　系统时钟电路

### 4. JTAG 接口电路

采用 ARM 公司提出的标准 20 脚 JTAG 仿真调试接口,JTAG 信号的定义及与 LPC2210 的连接如图 A-7 所示。图中,JTAG 接口上的信号 nRST、nTRST 与开发板的复位电路连接(图 A-5),形成"线与"的关系,达到共同控制系统复位的目的。

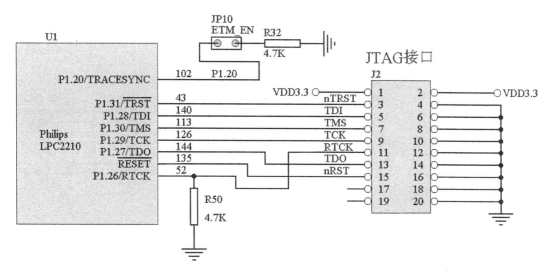

图 A-7　JTAG 接口电路

根据 LPC2210 的应用手册说明,在 RTCK 引脚接一个 4.7 kΩ 的下拉电阻,使系统复位后 LPC2210 内部 JTAG 接口使能,这样就可以直接进行 JTAG 仿真调试了。如果用户需要使用 P1.26~P1.31 作 I/O,不进行 JTAG 仿真调试,则可以在用户程序中通过设置 PINSEL2 寄存器来使 LPC2210 内部 JTAG 接口禁能。另外,在 TRACESYNC 引脚通过跳线器 JP10 接一个 4.7 kΩ 的下拉电阻,可以在系统复位时使能/禁能跟踪调试端口,禁能时(JP10 断开)方可使用 P1.16~P1.25 作 I/O。

### 5. 串口及 Modem 接口电路

由于系统是 3.3 V 系统,所以使用了 SP3232E 进行 RS232 电平转换,因为 SP3232E 是 3 V

工作电源的 RS232 转换芯片。另外,LPC2000 系列 ARM7 微控制器的 UART1 带有完整的调制解调器(Modem)接口,所以要使用 8 路的 RS232 转换芯片 SP3243ECA。如图 A-8 所示,JP3 为 UART1 口线连接跳线,当把它们断开时,这些口线保留给用户作为其他功能使用。

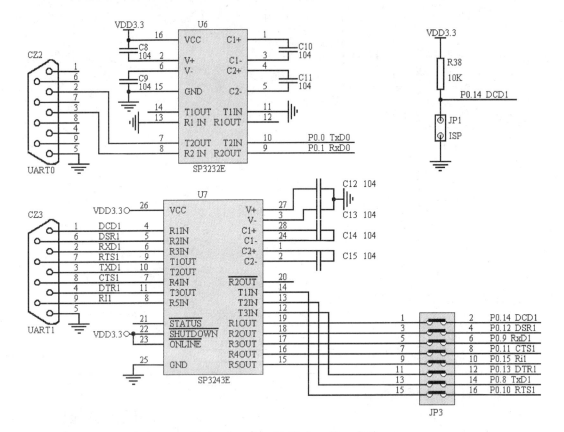

图 A-8　串口及 Modem 接口电路

当要使用 ISP 功能时,将 PC 的串口(如 COM1)与开发实验板的 CZ2 相连,使用 UART0 进行通讯。同时还要把 JP1 短接,使 ISP 的硬件条件得到满足。

用户通过 CZ3 直接连接 Modem,由 LPC2000 系列 ARM7 微控制器的 UART1 控制 Modem 拨号、通信,等等。需要注意的是,LPC2000 系列 ARM7 微控制器的 ISP 使能引脚(P0.14 口)与 DCD1 功能脚复用,在系统复位时若 P0.14 口为低电平,则进入 ISP 状态;同样,在程序仿真调试过程中,若把 JP1 短接,则 DCD1 保持为低电平,影响 Modem 接口正确使用。

### 6. 键盘及 LED 显示电路

EasyARM2200 开发实验板具有 16 个按键以及 8 位 LED 数码管,使用了 $I^2C$ 接口的键盘与 LED 驱动芯片 ZLG7290,电路如图 A-9、图 A-10 所示。ZLG7290 是一款功能强大的键盘与 LED 驱动芯片,最大支持 64 个按键及 8 位共阴 LED 数码管。JP5 可以断开 EasyARM2200 开发板上 $I^2C$ 器件与 LPC2210 的连接。

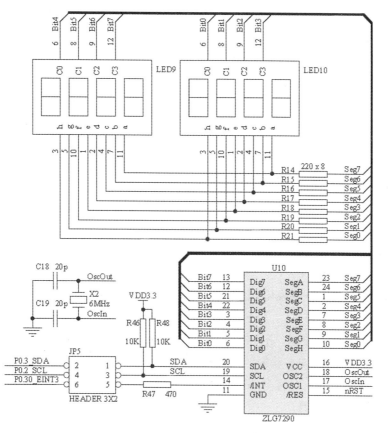

图 A-9 8位 LED 数码管驱动电路

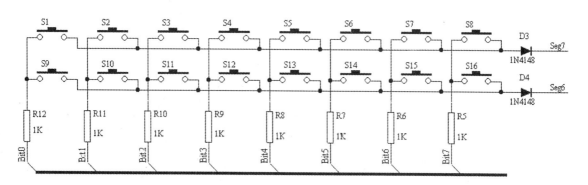

图 A-10 16 按键连接电路

　　另外,EasyARM2200 开发板采用了一片74HC595 驱动8个 LED 灯,如图 A-11 所示,其时钟(SCK)、数据(SI)分别接到 LPC2210 的 SPI 接口的 SCLK0、MOSI0,这样就可以发送数据到74HC595;片选(RCK,即74HC595 输出触发端)与 P0.8 口连接,由 P0.8 控制74HC595 数据锁存输出;而最高位输出(SQH)连接到 LPC2210 的 SPI 接口的 MISO0,可用来读回数据。这样连接就可以进行 SPI 接口控制实验,并能把 74HC595 的移位输出读回来(由 MISO0 读回)。这一部分电路可用 JP8 跳开。

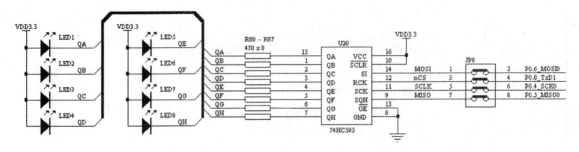

图 A－11　SPI 驱动 LED 灯电路

在使用硬件 SPI 接口主方式时,要把 SPI0/1 的 4 个 I/O 口均设置为 SPI 功能,如 P0.4、P0.5、P0.6、P0.7,而且 SSEL0/1 引脚不能为低电平,一般要接一个 10 kΩ 的上拉电阻。在 EasyARM2200 开发板上,P0.7 复用作以太网芯片 RT8019AS 的中断输入,所以在使用硬件 SPI 控制 8 个 LED 灯时,要断开 P0.7 与 RT8019AS 的连接(JP4 跳线器)。

若需要进行大量数据显示,则可使用 EasyARM.exe 软件进行模拟显示。EasyARM.exe 是一款用于 EasyARM2200 开发实验板的上位机软件,具有 8 位模拟数码管显示,全仿真 DOS 屏显示,模拟日历时钟显示屏等,并且有 20 个模拟按键输入等,这一切均通过串口通讯控制操作。

### 7. 蜂鸣器及 PWM 电路

如图 A－12 所示,蜂鸣器使用 PNP 三极管 Q2 进行驱动控制,当 P0.7 控制电平输出 0 时,Q2 导通,蜂鸣器蜂鸣;当 P0.7 控制电平输出 1 时,Q2 截止,蜂鸣器停止蜂鸣;若把 JP9 断开,Q2 截止,蜂鸣器停止蜂鸣。

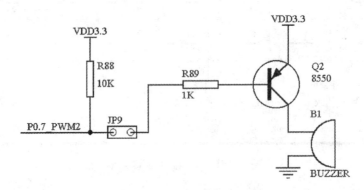

图 A－12　蜂鸣器控制电路

Q2 采用开关三极管 8550,其主要特点是放大倍数高 $h_{FE} = 300$,最大集电极电流 $I_{CM} = 1\,500\text{mA}$,特征频率 $f_T = 100\ \text{MHz}$。

R89 用于限制 Q2 的基极电流,当 P0.7 输出 0 时,流过 R89 的电流如公式(A－1)所示,$I_r$

为 2.6 mA，假设 Q2 工作在放大区，则 $I_c = \beta \times I_b = 400 \times 2.6 = 1\,040$ mA；而一般直流蜂鸣器在 3.3 V 电压下工作电流约为 28 mA。反过来说，只要 $I_c = 28$ mA，蜂鸣器上的电压即可达到 3.3 V，此时 $U_{ec} \approx 0$ V，即 $U_{eb} > U_{ec}$，Q2 为深度饱和导通，为蜂鸣器提供足够的电流。

$$I_r = \frac{3.3 - V_{eb}}{R} = \frac{3.3 - 0.7}{1\,000} = 0.002\,6 \text{ A} \qquad (A-1)$$

由于 P0.7 口与 SPI 部件的 SSEL0 复用，所以此引脚上接一上拉电阻 R88，防止在使用硬件 SPI 总线时由于 SSEL0 引脚悬空导致 SPI 操作出错。

如图 A-13 所示，在 PWM 输出实验上，使用 PWM6（即 P0.9 引脚）输出，经过 R90、C34 进行 RC 滤波，实现 PWM DAC 控制，而 JP2 可以断开这部分电路。PWM 测试点可直接测试 PWM 波形，PWM DAC 测试点可以测量 PWM DAC 的电压值。

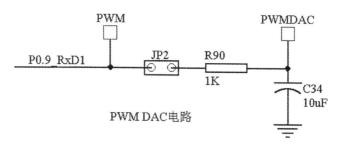

图 A-13 PWM DAC 电路

## 8. ADC 电路

LPC2114/2124/2119/2129/2194 具有 4 路 10 位 ADC 转换器，LPC2210/2212/2214/2290/2292/2294 具有 8 路 10 位 ADC 转换器，其参考电压为 3.3 V（由 V3a 引脚提供），参考电压的精度会影响 ADC 转换结果。EasyARM2200 开发实验板提供了两路直流电压测量电路，如图 A-15 所示，可调电阻 W1、W2 用于调整 ADC 的输入电压，可以在 VIN1、VIN2 测试点上用万能表检查当前电压值。R34、R35 为 I/O 口保护电阻，当 ADC 输入电压调整到 3.3 V 或 0 V，而 P0.27 或 P0.28 作为 GPIO 输出 0/1 时，这两个电阻保证电路不产生短路故障。EasyARM2200 开发板还将其他 4 路 ADC 接口通过 J4 引出，如图 A-14 所示。

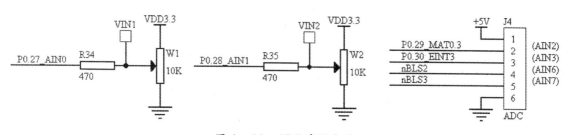

图 A-14 ADC 实验电路

### 9. CAN 接口电路

LPC2119/2129/2290/2292 具有 2 路 CAN 接口,LPC2194/2294 具有 4 路 CAN 接口,EasyARM2200 开发板中微控制器的全部 CAN 接口由 J5 引出,如图 A - 15 所示。将 CAN 接口与 CAN 收发器连接(如 TJA1050),即可进行 CAN 总线通讯操作。

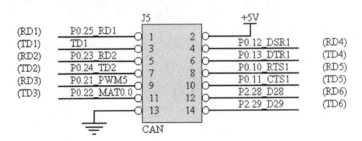

图 A - 15　CAN 接口电路

### 10. 外设 PACK 接口电路

LPC2200 系列 ARM7 微控制器是总线开放型的微控制器,它是通过外部存储器控制器(EMC)为 AMBA AHB 系统总线和片外存储器提供了一个接口,支持 SRAM、ROM、FLASH、Burst ROM 和外部 I/O 器件。EasyARM2200 开发板上设计了一个外设 PACK,电路如图 A - 16 所示,具有 24 根地址总线 A0 ~ A23,16 根数据总线 D0 ~ D15,读/写信号 OE、WE、BLS0 和 BLS1,片选信号为 CS2,所以外设 PACK 上可用的地址为 0x82000000 ~ 0x82FFFFFF。用户可以使用 CS2 信号及高位地址进行译码,达到地址再次分配的目的。外设 PACK 上还有 6 个 I/O 口,2 个 I/O 外部中断引脚,这样极大地方便了与外部 I/O 器件进行连接。

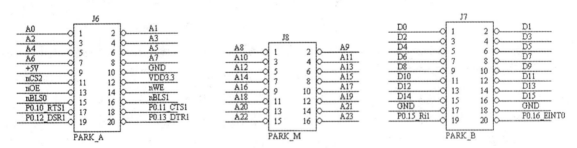

Address: 0x82000000 — 0x82FFFFFF

图 A - 16　外设 PACK 接口电路

### 11. 以太网接口电路

EasyARM2200 开发板上设计有以 RTL8019AS 芯片为核心的以太网接口电路,电路原理如图 A - 17 所示。LPC2210 是总线开放的,所以电路设计为 16 位总线方式对 RTL8019AS 进行访问,即数据总线 D0 ~ D15 与芯片的 SD0 ~ SD16 连接。由于 RTL8019AS 工作电源是 5 V,而 LPC2210 的 I/O 电压为 3.3 V,所以在总线上串接 470 Ω 保护电阻。

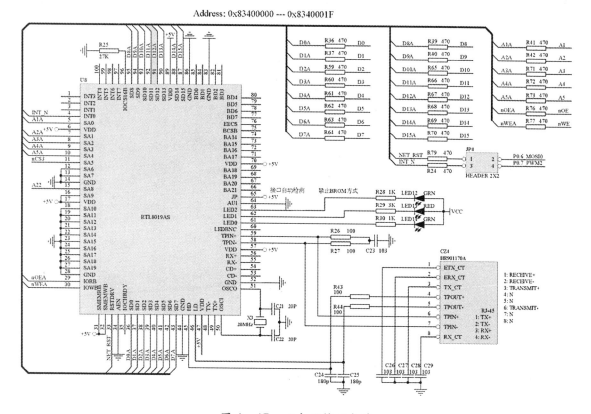

图 A-17　以太网接口电路

　　RTL8019AS 芯片工作在跳线模式,其基地址为 0x300,所以电路上 SA6、SA7、SA10~SA19 均接地,SA9 接电源。SA8 与地址总线的 A22 相连,SA5 与 LPC2210 的外部存储器BANK3 片选 CS3 相连,当 SA8 为 1,SA5 为 0 时,选中 RTL8019AS 芯片,即其操作地址为0x83400000~0x8340001F。RTL8019AS 的应用及连接方法详细说明请参考 RTL8019AS芯片数据手册。

## 12. 图形液晶模块接口电路

　　EasyARM2200 开发板具有点阵图形液晶模块接口电路,可以直接与 SMG240128A 点阵图形液晶模块或其他兼容模块连接使用,接口电路如图 A-18 所示。采用 8 位总线方式连接SMG240128A 图形液晶模块,该模块没有地址总线,显示地址和显示数据均通过 DB0~DB7 接口实现。由于模块工作电源是 5 V 而 LPC2210 的 I/O 电压为 3.3 V,所以在总线上串接 470 Ω保护电阻。图形液晶模块的 C/D 与 A1 连接,使用 A1 控制模块处理数据/命令。将 C/D 与 A1连接有一个好处,就是 LPC2210 可以使用 16 位总线方式操作该图形液晶模块(高 8 位数据被忽略)。模块的片选信号由 LPC2210 的 A22 和外部存储器 BANK3 片选 CS3"相或"后得到,当

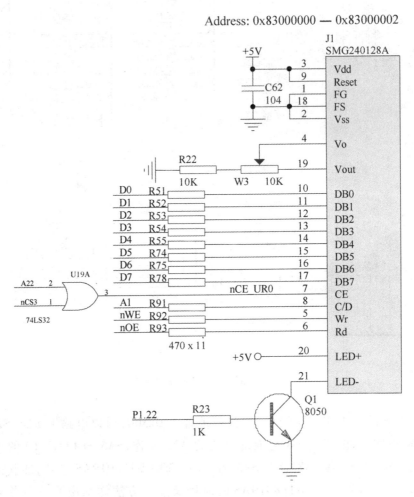

A22 和 nCS3 同时为 0 时，模块被选中，所以其数据操作地址为 0x83000000，命令操作地址为 0x83000002。

图 A-18　图形液晶模块接口电路

若用户需要使用其他图形液晶模块，可以通过外设 PACK 进行连接。

**13. 系统存储器电路**

EasyARM2200 开发板扩展了 4 Mbit SRAM(IS61LV25616AL) 和 16 Mbit FLASH(SST39VF160)，电路如图 A-19 所示。为了方便程序的调试及最终代码的固化应用，使用 BANK 和 BANK1 的地址空间，可以通过 JP6 跳线将 CS0 和 CS1 分别分配给 SRAM 或 FLASH。在程序调试时，分配 SRAM 为 BANK0 地址，因为 BANK0 可以进行中断向量重新映射操作。当最终代码的固化到 FLASH 时，分配 FLASH 为 BANK0 地址，SRAM 为 BANK1 地址，因为 BANK0 可以用来引导程序运行。若使用 BANK0 引导程序运行，将 JP7 短接到 OUTSIDE 端，使系统复位时 BOOT1、BOOT0 为 0b01。

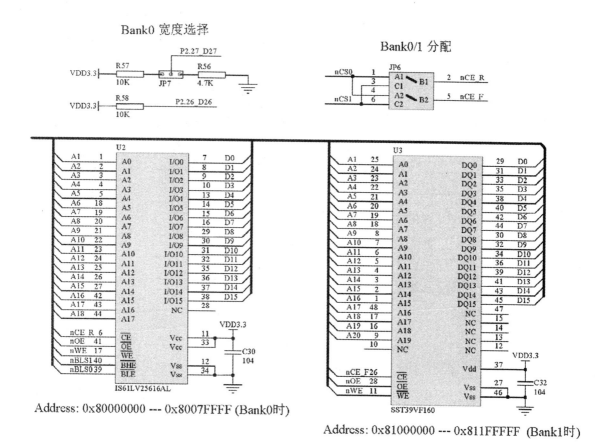

图 A - 19　存储器接口电路

存储器连接使用了 16 位总线方式,数据总线使用了 D0 ~ D15,地址总线使用了 A1 ~ A20,对于 16 位的 SRAM,BLS0、BLS1 信号用于控制低字节、高字节的写操作。更详细的接口使用方法请参考 LPC2210 芯片应用手册的外部存储器控制器(EMC)部分说明。

LPC2210 没有片内 FLASH,所以只能使用外部的 FLASH 保存用户最终的程序。

**14. CF 卡及 IDE 硬盘接口电路**

LPC2210 的 GPIO 引脚与 CF 卡及 IDE 硬盘的接口电路图分别如图 A - 20 和图 A - 21 所示。CF 卡可以在 5 V 或 3.3 V 下工作,当 CF 工作电源为 5 V 时,CF 卡的某些引脚要求输入的逻辑电平最小值为 4.0 V,而 GPIO 的输出电平才 3.3 V,所以只能使用 3.3 V 给 CF 卡供电。由于寄存器的地址是由 A00、A01、A02、$\overline{CS0}$ 和 $\overline{CS1}$ 选择,将它们都分配在 P1 口是为了简化编程;而数据总线 D0 ~ D15 使用 P2.16 ~ P2.31 使用连续的 GPIO,也是为了编程方便;其他的 I/O 引脚都没有特别的要求。表 A - 1 为 LPC2210 的 GPIO 引脚与 CF 卡及 IDE 硬盘引脚连接分配表,表中描述了各 GPIO 引脚与 CF 卡及 IDE 硬盘对应的控制信号引脚。

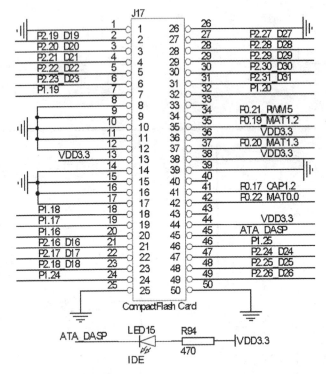

图 A-20  LPC2210 与 CF 接口电路

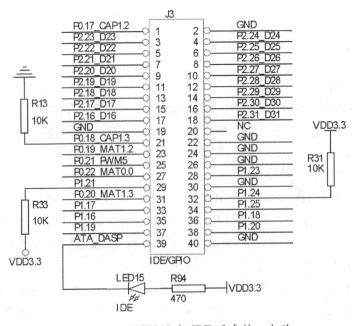

图 A-21  LPC2210 与 IDE 硬盘接口电路

表 A－1　　　　　　　　LPC2210 的 GPIO 引脚与 CF 卡及 IDE 硬盘连接引脚分配

| LPC2210 | CF 卡 | IDE 硬盘 | I/O | LPC2210 | CF 卡 | IDE 硬盘 | I/O |
|---------|-------|---------|-----|---------|-------|---------|-----|
| P0.17* | RESET | RESET | O | P1.17* | A01 | A01 | O |
| P2.16*~P2.31* | D00~D15 | D00~D15 | I/O | P1.16* | A00 | A00 | O |
| P0.18 | | DMARQ | I | P1.19* | CS0 | CS0 | O |
| P0.19* | IOWR | DIOW | O | P1.23 | | CSEL | O |
| P0.21* | IORD | DIOR | O | P1.24 | IOCS16 | IOCS16 | I |
| P0.22 | IORDY | IORDY | I | P1.25 | PDIAG | PDIAG | I |
| P1.21 | | DMACK | I | P1.18* | A02 | A02 | O |
| P0.20 | INTRQ | INTRQ | I | P1.20* | CS1 | CS1 | O |

注：＊为使用到的引脚,其他引脚不使用,但需要配置为适当的状态。

## 15. D12 USBPACK 电路

在 EasyARM2200 开发板上,PDIUSBD12 以 PACK 的形式与开发板相连。D12 PACK 的 J1、J2 分别与 EasyARM2200 开发板的 J6、J7 相连。PDIUSBD12 连接到 LPC2210 的硬件原理图如图 A－22 所示,由该图可见 PDIUSBD12 与 LPC2210 的连接关系,如表 A－2 所示。

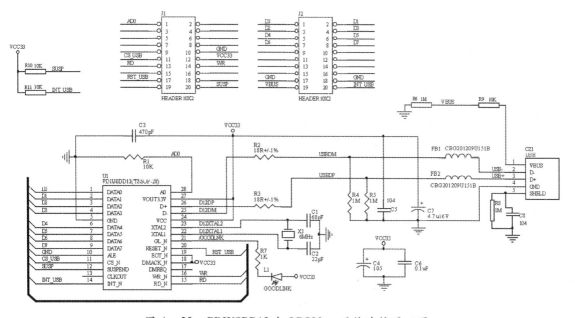

图 A－22　PDIUSBD12 与 LPC22xx 硬件连接原理图

表 A-2    PDIUSBD12 与 LPC2210 的连接关系

| PDIUSBD12 | 功　　能 | LPC2210 | PDIUSBD12 | 功　　能 | LPC2210 |
|---|---|---|---|---|---|
| DATA0 ~ DATA7 | PDIUSBD12 数据总线 | D0 ~ D7 | WR_N | PDIUSBD12 写使能（低电平有效） | nEW |
| A0 | PDIUSBD12 地址总线 | A0 | INT_N | PDIUSBD12 中断输出信号 | P0.16_EINT0 |
| CS_N | PDIUSBD12 片选线 | nCS2 | RESET_N | PDIUSBD12 复位输入信号 | P0.10_RTS1 |
| RD_N | PDIUSBD12 读使能（低电平有效） | nOE | SUSP_END | PDIUSBD12 挂起输入信号 | P0.13_DTR1 |

由以上关系，可知 PDIUSBD12 使用 LPC2210 外部存储控制的 Bank2 部分，其地址如下：

数据地址——0x82000000（偶数地址）；

命令地址——0x82000001（奇数地址）。

RST_USB、SUSP 由 LPC2210 输出引脚控制，PDIUSBD12 中断信号连接到 LPC2210 的外部中断 0。

# A.3　硬件结构

## A.3.1　元件布局图

EasyARM2200 开发板布局图如图 A-23 所示。

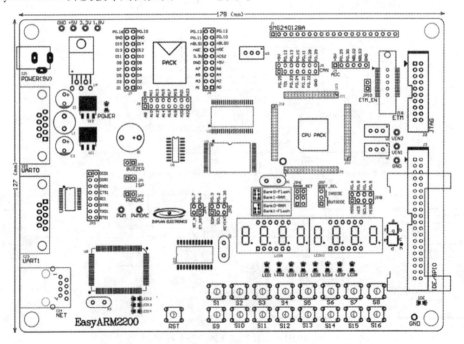

图 A-23　EasyARM2200 元件布局图

## A.3.2 跳线器说明

EasyARM2200 开发实验板跳线器说明如表 A-3 所示。

表 A-3 EasyARM2200 跳线器一览表

| 跳线器 | 标 号 | I/O | 功 能 说 明 | 复用情况 | 备 注 |
|---|---|---|---|---|---|
| JP1 | ISP | P0.14 | ISP 功能使能,短接时有效 | JP3_DCD1 | 重新复位后进入 ISP |
| JP2 | PWM DAC | P0.9 | PWM DAC 转换的跳线,短接时有效 | JP3_RXD1 | 电压测试点 PWMDAC |
| JP3 | DCD1 | P0.14 | UART1 的 RS232 接口跳线,短接时有效 | JP1 | 具有 Modem 接口功能 |
| | DSR1 | P0.12 | | J6,J5 | |
| | RXD1 | P0.9 | | JP2 | |
| | CTS1 | P0.11 | | J6,J5 | |
| | RI1 | P0.15 | | J7 | |
| | DTR1 | P0.13 | | J6,J5 | |
| | TXD1 | P0.8 | | JP8_nCS | |
| | RTS1 | P0.10 | | J6,J5 | |
| JP4 | NET_RST | P0.6 | RTL8019AS 复位控制,短接时有效 | JP8_MOSI | |
| | INT_N | P0.7 | RTL8019AS 中断输出,短接时有效 | JP9 | 使用硬件 $I^2C$ 时需断开此跳线 |
| JP5 | SCL | P0.2 | ZLG7290 与 $I^2C$ 总线、中断引脚连接的跳线,短接时有效 | — | |
| | SDA | P0.3 | | — | |
| | KEYINT | P0.30 | | J4 | |
| JP6 | Bank | P1.0 | FLASH 和 RAM 地址块设置 | — | 分别设置为 Bank0 或 Bank1 |
| | | P3.26 | | | |
| JP7 | BOOT_SEL | P2.27 | 系统启动选择 | J3,J17 | INSIDE:内部 FLASH;OUTSIDE:外部 FLASH |
| JP8 | MOSI | P0.6 | 74HC595 与 SPI 接口连接的跳线,短接时有效 | JP4_NET_RST | 短接时由 SPI 接口输出控制 LED1~LED8 显示 |
| | nCS | P0.8 | | JP3_TXD1 | |
| | SCLK | P0.4 | | — | |
| | MISO | P0.5 | | — | |

| 跳线器 | 标号 | I/O | 功 能 说 明 | 复用情况 | 备 注 |
|---|---|---|---|---|---|
| JP9 | BUZZER | P0.7 | 蜂鸣器驱动的跳线,短接时有效 | JP4_INT_N | |
| JP10 | ETM_EN | P1.20 | ETM 跟踪调试接口使能,短接时有效 | J3,J17,J18 | 跟踪调试接口为:P1.16～P1.26 |

### 1. JP1：ISP 使能控制

LPC2000 系列 ARM7 微控制器具有 ISP 功能,若复位时 P0.14 引为低电平,则进入 ISP 状态。JP1 跳线就是连接到 P0.14 口上,短接此跳线即会把 P0.14 口强制为低电平,复位系统后即进入 ISP 状态。JP1 跳线说明见表 A-4。

表 A-4　　　　　　　　　　　JP1 跳 线

| JP1 | I/O | 功 能 | 默认值 |
|---|---|---|---|
| 短接 | P0.14 为低电平 | 使能 ISP | 断开 |
| 断开 | P0.14 由上拉电阻置为高电平 | 禁止 ISP | |

### 2. JP2：PWM DAC 电路接口

在 EasyARM2200 开发板上将 P0.9/PWM6 引脚连接到 PWM 测试点上,同时,开发板上有一个简单的 RC 滤波电路,PWM 输出通过 RC 滤波可以实现 DA 转换。当 JP2 短接时,PWM6 输出连接到 RC 滤波电路,DA 电压由 PWM DAC 测试点上测量。JP2 跳线器说明见表 A-5。

表 A-5　　　　　　　　　　　JP2 跳 线

| JP2 | I/O | 功 能 | 默认值 |
|---|---|---|---|
| 短接 | PWM6 与 RC 滤波电路相连 | PWM DAC | 断开 |
| 断开 | PWM6 与 RC 滤波电路断开 | — | |

### 3. JP3：UART1 电路接口

UART1 具有 Modem 接口功能,使用了 P0.8～P0.15 等 8 个 I/O,当不使用 Modem 功能时,这些引脚还可以做为其他功能,所以 EasyARM2200 开发板上使用了 JP3 跳线进行连接选择。当 JP3 跳线全部短接时,所有的 Modem 接口引脚连接到 SP3243E(U7)芯片上,其 RS232 信号与CZ3 相连。JP3 跳线器说明见表 A-6。

表 A‑6                                         JP3 跳 线

| JP3 | I/O | 功　能 | 默认值 |
|---|---|---|---|
| DCD1 | P0.14/DCD1 与 SP3243E 连接 | Modem 接口 | |
| DSR1 | P0.12/DSR1 与 SP3243E 连接 | Modem 接口 | |
| RXD1 | P0.9/RXD1 与 SP3243E 连接 | UART1 的 RXD | |
| CTS1 | P0.11/CTS1 与 SP3243E 连接 | Modem 接口 | 全部 断开 |
| RI1 | P0.15/RI1 与 SP3243E 连接 | Modem 接口 | |
| DTR1 | P0.13/DTR1 与 SP3243E 连接 | Modem 接口 | |
| TXD1 | P0.8/TXD1 与 SP3243E 连接 | UART1 的 TXD | |
| RTS1 | P0.10/RTS1 与 SP3243E 连接 | Modem 接口 | |

#### 4. JP4：NET 电路接口

JP4 跳线器是设置以太网控制器 RTL8019AS 的中断信号及复位信号是否连接到 LPC2210。当 JP4 跳线全部短接时，RTL8019AS 的中断信号连接到 P0.7/EINT2，复位信号连接到 P0.6 上。JP4 跳线器说明见表 A‑7。

表 A‑7                            JP4 跳 线

| JP4 | I/O | 功　能 | 默认值 |
|---|---|---|---|
| INT_N | 中断信号与 P0.7/EINT2 连接 | RTL8019AS 的中断 | 全部 断开 |
| NET_RST | 复位信号与 P0.6 连接 | RTL8019AS 的复位控制 | |

#### 5. JP5：I²C 电路接口

EasyARM2200 开发板上有两个 I²C 器件，一个是 E2PROM 芯片 CAT24WC02，另外一个是键盘与 LED 驱动芯片 ZLG7290，这两个器件的 I²C 接口通过 JP5 与 LPC2210 连接。当 JP5 全部短接时，开发板上的 I²C 器件连接到 P0.2/SCL、P0.3/SDA。JP5 跳线器说明见表 A‑8。

表 A‑8                            JP5 跳 线

| JP5 | I/O | 功　能 | 默认值 |
|---|---|---|---|
| SDA | I²C 器件的 SDA 与 P0.3/SDA 连接 | I²C 器件操作 | |
| SCL | I²C 器件的 SCL 与 P0.2/SCL 连接 | I²C 器件操作 | 全部 断开 |
| KEYINT | ZLG7290 中断信号与 P0.30/EINT3 连接 | 键盘中断 | |

说明：可以通过 JP5 将 I²C 总线连接到开发板之外的 I²C 器件。

### 6. JP6：板内存储器分配

EasyARM2200 开发板上使用了 LPC2210 外部存储器接口的 BANK0、BANK1 扩展 SST39VF160（FLASH）和 IS61LV25616（SRAM），SST39VF160 和 IS61LV25616 各使用一个 BANK，可以通过 JP6 设置 FLASH 使用哪一个 BANK，SRAM 使用哪一个 BANK。JP6 跳线器说明见表 A - 9。

表 A - 9　　　　　　　　　　　　　　JP6 跳线

| JP6 | I/O | 功　　能 | 默认值 |
|---|---|---|---|
| ▮ ○<br>○ ▮ | SST39VF160 分配为 Bank0<br>IS61LV25616 分配为 Bank1 | 可以使用 SST39VF160 启动系统 | ▮ ○<br>○ ▮ |
| ○ ▮<br>▮ ○ | IS61LV25616 分配为 Bank0<br>SST39VF160 分配为 Bank1 | 可以使用 IS61LV25616 进行 JTAG 仿真调试 | |
| 其他设置 | 非法 | 非法 | |

说明：非法设置或取出跳线器，会引起相应存储器访问错误。

开发板在出厂时已在 SST39VF160 烧写了一个演示程序，所以 JP6 的默认设置为 "SST39VF160 分配为 BANK0"。当用户需要进行 JTAG 仿真调试时，请将 JP6 设置为 "IS61LV25616 分配为 BANK0"。

### 7. JP7：系统起动选择

LPC2200 系列芯片具有外部存储器接口，通过 BOOT1、BOOT0 引脚设置可以选择片内 FLASH 起动或片外 FLASH（在 BANK0 上的 FLASH）起动。JP7 跳线是一个三针的选择跳线，可以选择 BOOT1 引脚接上拉电阻还是接下拉电阻。JP7 跳线器说明见表 A - 10。

表 A - 10　　　　　　　　　　　　　　JP7 跳线

| JP7 | I/O | 功　　能 | 默认值 |
|---|---|---|---|
| 选择 INDIDE | BOOT1 引脚接上拉电阻 | 片内 FLASH 启动 | OUTSIDE |
| 选择 OUTSIDE | BOOT1 引脚接下拉电阻 | 片外 FLASH 启动 | |

说明：EasyARM2200 开发板上 BOOT0 引脚已经接上拉电阻，当 JP7 选择 INSIDE 时 BOOT1:0 = 11，当 JP7 选择 OUTSIDE 时 BOOT1:0 = 01。

### 8. JP8：SPI 电路接口

JP8 跳线器是设置 74HC595 芯片是否连接 P0.4/SCK0、P0.5/MISO0、P0.6/MOSI0 和 P0.8，74HC595 的移位输出直接控制 8 个 LED，即 LED1 ~ LED8。当 JP8 全部短接时，开发板上的 74HC595 器件连接到 P0.4/SCK0、P0.5/MISO0、P0.6/MOSI0 和 P0.8。JP8 跳线器说明见表 A - 11。

表 A - 11                                    JP8 跳线

| JP8 | I/O | 功　　能 | 默认值 |
|------|------|---------|--------|
| MOSI | 74HC595 的 SI 与 P0.6/MOSI0 连接 | 数据输出 | |
| nCS | 74HC595 的 RCK 与 P0.8 连接 | 片选(输出锁存) | 全部短接 |
| SCLK | 74HC595 的 SCK 与 P0.4/SCK0 连接 | 移位时钟 | |
| MISO | 74HC595 的 SQH 与 P0.5/MISO0 连接 | 数据输入 | |

### 9. JP9：蜂鸣器电路接口

JP9 跳线器是设置是否连接蜂鸣器电路,当 JP9 短接时,通过 P0.7 控制蜂鸣器蜂鸣。JP9 跳线器说明见表 A - 12。

表 A - 12                                    JP9 跳线

| JP9 | I/O | 功　　能 | 默认值 |
|------|------|---------|--------|
| 短接 | 蜂鸣器电路与 P0.7 连接 | 控制蜂鸣器 | 短接 |
| 断开 | 蜂鸣器电路与 P0.7 断开 | — | |

### 10. JP10：ETM 接口使能控制

JP10 跳线器是使能 ETM 跟踪调试接口,当 JP10 跳线短接时,在系统复位后 P1.16 ~ P1.25 作为跟踪调试接口使用。JP10 跳线器说明见表 A - 13。

表 A - 13                                    JP10 跳线

| JP10 | I/O | 功　　能 | 默认值 |
|------|------|---------|--------|
| 短接 | P1.20 引脚接下拉电阻 | 使能 ETM 跟踪调试接口 | 断开 |
| 断开 | P1.20 引脚内部带下拉电阻 | P1.16 ~ P1.25 作为 I/O | |

## A.3.3　连接器说明

EasyARM2200 开发实验板连接器说明如表 A - 14 所示。

表 A - 14                          EasyARM2200 连接器一览表

| 连接器 | 说　　明 | 备　　注 |
|--------|---------|---------|
| CZ1 | 电源插座 | 电源输入(DC 9 V) |
| CZ2 | UART0 接口 | RS232 电平 |
| CZ3 | UART1 接口(Modem 接口) | RS232 电平 |

续表

| 连接器 | 说　　　明 | 备　　注 |
|---|---|---|
| CZ4 | 以太网接口 | RJ45 |
| PACK | PACK 接口 | 用于扩展(使用 BANK2 地址) |
| J1 | LCM 接口 | 兼容 SMG240128A 模块 |
| J2 | JTAG 接口 | 用于仿真调试 |
| J3 | IDE/GPIO 接口 | |
| J4 | ADC I/O 接口 | |
| J5 | CAN I/O 接口 | |
| J17 | CF 存储卡接口 | |
| J18 | ETM 跟踪调试接口 | 由 JP10 控制使能/禁止 |

**1. J1：LCM 接口**

J1 接口是 LCM 接口,可以直接使用兼容 SMG240128A 的液晶模块。J1 的引脚定义如图 A-24 所示。

| 1 | 2 | 3 | 4 | 5 | 6 | 7 | 8 | 9 | 10 | 11 | 12 | 13 | 14 | 15 | 16 | 17 | 18 | 19 | 20 | 21 |
|---|---|---|---|---|---|---|---|---|---|---|---|---|---|---|---|---|---|---|---|---|
| GND | GND | +5 V | Vo | WE | OE | CS* | A1 | +|5 V | D0 | D1 | D2 | D3 | D4 | D5 | D6 | D7 | GND | Vont | +5 V | P1.22* |

图 A-24　J1 连接器的引脚

图 A-24 说明:

Vout:液晶模块的输出电压(用于调节对比度);

Vo:液晶驱动电压(对比度调节输入);

*并非是 LPC2210 引脚信号,但是由 LPC2210 的相应引脚控制。

**2. J2：JTAG 接口**

J2 是 20PIN 的 JTAG 接口,当需要进行 JATG 仿真调试时,将 JTAG 仿真器与 J2 连接即可。当不进行 JTAG 仿真调试时(设置 PINSEL2 寄存器 bit2 为 0),P1.27 ~ P1.31 可作为 GPIO 使用。J2 的引脚定义如图 A-25 所示。

**3. J3：IDE/GPIO 接口**

J3 是 40PIN 的 IDE 接口,可以直接与 IDE 硬盘连接,由于它的控制口线为 GPIO。所以用户可以通过 J3 引出 I/O 来使用。J3 上以供有 31 个 I/O,这些 I/O 有的可设置为 PWM、CAP、MAT、EINT 和 SPI 功能等。J3 的引脚定义如图 A-26 所示。

| 1 | +3 V | +3 V | 2 |
|---|---|---|---|
| 3 | nTRST | GND | 4 |
| 5 | TDI/P1.28 | GND | 6 |
| 7 | TMS/P1.30 | GND | 8 |
| 9 | TCK/P1.29 | GND | 10 |
| 11 | PTCK/P1.26 | GND | 12 |
| 13 | TDO/P1.27 | GND | 14 |
| 15 | nRST | GND | 16 |
| 17 | — | GND | 18 |
| 19 | — | GND | 20 |

图 A-25  J2 连接器的引脚

| 1 | P0.17/GAP1.2 | GND | 2 |
|---|---|---|---|
| 3 | P2.23 | P2.24 | 4 |
| 5 | P2.22 | P2.25 | 6 |
| 7 | P2.21 | P2.26 | 8 |
| 9 | P2.20 | P2.27 | 10 |
| 11 | P2.19 | P2.28 | 12 |
| 13 | P2.18 | P2.29 | 14 |
| 15 | P2.17 | P2.30 | 16 |
| 17 | P2.16 | P2.31 | 18 |
| 19 | GND | — | 20 |
| 21 | P0.18/CAP1.3 | GND | 22 |
| 23 | P0.19/MAT1.2 | GND | 24 |
| 25 | P0.21/PWM5 | GND | 26 |
| 27 | P0.22/MAT0.0 | P1.23 | 28 |
| 29 | P1.21 | GND | 30 |
| 31 | P1.20/EINT3 | P1.24 | 32 |
| 33 | P1.17 | P1.25 | 34 |
| 35 | P1.16 | P1.18 | 36 |
| 37 | P1.19 | P1.20 | 38 |
| 39 | ATA_DASP | GND | 40 |

图 A-26  J3 连接器的引脚

图 A-26 中,ATA_DASP 为 IDE 硬盘的信号,此信号控制了 EasyARM2200 开发板上的 IDE 灯(LED15)。

# A.4 硬件使用的资源

## 1. 外围器件地址分配

EasyARM2200 开发板外围器件地址分配见表 A-15。

表 A-15 外围器件地址分配表

| 外 围 器 件 | 跳线器设置 | 片选信号 | 地 址 范 围 | 备 注 |
|---|---|---|---|---|
| SST39VF160 | JP6:Bank0-FLASH | CS0 | 0x80000000~0x801FFFFF | 根据需要将这两个器件分别分配到 Bank0 和 Bank1 存储块 |
| | JP6:Bank1-FLASH | CS1 | 0x81000000~0x811FFFFF | |
| IS61LV25616AL | JP6:Bank0-RAM | CS0 | 0x80000000~0x8007FFFF | |
| | JP6:Bank1-RAM | CS1 | 0x81000000~0x8107FFFF | |

| 外 围 器 件 | 跳线器设置 | 片选信号 | 地 址 范 围 | 备　注 |
|---|---|---|---|---|
| RTL8019AS | — | CS3 + A22 | 0x83400000 ~ 0x8340001F | JP4 短接时:<br>中断:P0. 7/EINT2<br>复位:P0. 6 |
| SMG240128A<br>液晶模块接口 | — | CS3 + A22 | 0x83000000 ~ 0x83000002 | 由 P1. 22 控制背光 |
| 外设 PACK | — | CS2 | 0x82000000 ~ 0x82FFFFFF | 16 位总线接口,<br>有 P0. 10 ~ P0. 13、<br>P0. 15/EINT2 和<br>P0. 16/EINT0 |

**2. 片内存储地址空间**

EasyARM2200 开发板使用 CPU PACK,也可以使用多种兼容芯片 LPC2210/2212/2214/ 2290 /2292/2294/LPC2114/2124/2119/2129/2194 等。当使用不同的芯片时,其片内存储地址空间有所不同,见表 A - 16。

表 A - 16　　　　　　　　　　　片内存储地址空间

| 器　件 | FLASH 地址范围 | RAM 地址范围 | 备　注 |
|---|---|---|---|
| LPC2210 | 无 | 0x40000000 ~ 0x40003FFF | |
| LPC2290 | | 0x40000000 ~ 0x40003FFF | |
| LPC2114 | 0x00000000 ~ 0x0001FFFF | 0x40000000 ~ 0x40003FFF | BOOT 扇区不能保存<br>用户代码 |
| LPC2119 | | | |
| LPC2212 | | | |
| LPC2124 | 0x00000000 ~ 0x0003FFFF | 0x40000000 ~ 0x40003FFF | BOOT 扇区不能保存<br>用户代码 |
| LPC2129 | | | |
| LPC2194 | | | |
| LPC2214 | | | |
| LPC2292 | | | |
| LPC2294 | | | |

**3. I/O 口分配**

EasyARM2200 开发板部分 I/O 器件的 I/O 分配见表 A - 17。

表 A - 17                   I/O 口分配表

| I/O 器件 | 跳线器设置 | I/O | 备　　注 |
|---|---|---|---|
| 蜂鸣器 | JP9：短接 | P0.7 | 输出 0：蜂鸣器蜂鸣<br>输出 1：蜂鸣器不蜂鸣 |
| CAT24WC02、ZLG7290（控制 LED9、LED10、按键 S1 ~ S16） | JP5：全部短接 | P0.2/SCL<br>P0.3/SDA<br>P0.30/EINT3 | $I^2C$ 从机地址：<br>CAT21WC02：0xA0<br>ZLG7290：0x70<br>ZLG7290 中断：P0.30/EINT3 |
| 74HC595（控制 LED1 ~ LED8） | JP8：全部短接 | P0.4/SCK0<br>P0.5/MISO0<br>P0.6/MOSI0<br>P0.8 | 使用 SPI0 控制 74HC595 的输出，其中 P0.8 作为片选信号 |
| W1 调节电压 | — | P0.27/AIN0 | 电压测试点 VIN1 |
| W2 调节电压 | — | P0.28/AIN1 | 电压测试点 VIN2 |

# A.5　其他

## A.5.1　EasyARM2200 开发板电源

EasyARM2200 开发板电源输入接口为 CZ1，输入的电源为 DC 9 V，接头上的电源极性为外正内负，当正确连接电源后，POWER 灯点亮。连接器 J4、J5 和外设 PACK 均有电源输出，可以向用户板提供电源，但要求负载功率不要过重，也不要与其他电源连接，否则可能导致器件损坏。

## A.5.2　跳线器

EasyARM2200 开发实验板上的部分功能部件有相应的连接跳线，当用户使用某个功能部件时，将相应的跳线器短接即可，当用户需要这些口线作为其他用途时，可以将跳线断开。其中 P0.8 ~ P0.15 是 UART1 的 Modem 接口 I/O，同时其他器件复用部分口线，如 P0.9 复用到 PWM DAC 电路上，P0.14 复用作 ISP 使能跳线，P0.10 ~ P0.13 和 P0.15 复用到外设 PACK 上，等等，所以在不使用 UART1 的 Modem 功能时，最好断开 JP3 所有跳线。

## A.5.3　CPU PACK 的安装

CPU PACK 是有方向性的，安装时要特别小心，以免插反导致 CPU 损坏。CPU PACK 板上印有"Easy ARM2200"的字符，安装到开发实验板上时这些字符是正面方向的，如图 A - 27 所示。

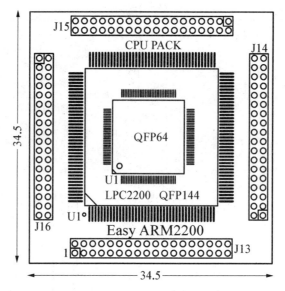

图 A-27　CPU PACK 安装方向(单位：mm)

# 附录 B　ADS 集成开发环境及 EasyJTAG
## 仿真器应用

　　ADS 集成开发环境是 ARM 公司推出的 ARM 核微控制器集成开发工具，英文全称 ARM Developer Suite，成熟版本为 ADS1.2。ADS1.2 支持 ARM10 之前的所有 ARM 系列微控制器，支持软件调试及 JTAG 硬件仿真调试，支持汇编、C、C++ 源程序，具有编译效率高、系统库功能强等特点，可以在 Windows 7、Windows XP、Windows 2000 以及 RedHat Linux 上运行。

　　这里将简单介绍使用 ADS1.2 建立工程，编译连接设置，调试操作等。最后还介绍了基于 LPC2200 系列 ARM7 微控制器的工程模板的使用，EasyJTAG 仿真器的安装与使用。

## B.1　ADS1.2 集成开发环境的组成

　　ADS1.2 由 6 个部分组成，如表 B-1 所示。

表 B-1 ADS 1.2 的组成部分

| 名　　　称 | 描　　　述 | 使　用　方　式 |
|---|---|---|
| 代码工具 | ARM 汇编器,ARM 的 C、C++ 编译器、Thumb 的 C、C++ 编译器、ARM 链接器 | 由 Code Warrier IDE 调用 |
| 集成开发环境 | Code Warrier IDE | 工程管理,编译连接 |
| 调试器 | AXD,ADW/ADU,armsd | 仿真调试 |
| 指令模拟器 | ARMulator | 由 AXD 调用 |
| ARM 开发包 | 一些底层的例程,实用程序(如 fromELF) | 一些实用程序由 Code Warrier IDE 调用 |
| ARM 应用库 | C、C++ 函数库等 | 用户程序使用 |

　　由于用户一般直接操作的是 CodeWarrior IDE 集成开发环境和 AXD 调试器,所以这一章我们只介绍这两部分软件的使用,其他部分的详细说明参考 ADS 1.2 的在线帮助文档或相关资料。

## B.1.1　CodeWarrior IDE 简介

　　ADS 1.2 使用了 CodeWarrior IDE 集成开发环境,并集成了 ARM 汇编器、ARM 的 C/C++ 编译器、Thumb 的 C/C++ 编译器、ARM 连接器,包含工程管理器、代码生成接口、语法敏感(对关键字以不同颜色显示)编辑器、源文件和类浏览器等。CodeWarrior IDE 主窗口如图 B-1 所示。

图 B-1　CodeWarrior 开发环境

### B.1.2 AXD 调试器简介

AXD 调试器为 ARM 扩展调试器(即 ARM eXtended Debugger),包括 ADW/ADU 的所有特性,支持硬件仿真和软件仿真(ARMulator)。AXD 能够装载映像文件到目标内存,具有单步、全速和断点等调试功能,可以观察变量、寄存器和内存的数据,等等。AXD 调试器主窗口如图 B－2 所示。

图 B－2　AXD 调试器

## B.2　工程的编辑

为便于说明,我们以项目一为例,详细介绍工程的新建、文件的新建与添加、源代码的编写、工程的编译与调试以及程序的固化。

### B.2.1　使用 LPC2200 工程模板建立工程

ADS1.2 提供了几个标准工程模板,使用各个模板建立的工程,它们的各项设置均有不同之处,方便生成不同结构的代码,如 ARM 可执行映象(生成 ARM 指令的代码)或 Thumb 可执行映象(生成 Thumb 指令的代码),或 Thumb、ARM 交织映象(生成 Thumb、ARM 指令交织的代码)。

针对 LPC2200 系列 ARM7 微控制器,且为了更好的使用 EasyARM2200 开发实验平台,我们需要额外的使用 6 个工程模板,这些模板一般包含的设置信息有 FLASH 起始地址 0x00000000、片内 RAM 起始地址 0x40000000、片外 RAM 起始地址为 0x80000000、编译连接选项及编译优化级别,等等;模板中包含了 LPC2200 系列 ARM7 微控制器的起动文件,包括 STACK. S、HEAP. S、STARTUP. S、TARGET. C;模板还包含了 LPC2200 系列 ARM7 微控制器的头文件(如:LPC2294. h 和 LPC2294. inc,LPC2294 的寄存器是向下兼容的),分散加载描述文件(如:mem_a. scf、mem_b. scf、mem_c. scf),等等。LPC2200 专用工程模板说明如表 B-2 所示。

表 B-2 　　　　　　　　　　　　　　　　LPC2200 专用工程模板说明

| 工 程 模 板 | 工程模板适用范围 |
|---|---|
| ARM Executable Image for lpc22xx | 无操作系统时所有 C 代码均编译成 ARM 指令的工程模板 |
| asm for lpc22xx | 汇编程序工程模板 |
| Thumb ARM Interworking Image for lpc22xx | 无操作系统时部分 C 代码编译为 ARM 指令,部分 C 代码编译为 Thumb 指令的工程模板 |
| Thumb Executable Image for lpc22xx | 无操作系统时所有 C 编译成 Thumb 指令的工程模板 |
| ARM Executable Image for UCOSII (for lpc22xx) | 所有 C 代码均编译为 ARM 指令的 μC/OS-Ⅱ工程模板 |
| Thumb Executable Image for UCOSII (for lpc22xx) | 部分 C 代码编译为 ARM 指令,部分 C 代码编译为 Thumb 指令的 μC/OS-Ⅱ工程模板(使用 μC/OS-Ⅱ时,不可能所有代码均编译成 Thumb 指令) |

　　用户选择相应的工程模板建立工程,例如使用 ARM Executable Image for lpc22xx 工程模板建立的一个工程。工程有四个生成目标(target system):DebugInExram、DebugInChipFlash、RelInChip 和 RelOutChip,它们的配置如表 B-3 所示。工程模板已经将相应的编译参数设置好了,可以直接使用即可。

　　注意:选用 RelInChip 目标时,将会对 LPC2200 芯片进行加密(没有片内 FLASH 的芯片不能加密)。加密的芯片只能使用 ISP 进行芯片全局擦除后,才能恢复 JTAG 调试及 ISP 读/写操作。

表 B-3 　　　　　　　　　　　　　　　　LPC2200 专用工程模板各生成目标的配置

| 生 成 目 标 | 分散加载描述文件 | 调试入口点地址 | C优化等级 | 应 用 说 明 |
|---|---|---|---|---|
| DebugInExram | mem_b. scf | 0x80000000 | Most | 片外 RAM 调试模式,程序在片外 RAM 中 |
| DebugInChipFlash | mem_c. scf | 0x00000000 | Most | 片内 FLASH 调试模式,程序在片内 FLASH 中 |
| RelInChip | mem_c. scf | 0x00000000 | Most | 片内 FLASH 工作模式,程序在片内 FLASH 中。程序写入芯片后即被加密 |
| RelOutChip | mem_z. scf | 0x80000000 | Most | 片外 FLASH 工作模式,程序在片外 FLASH 中 |

那么先为 ADS1.2 增加 LPC2200 专用工程模板。将"lpc2200 project module"目录下的所有文件和目录拷贝到"<ADS1.2 安装目录>\Stationery\"即可,操作如图 B-3 和图 B-4 所示。这个步骤只需 1 次,以后就可以直接使用工程模板了。

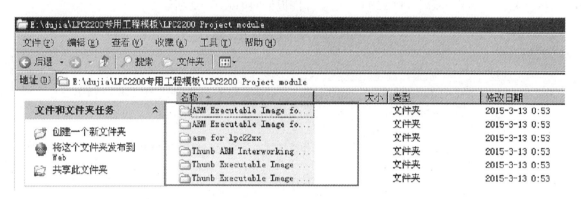

图 B-3　选择拷贝的文件和目录

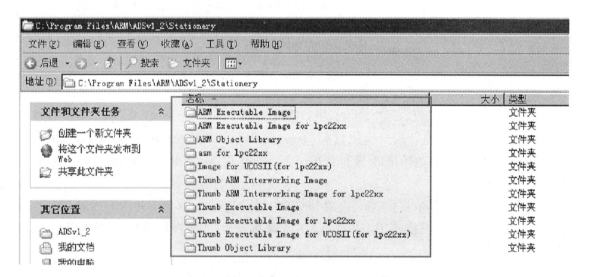

图 B-4　复制文件目录

点击 WINDOWS 操作系统的[开始]→[所有程序]→[ARM Developer Suite v1.2]→[CodeWarrior for ARM Developer Suite]启动 Metrowerks CodeWarrior,或双击"CodeWarrior for ARM Developer Suite"快捷方式启动。启动 ADS 1.2 IDE 后,点击[File]菜单,选择[New...]即弹出 New 对话框,如图 B-5 所示。由于事先增加了 LPC2200 专用工程模板,所以在工程模板栏中多出几项工程模板选项,多出来的模板即为新添加的 6 个 LPC2200 专用工程模板。

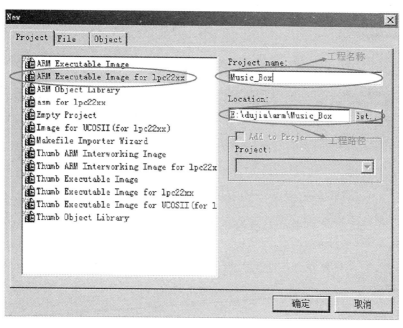

图 B-5　New 对话框

选择工程模板为 lpc22xx 的 ARM 可执行映象（ARM Executable Image for lpc22xx），然后在［Location］项选择工程存放路径，并在［Project name］项输入工程名称，如 Music_Box，点击［确定］按钮即可建立相应工程，工程文件名后缀为.mcp（下文有时也把工程称为项目）。新建完成的工程如图 B-6 所示。

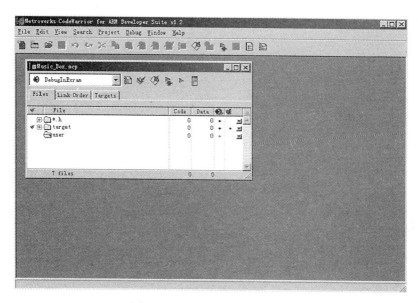

图 B-6　使用模板新建工程

### B.2.2　建立文件

建立一个文本文件,以便输入用户程序,点击"New Text File"图标按钮,如图 B-7 所示。

图 B-7　"New Text File"图标按钮

在新建的文件中可以编写程序,不做修改,直接保存文件。点击"Save"图标按钮将文件存盘(或从[File]菜单中选择[Save]),输入文件全名,如 music.c。如图 B-8 所示为新建的源程序。

新建完成后,将文件保存到相应工程的"src"目录下,以便于管理和查找,如图 B-9 所示。

当然,也可以在 New 对话框中选择[File]页来建立源文件,如图 B-10 所示,或使用其他文本编辑器建立或编辑源文件。

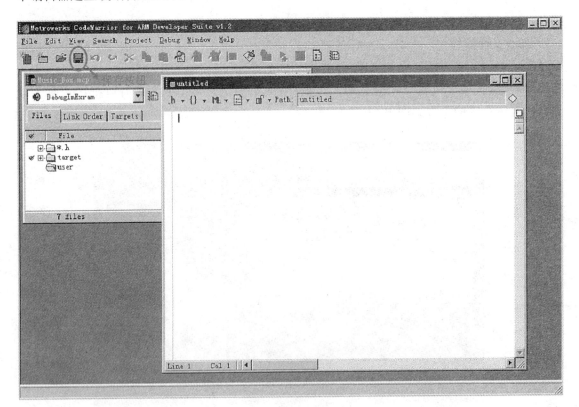

图 B-8　新建文件 music.c

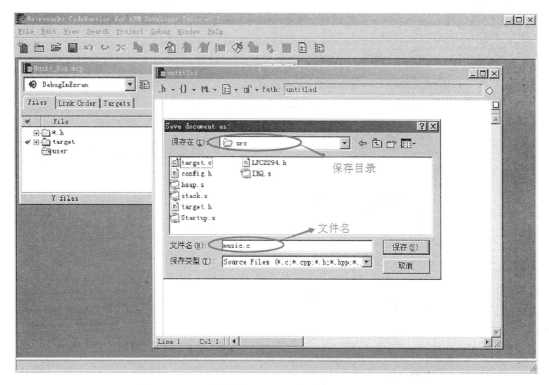

图 B-9　保存文件 music.c 到对应工程的 src 目录

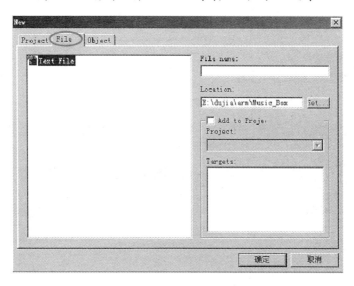

图 B-10　New 对话框新建文件

## B.2.3　添加文件到工程

在工程窗口中[Files]页"user"目录下点击鼠标右键,弹出浮动菜单,选择"Add Files...",

即可弹出"Select files to add..."对话框,选择相应的源文件(可按着 Ctrl 键一次选择多个文件),点击[打开]按钮即可。相关操作如图 B-11—图 B-13 所示。

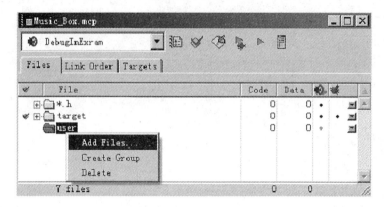

图 B-11　向工程目录添加 music.c 操作 a

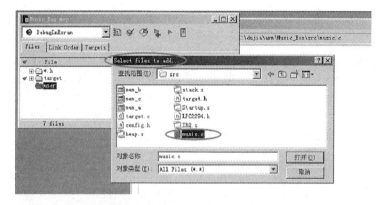

图 B-12　向工程目录添加 music.c 操作 b

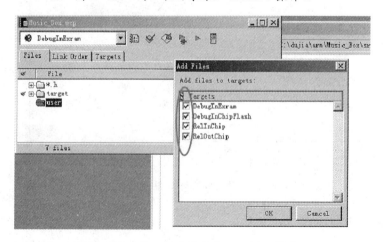

图 B-13　向工程目录添加 music.c 操作 c

另外,用户也可以在[Project]菜单中选择[Add Files...]来添加源文件,或使用 New 对话框选择[File]页来建立源文件时选择加入工程(即选中"Add to Project"项)。

添加文件到工程后,显示为如图 B-14 所示。之后,再编写源代码,如图 B-15 所示。

同样的道理,再新建并添加一个头文件 music.h,完成后工程的情况如图 B-16 所示。

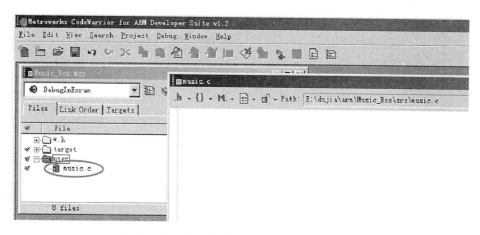

图 B-14　添加文件 music.c 后工程的显示

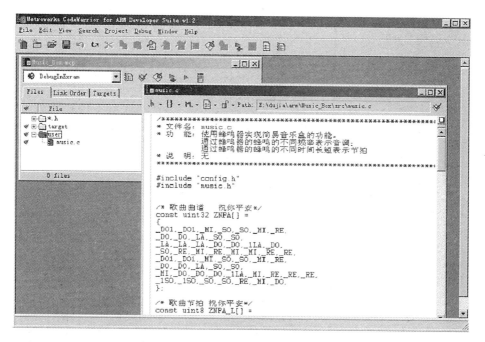

图 B-15　给文件 music.c 添加源代码

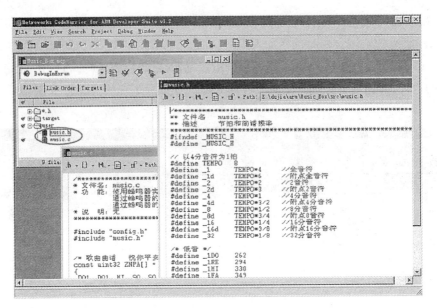

图 B-16　添加完头文件后的工程显示

## B.2.4　编译连接工程

如图 B-17 所示为工程窗口中的图标按钮,通过这些图标按钮,可以快速的进行工程设置、编译连接、启动调试,等等(在不同的菜单项上可以分别找到对应的菜单命令)。它们从左至右分别为如表 B-4 所示。

图 B-17　工程窗口中的图标按钮

表 B-4　　　　　　　　　　　　　工程窗口图标按钮说明

| 按　　钮 | 按　钮　释　义 |
|---|---|
| DebugInExram Settings... | 工程设置,如地址设置、输出文件设置、编译选项等,其中 DebugInExram 为当前的生成目标(target system) |
| Synchronize Modification Dates | 同步修改日期,检查工程中每个文件的修改日期,若发现有更新(如使用其他编辑器编辑源文件),则在 Touch 栏标记"√" |
| Make | 编译连接(快捷键为 F7) |
| Debug | 启动 AXD 进行调试(快捷键为 F5) |
| Run | 启动 AXD 进行调试,并直接运行程序 |
| Project Inspector | 工程检查,查看和配置工程中源文件的信息 |

点击"DebugInExram Settings..."图标按钮,即可进行工程的地址设置、输出文件设置、编译选项等,如图 B‐18 所示。在"ARM Linker"对话框设置连接地址,在"Language Settings"中设置各编译器的编译选项。

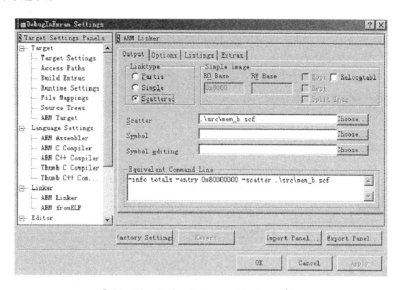

图 B‐18  DebugInExram Settings 窗口

对于简单的软件调试,可以不进行连接地址的设置,直接点击工程窗口的"Make"图标按钮,即可完成编译连接。若编译出错,会有相应的出错提示,双击出错提示行信息,编辑窗即会使用光标指出当前出错的源代码行,编译连接输出窗口如图 B‐19 所示。同样,可以在[Project]菜单中找到相应的命令。

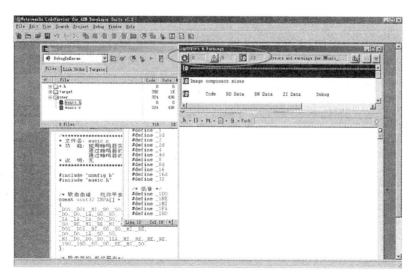

图 B‐19  编译连接输出窗口

如图 B-20 所示,Touch 栏用于标记文件是否已编译,若打上"√"则表明对应文件需要重新编译。可以通过单击该栏位置来设置/取消符号"√",或将工程目录下的 *.tdt 文件删除也可以使整个工程源文件均打上"√"。

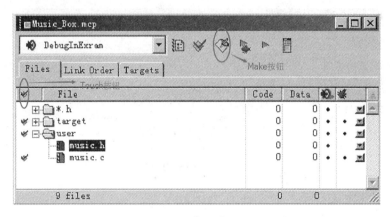

图 B-20　工程窗口中 Make 操作

## B.2.5　打开旧工程

点击[File]菜单,选择[Open...]即弹出"打开"对话框,找到相应的工程文件(*.mcp),单击[打开]即可。在工程窗口的[Files]页中,双击源程序的文件名即可打开该文件进行编辑。

打开一个工程,如果发现 ADS 编译错误"Fatal L6002U: Could not open file:……"。

出现原因:一般是从其他地方拷贝了一个工程到当前环境下,文件是以前在其他计算机上编译过。

解决办法是:首先,查看工程名、文件名,名称中不能有汉语,不能有括号;其次,在重新编译之前,要在 ADS 1.2 中选择菜单[project]→[Remove object code],在弹出的对话框中按"ALL Tagerts"来删除原来编译生成的"*.o"文件,才能编译成功。

## B.2.6　模板适用范围

(1)本模板假设用户系统使用片外存储器。

(2)本模板假设用户系统片外存储器使用 16 位总线,且不使用 ETM 功能。如果用户的片外存储器不使用 16 位总线或使用 ETM 功能,需要修改 Startup.s 这个文件,修改点见程序清单 B.1。如何修改请参考 LPC2200 芯片的使用手册,LPC2200 的芯片使用手册在随书光盘中。注意:各个工程模板中的 Startup.s 不完全相同,可根据需要分别修改。

## 程序清单 B.1　Startup. s 文件需要更改的代码

……

```
ResetInit
    ;初始化外部总线控制器,根据目标板决定配置
    LDR     R0 , = PINSEL2
    IF:     DEF: EN_CRP
        LDR     R1 , = 0x0f814910
        ; 0x0f814910 改成需要的数值,注意最低 4 位必须为 0
    ELSE
        LDR         R1 , = 0x0f814914
        ; 0x0f814914 改成需要的数值,如果使用 ETM,最后的 4 需要修改为 6
    ENDIF
        STR   R1 , [R0]
        LDR         R0 , = BCFG0
        LDR         R1 , = 0x1000ffef
        ; 0x1000ffef 改成需要的数值
        STR   R1 , [R0]
        LDR         R0 , = BCFG1
        LDR         R1 , = 0x1000ffef
        ; 0x1000ffef 改成需要的数值
        STR   R1 , [R0]
        ……
```

（3）生成目标 DebugInExRam。假设用户系统在调试时片外 RAM 使用 bank0（即起始地址为 0x8000 0000），这一条不可修改。如果用户系统不是这样,就不能使用 DebugInExRam 这个生成目标调试程序。

（4）生成目标 DebugInExRam。假设用户系统在调试时片外 RAM 大小为 512 K 字节,此条仅影响 DebugInExRam 这个生成目标。如果不是,则需要修改 mem_b. scf 这个文件,修改点见程序清单 B.2。注意:windows 会隐藏这种文件的扩展名,仅显示为 mem_b。

## 程序清单 B.2　mem_b. scf 文件需要修改的代码

……

```
ERAM 0x80040000
/ * 从这个地址开始存储程序的可读写的变量,根据实际情况修改 */
```

```
    {
        * ( + RW, + ZI)
    }
```

……

（5）生成目标 RelOutChip。假设用户系统在使用外部启动时，片外 FLASH 起始地址必须为 0x8000 0000（这是 LPC2200 芯片的要求），片外 RAM 使用 Bank1（即起始地址为 0x81000000）。如果没有片外 FLASH，则不要使用 RelOutChip 这个生成目标。如果片外 RAM 起始地址不为 0x81000000，则需要修改 mem_a. scf 文件，修改点见程序清单 B. 3。如果没有片外 ram，则按照程序清单 B. 4 修改 mem_a. scf 文件。注意：windows 会隐藏这种文件的扩展名，仅显示为 mem_a。

### 程序清单 B. 3 　mem_a. scf 文件需要修改的代码——片外 RAM

……

```
ERAM 0x81000000
/* 从这个地址开始存储程序的可读写的变量,改成实际的片外 RAM 起始地址 */
{
    * ( + RW, + ZI)
}
```

……

### 程序清单 B. 4 　mem_a. scf 文件需要修改的代码——片内 RAM

……

```
IRAM 0x40000000
{
    Startup. o ( + RW, + ZI)
    os_cpu_a. o ( + RW, + ZI)
}
ERAM  + 0
/* 注意 ERAM 段位置变到 STACKS 前面了 */
{
    * ( + RW, + ZI)
}
STACKS 0x40004000 UNINIT
{
```

stack. o（ + ZI）

}

……

（6）生成目标 DebugInChipFlash 和 RelInChip。假设用户系统片外 RAM 使用 Bank0（即起始地址为 0x80000000）。如果片外 RAM 起始地址不为 0x80000000，则需要修改 mem_c. scf 文件，修改点见程序清单 B.3。

用户还可以修改 mem_a. scf、mem_b. scf、mem_c. scf 这几个文件对内存的使用进行更多的控制。其打开方式可以直接使用 Code Warrier。

（7）为了适应不同速度的存储器，工程模板默认配置 4 个 Bank 存储器接口为最慢的访问速度。用户可以根据实际使用的存储器重新配置访问速度，以获得最好的系统性能，参考程序清单 B.5。

**程序清单 B.5　在 target. c 文件中配置存储器接口访问速度**

```
void TargetResetInit( void)
{
    #ifdef __DEBUG
    MEMMAP = 0x3;   //remap
    /ｘ 重新配置 Bank0 的访问速度   ｘ/
    BCFG0 = 0x10000400;
    #endif

    #ifdef __OUT_CHIP
    MEMMAP = 0x3;   //remap
    /ｘ 重新配置 Bank0 的访问速度   ｘ/
    BCFG0 = 0x10000400;
    #endif

    #ifdef __IN_CHIP
    MEMMAP = 0x1;   //remap
    /ｘ 重新配置 Bank0 的访问速度   ｘ/
    BCFG0 = 0x10000400;
    #endif
    ……
}
```

用户还可以修改 target.c 的 TargetResetInit( )函数在进入 main 函数前初始化更多的东西（使用汇编程序工程模板的工程除外）。由于工程模板基本功能已经设置好，所以一般来说，可以直接使用。

## B.3 工程的调试

### B.3.1 选择调试目标

当工程编译连接通过后，在工程窗口中点击"Debug"图标按钮，即可启动 AXD 进行调试（也可以通过[开始]菜单起动 AXD）。点击菜单[Options]选择[Configure Target...]，即弹出 Choose Target 窗口，如图 B-21 所示。在没有添加其他仿真驱动程序前，Target 项中只有两项，分别为 ADP(JTAG 硬件仿真)和 ARMUL(软件仿真)。

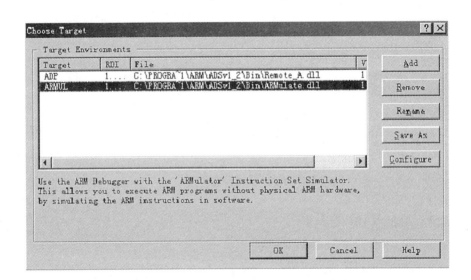

图 B-21　Choose Target 窗口

选择仿真驱动程序后，点击[File]选择[Load Image...]加载 ELF 格式的可执行文件，*.axf 文件。说明：当工程编译连接通过后，在"工程名\工程名_Data\当前的生成目标"目录下就会生成一个 *.axf 调试文件。比如工程 TEST，当前的生成目标 Debug，编译连接通过后，则在...\TEST\TEST_Data\Debug 目录下生成 TEST.axf 文件，如图 B-22 所示。

为了更好的下载和调试程序，这里使用 H-JTAG 调试代理软件来完成，H-JTAG 的具体安装、配置及使用方法参考下面的内容。

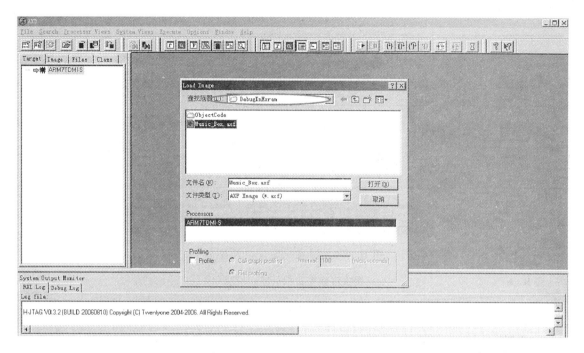

图 B-22　加载工程 DebugInExram 目录下的.axf 映像文件

## B.3.2　调试工具条

AXD 运行调试工具条如图 B-23 所示,调试观察窗口工具条如图 B-24 所示,文件操作工具条如图 B-25 所示。对应的按钮说明见表 B-5—表 B-7。

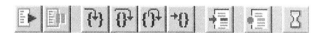

图 B-23　运行调试工具条

表 B-5　　　　　　　　　　　　调试工具相关按钮说明

| 按　　钮 | 按　钮　释　义 |
| --- | --- |
| | 全速运行(Go) |
| | 停止运行(Stop) |
| | 单步运行(Step In),与 Step 命令不同之处在于对函数调用语句,Step In 命令将进入该函数 |
| | 单步运行(Step),每次执行一条语句,这时函数调用将被作为一条语句执行 |

| 按　　钮 | 按　　钮　　释　　义 |
|---|---|
| {↑} | 单步运行(Step Out),执行完当前被调用的函数,停止在函数调用的下一条语句 |
| →{} | 运行到光标(Run To Cursor),运行程序直到当前光标所在行时停止 |
| ≡ | 设置断点(Toggle BreakPoint) |

图 B－24　调试观察窗口工具条

表 B－6　　　　　　　　　　　调试观察窗口相关按钮说明

| 按　　钮 | 按　　钮　　释　　义 |
|---|---|
| r | 打开寄存器窗口(Processor Registers) |
| 🔍 | 打开观察窗口(Processor Watch) |
| v | 打开变量观察窗口(Context Variable) |
| ▮ | 打开存储器观察窗口(Memory) |
| 🔍 | 打开反汇编窗口(Disassembly) |

图 B－25　文件操作工具条

表 B－7　　　　　　　　　　　文件操作相关按钮说明

| 按　　钮 | 按　　钮　　释　　义 |
|---|---|
| 📋 | 加载调试文件(Load Image) |
| ↻ | 重新加载文件(Reload Current Image)。由于 AXD 没有复位命令,所以通常使用 Reload 实现复位(直接更改 PC 寄存器为零也能实现复位) |

## B.4　H‑JTAG 使用方法

### B.4.1　软件安装

在 PC 上运行安装文件 H‑JTAG.EXE,如图 B‑26 所示。这里以 H‑JTAGV0.3.2 举例说明,根据安装提示完成安装即可。

图 B‑26　H‑JTAG 软件安装界面

安装好的 H‑JTAG 软件包含有 H‑JTAG Server(下文简称为 H‑JTAG)和 H‑Flasher,在桌面上有它们的快捷图标。运行程序 H‑JTAG 和 H‑Flasher 后,用户任务栏中将出现图 B‑27 所示图标。

图 B‑27　H‑JTAG 提示图标

将计算机并口与 EasyJTAG‑H 仿真器相连,再将 EasyJTAG‑H 仿真器的 JTAG 接口相连,然后给开发板上电。

### B.4.2　H‑JTAG 配置

在使用 H‑JTAG Server 调试 ARM7 前,需要进行以下几步设置。

（1）单击任务栏的 H 提示图标,打开 H‑JTAG 窗口,如图 B‑28 所示。单击“放大镜”图标按钮后,能看见调试代理搜索到 ARM7 处理器。

283

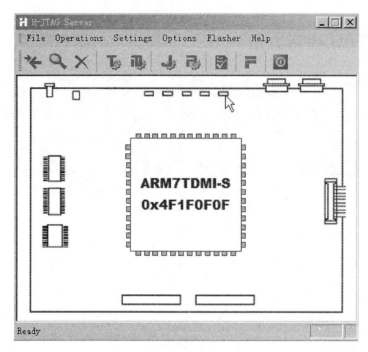

图 B-28　H-JTAG 主窗口

（2）选择［Flasher］→［Auto Download］选择自动下载项，如图 B-29 所示。

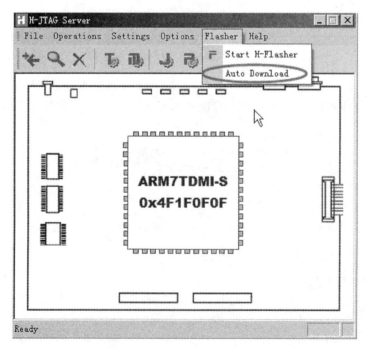

图 B-29　打开自动下载功能

注：在 Flash 中调试时必须选择"Auto Download"，而在 RAM 中调试可以不选择。

（3）设置 JTAG 复位信号：选择"Settings"菜单栏中的"LPT Jtag Setting"，在弹出的"LPC JTAG Setting"窗口中按照图 B-30 所示进行设置。

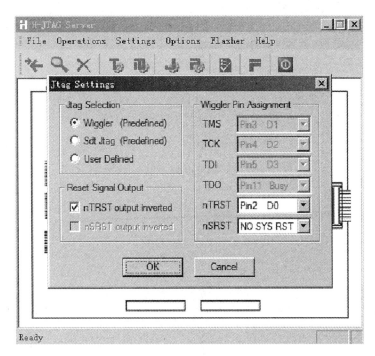

图 B-30　LPT JTAG Setting

### B.4.3　H-Flasher 配置

对 H-Flasher 的配置根据调试目标的不同分为两种情况：在片内存储器中调试时需用户手动配置；在片外存储器中调试时需加载配置文件。两种情况的配置过程如下文所示，配置完成后点击(Check)验证通过即可。

**1. 用户手动配置**

这种情况主要针对使用片内存储器调试的情况，配置过程较简单。单击任务栏的"F"图标，打开 H-Flasher 窗口，在 Flash Selection 选项中选择正确的 SST 型号即可，如图 B-31 所示，注意对应的 ID 号。

**2. 加载配置文件**

这种配置方法用于片外调试。针对 EasyARM2200，在所附光盘中提供了相应的 H-Flasher 配置文件供用户片外调试使用，文件后缀名为".hfc"。点击 H-Flasher 工具栏的 Load 选项，加载光盘中的配置文件即可。如：当需要在片外 RAM 中调试时，选择文件"LPC2200_ram.hfc"进行加载，如图 B-32 所示。

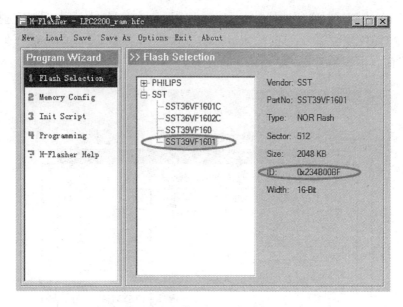

图 B-31　选择芯片型号

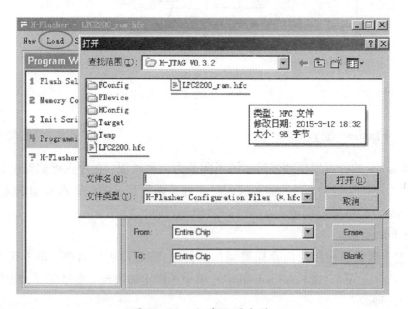

图 B-32　加载配置文件

### 3. Check 检测

验证调试代理配置是否正确,打开 H-Flasher 的 Programming 选项,单击 Check 按钮,如果正常,可看到所使用的片外 RAM 的型号,如图 B-33 所示。单击 Check 按钮时,H-Flasher 就会启用当前新的配置值,到此配置完成。

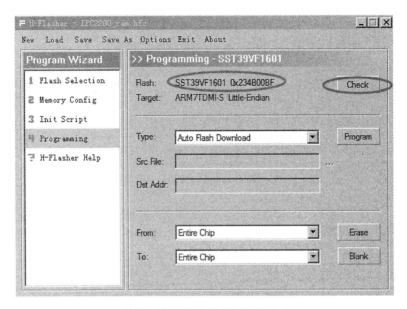

图 B-33　片外 RAM 编程选项

## B.4.4　H-Flasher 菜单说明

主菜单的选项说明见表 B-8。

表 B-8　　　　　　　　　　　　　　主菜单选项说明

| 主菜单项 | 功　　　　　　　能 |
|---|---|
| New | 新建一个配置文件 |
| Load | 载入配置文件。H-Flasher 在启动时,总是自动载入最近一次的配置信息 |
| Save | 将当前的配置信息保存为一个文件 |
| Save As | 将配置信息另存为一个文件 |
| Option | 调试程序时,是否使能自动计算向量表前 32 字的累加和,默认为使能 |

Flash 编程选项的菜单见表 B-9。

表 B-9　　　　　　　　　　　　　　Flash 编程选项说明

| 主菜单项 | 功　　　　　　　能 |
|---|---|
| Check | 检测芯片内核。如果 EasyJTAG-H 连接正确,且芯片型号正确,则 Check 后会显示芯片的基本信息 |

| 主菜单项 | 功 能 |
|---|---|
| Type | 烧写文件的类型：<br>Auto Flash Down：自动下载方式；<br>Intel Hex Format：下载 Hex 文件；<br>Plain Binary Format：下载 Bin 文件 |
| Src File | 烧写文件的路径，如果 Type 选择为 Auto Flash Down 时，该项无效 |
| Dst Addr | 目标地址信息，只有 Type 选择为 Plain Binary Format 时，该项才有效 |
| Program | 对芯片进行编程操作 |
| Erase | 对选中（由"From ~ To"指定）的扇区进行擦除操作 |

### B.4.5　EasyJTAG 仿真器的使用

　　EasyJTAG 仿真器是广州周立功单片机发展有限公司开发的 LPC2000 系列 ARM7 微控制器的 JTAG 仿真器，支持 ADS1.2 集成开发环境，支持单步、全速及断点等调试功能，支持下载程序到片内 FLASH 和特定型号的片外 FLASH，采用 ARM 公司提出的标准 20 脚 JTAG 仿真调试接口。其主要特点如下：

　　采用 RDI 通信接口，无缝嵌接 ADS1.2 和其他采用 RDI 接口的 IDE 调试环境。高达 1 Mbit/s 速率的 JTAG 时钟驱动。

　　采用同步 Flash 刷新技术（synFLASH），同步下载用户代码到 Flash 中，即下即调。

　　采用同步时序控制技术（synTIME），仿真可靠稳定。

　　支持 32 位 ARM 指令/16 位 THUMB 指令的混合调试。

　　增加映射寄存器窗口，方便用户查看/修改寄存器数值。

　　微型体积设计，方便用户灵活使用。

　　EasyJTAG 仿真器外观如图 B-34 所示，其驱动程序可在随书光盘中获得（其目录名为 EasyJTAG_drive，该目录下有一个 readme.txt 的文件说明）。

　　仿真器的使用方法：

　　（1）将计算机并口与 EasyJTAG 仿真器相连，再将 EasyJTAG 仿真器的 JTAG 接口连接到开发板，并给开发板上电。然后打开 H-JTAG 软件，单击放大镜图标按钮，如果正常就会检测到芯片内核信息，如图 B-35 所示。

图 B-34　EasyJTAG 仿真器
实物外观

　　然后可以最小化或关闭 H-JTAG 和 H-Flasher 窗口（注：不能使用 Exit 菜单关闭）。

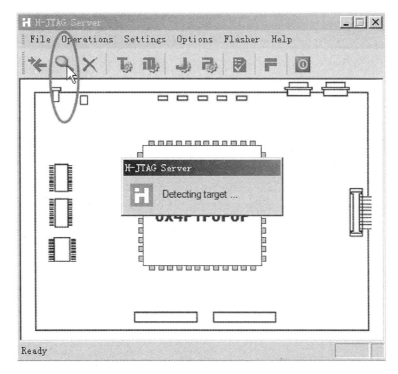

图 B-35 启动 H-JTAG Server

（2）选择 Windows 系统的［开始］→［程序］→［ARM Developer Suite v1.2］→［AXD Debugger］启动 AXD 软件。在 AXD 软件中，打开［Options］→［Configure Target...］，弹出 Choose Target 对话框，单击 Add 添加仿真器的驱动程序，在添加文件窗口选择如 D：\Program Files\H-JTAG 目录下的 H-JTAG.dll，如图 B-36 所示，接着单击"打开"即可。

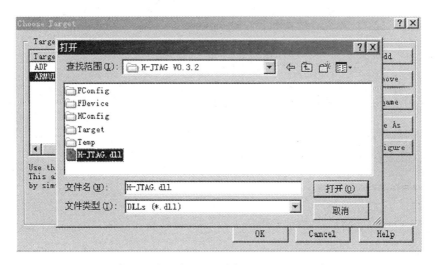

图 B-36 为 AXD 添加 H-JTAG 驱动

注：若在添加文件窗口中没有显示 DLL 文件，请设置 WINDOWS 文件浏览窗口的"文件夹选项(O)..."，将查看页中的"隐藏文件"项选用"显示所有文件"。

（3）添加完 H－JTAG 驱动后，选择该驱动程序，如图 B－37 所示，然后单击 OK，如果正常就会出现图 B－38 所示的界面，红线框内的提示信息表示 EasyJTAG－H 仿真器检测到 CPU 内核。

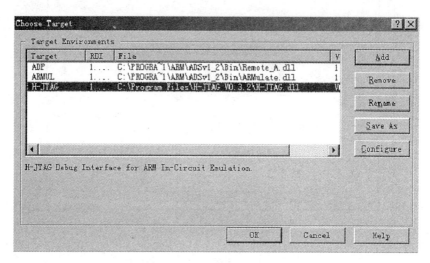

图 B－37　Choose Target 窗口

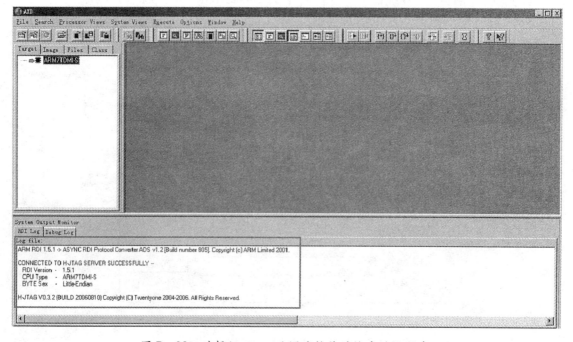

图 B－38　选择好 target 后调试软件的输出确认信息

（4）关闭 AXD 窗口。以后调试就直接在 ADS 中打开一个工程,编译链接通过后,单击 Debug 或按下"F5"即可启动 AXD 调试软件,进行 JTAG 仿真调试。

注：如果工程文件的路径中存在中文,进入 AXD 调试环境可能会出现错误。因此,建议工程路径中不要包含中文(包括标点符号)。

### B.4.6　EasyJTAG 常见问题

（1）在进行 AXD 仿真调试前,需要先打开 H‐JTAG 检测芯片内核,如果在 Flash 中调试,必须要选择 Auto Download 选项,同时要正确配置 H‐Flasher,否则无法进入 AXD 正常调试。

（2）如果 ARM 芯片被加密了,或者进入到 Power Down 模式,或者目标板没有上电,或者 JTAG 仿真器没有连接好,H‐JTAG 会出现错误,调试时候建议将 ISP 跳线短接上,这样就避免片内程序自动脱机运行。

### B.4.7　AXD 应用问题

在 ADS1.2 IDE 环境中按 F5 键或 Debug 图标按钮即可直接进入 AXD,但有时会出现如图 B‐39 所示的提示,处理方法是点击"确定",然后在弹出的 Load Session 窗口中点击"取消"。若进入 AXD 后,主调试窗口没有任何代码,且[File]→[Load Image...]菜单项无效时,此时需要重新打开[Options]→[Configure Target...]点击"OK",再点击[File]选择[Load Image...]加载调试文件。

图 B‐39　session 文件错误提示

在进入 AXD 调试环境后,有时会弹出 Fatal AXD Error 窗口,如图 B‐40 所示,此时可以点击"Connect mode...",然后选择"ATTACH..."项确定,再点击"Restart"。接下来就可以使用[File]→[Load Image...]加载调试文件,进行 JTAG 调试。

注意：对于有的 PC 机,EasyJTAG 不能正确连接开发板,总是弹出错误对话框,这时可以检查并口连接是否可靠,检查并口上是否接有软件狗,或者重新给开发板上下电。另外,在 PC 机的 CMOS 设置里将并口模式设为 SPP 模式,设置并口的资源为 378H~37FH。

1）片内外设的寄存器观察

在[System Views]→[Debugger Internals]即可打开 LPC2000 系列 ARM7 微控制器的片内外设寄存器窗口。有些寄存器不能读出显示或读操作会影响其他寄存器的值,所以在片内

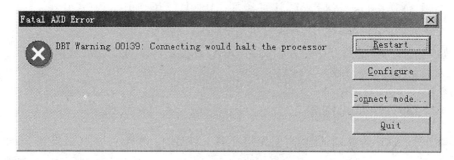

图 B-40　session 文件错误提示

外设寄存器窗口中不能找到,如果需要观察这些寄存器,可以使用存储器观察窗口(Memory)来实现。

2)使用 JTAG 下载程序到 FLASH

进入 AXD 调试环境,打开[Options]→[Configure Target...],弹出 Choose Target 窗口,点击"Configure"按钮,进入"EasyJTAG Setup"设置窗口,在"FLASH"项中选择"Erase Flash when need",然后确定退出。这样,每次装载 FLASH 地址的调试文件时,将会擦除 FLASH 并下载代码到 FLASH 中。

JTAG 连接失败、AXD 仿真弹出错误窗口的具体解决方案也可参考相关技术支持文档。

### B.4.8　硬件连接

1)连接电脑与目标板

使用"EasyJTAG-H"连接电脑的并口与目标板的"JTAG"调试端口,如图 B-41 所示。

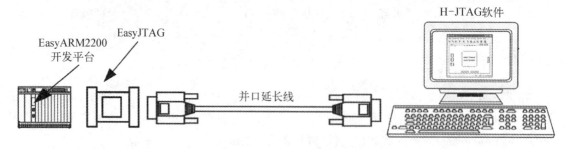

图 B-41　H-JTAG 连接示意图

2)设置目标板上的跳线

部分开发板在调试前需要设置好某些跳线,不同的系列开发板设置有很大区别,用户可参考光盘内教程,亦可仔细观察开发板跳线,跳线附近会有明确说明。

硬件连接方法如下:

选择在片外 Flash 中调试,需将"BANK_SET"按照"Bank0-Flash,Bank1-RAM"方式设置,

同时"BOOT_SET"按照"OUTSIDE"方式设置。

选择在片外 RAM 中调试时需将"BANK_SET"按照"Bank0 - RAM,Bank1 - Flash"方式设置,同时"BOOT_SET"按照"OUTSIDE"方式设置。

## B.5 固化程序

在 JTAG 仿真调试通过后,要将程序下载到片内的 FLASH 或外部的 FLASH 中(即固化程序),才可脱机运行。由于 LPC2210 无片内 FLASH,所以只能在片外 FLASH 中固化。

EasyJTAG 仿真器支持对特定的片外 FLASH 编程。用户要先设置编译链接的地址,即代码地址从 0x80000000 地址开始,比如使用 LPC2200 专用工程模板时,在 target system 选用 RelOutChip,其分散加载描述文件 mem_a. scf 如程序清单 B.6 所示。

其中,ROM_LOAD 为加载区的名称,其后面的 0x80000000 表示加载区的起始地址(因为片外 FLASH 分配为 Bank0);ROM_EXEC 描述了执行区的地址,放在第一块位置定义,其起始地址、空间大小与加载区起始地址、空间大小要一致,从起始地址开始放置向量表(即 Startup. o (vectors, + First),其中 Startup. o 为 Startup. s 的目标文件),接着放置其他代码(即 * ( + RO));变量区 IRAM 的起始地址为 0x40000000,放置 Startup. o ( + RW, + ZI);堆栈区 STACKS 使用片内 RAM,由于 ARM 的堆栈一般采用满递减堆栈,所以堆栈区起始地址设置为 0x40004000,放置描述为 stack. o ( + ZI);变量区 ERAM 的起始地址为 0x81000000(因为片外 RAM 分配为 BANK1),放置除 Startup. o 文件之外的其他文件的变量(即 * ( + RW, + ZI));紧靠 ERAM 变量区之后的是系统堆空间(HEAP),放置描述为 heap. o ( + ZI);

**程序清单 B.6  用于固化程序的分散加载描述文件 mem_a. scf**

```
ROM_LOAD 0x80000000
{
    ROM_EXEC 0x80000000
    {
        Startup. o (vectors, + First)
        * ( + RO)
    }
    IRAM 0x40000000
    {
        Startup. o ( + RW, + ZI)
    }
    STACKS 0x40004000 UNINIT
```

```
    {
        stack. o（＋ZI）
    }
    ERAM 0x81000000
    {
        *（＋RW，＋ZI）
    }
    HEAP＋0 UNINIT
    {
        heap. o（＋ZI）
    }
}
```

　　使用 JTAG 接口下载程序到片外 FLASH 是需要 JTAG 仿真器的支持。EasyJTAG 仿真器支持对特定的片外 FLASH 下载程序,这样就可以使用这一功能将程序下载到片外 FLASH 中,以便脱机运行。

　　首先将 JP6 跳线选择 Bank0－Flash,Bank1－Ram;然后设置 H－JTAG 仿真调试代理,参见图 B－42。

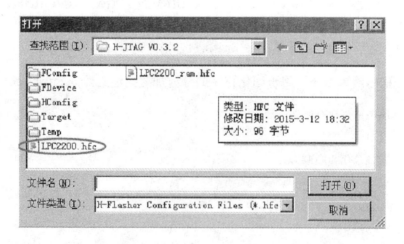

图 B－42　下载片外 FLASH 的配置文件

　　最后将工程的生成目标选用 RelOutChip,编译链接,再按 F5 键进入 AXD 调试环境,在加载调试映像文件时即会下载程序到片外 FLASH 中。

　　实际上,只要你加载调试映像文件,且 H－JTAG 的配置文件选择的是 LPC2200. hfc,EasyJTAG 仿真器即把程序下载到指定的 FLASH 空间。

脱机运行的方法:

（1）将 JP7 跳线选择 OUTSIDE,将 JP1 断开禁止 ISP。

（2）将 JP6 跳线选择 Bank0 - Flash,Bank1 - Ram。

（3）复位系统,即可启动片外 FLASH 中的程序。

# 参 考 文 献

［1］周立功. ARM 嵌入式系统基础教程［M］. 2 版. 北京：北京航空航天大学出版社, 2008.

［2］周立功. ARM 嵌入式系统实验教程（一）［M］. 北京：北京航空航天大学出版社, 2008.

［3］周铁. ARM 嵌入式系统结构与编程［M］. 北京：清华大学出版社, 2009.

［4］李岩, 韩劲松, 孟晓英. 基于 ARM 嵌入式系统接口技术［M］. 北京：清华大学出版社, 2009.

［5］汤书森, 张北斗, 李柏年. 嵌入式系统（基于 ARM）实验与实践教程［M］. 北京：清华大学出版社, 2009.